JN412057

EXPERIMENTS IN PHYSICS

자연을 이해하는

물 리 실 험

염태호 · 염효영 공저

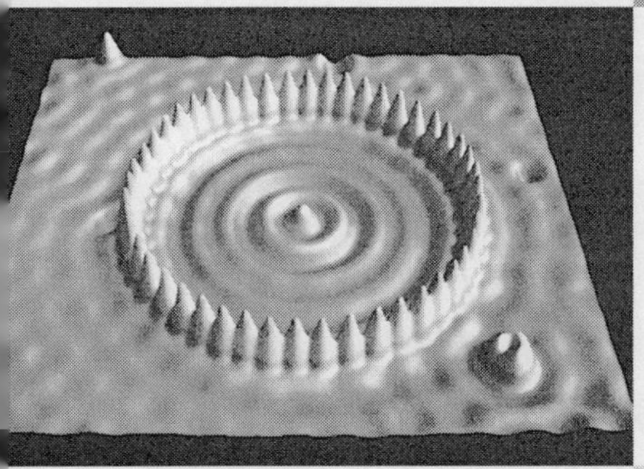

도서출판 상 학 당

“이 책은 물리학 실험을 통해 문제 해결을 위한 사고 과정과 논리적인 보고서 작성 능력을 체계적으로 훈련하는 데 목적이 있다.”

머리말

물리학 실험은 자연현상을 관찰하고 설명하며, 이론적으로 제시된 모델이 예측하는 결과를 실제 실험을 통해 검증하는 과정이다. 이러한 실험 활동은 자연현상에 대한 이해를 심화시키는 데 그치지 않고, 이론과 실험의 관계를 종합적으로 이해하며, **과학적 사고 능력을 함양**하는 데 중요한 역할을 한다.

대학에서 이루어지는 물리학 실험의 목적은 새로운 현상을 발견하는 데 있지 않다. 이미 잘 확립된 이론과 모델을 바탕으로 실험을 수행하고, 실험 방법과 결과의 타당성을 점검하며, 예상과 다른 결과가 나타날 경우 그 원인을 분석하고 해결 방안을 모색하는 데 있다. 이 과정에서 학생들은 문제를 인식하고, 가설을 설정하며, 오류를 분석·수정하여 합리적인 결론에 도달하는 **문제 해결 중심의 사고 과정을 훈련**하게 된다.

이 책은 대학 물리학 실험 교재로 활용할 수 있도록 구성되었으며, 이학·공학 계열 학생뿐만 아니라 문과 및 예체능 계열을 포함한 다양한 전공의 학생들에게 공통적으로 요구되는 논리적이고 체계적인 사고 능력의 함양에 중점을 두었다. 각 실험에서는 이론적인 모델을 이해하고, 계산한 결과를 실제 실험 결과와 비교함으로써, 이론의 타당성을 단계적으로 검증하도록 구성하였다. 학생들은 제시된 실험 절차를 따라 사고하고, 직접 실험을 수행하면서 **합리적이고 체계적인 사고 과정**을 익히게 된다.

또한 이 책에는 각 실험마다 결과보고서 작성 방법과 예시를 포함하였다. 보고서는 실험의 목적, 이론적 배경, 실험 방법, 결과, 분석 및 결론이 유기적으로 연결된 형태로 작성되며, 이는 학생들이 자신의 이해와 사고 과정을 논리적으로 표현하는 데 중요한 훈련이 된다. 이를 통해 학생들이 스스로 사고하고 내용을 체계적으로 정리하여 완성도 높은 보고서를 작성할 수 있도록 하고자 하였다.

이 책을 통해 학생들이 물리학 실험을 매개로 문제 해결을 위한 사고 방법을 익히고, 논리적이고 체계적인 사고 능력을 바탕으로 학문적 성장과 더 나은 삶을 추구할 수 있기를 기대한다.

공저자 씀

차 례

part I 실험에 필요한 것

part II 장치 사용법

part III 실험보고서 작성 방법

차 례

part Ⅳ 실 험

part 

실험에 필요한 것

1 실험의 목적

물리는 자연현상을 체계적이고 논리적으로 설명하고 이것을 토대로 조건에 따른 결과를 예측하는 학문이다. 그리고 실험은 이론(예측)을 뒷받침하는 검증 방법이다. 이것은 물리학자들이 하는 일이고, 우리는 이것을 통해서 무엇을 배울 수 있는지 생각해야 한다.

물리학 실험의 가장 중요한 목적은 생각하는 방법을 배우고 훈련하는 것이다. 또한 과학적 사고 능력의 함양과 데이터 분석 능력 그리고 보고서 작성 능력 향상은 2차 목적이 된다. 실험마다 목적이 있고, 그 목적을 이루기 위해 해야 할 것들을 생각하고 생각한 것들이 맞는지 실험을 통해 검증하고 틀렸다면 어디서 왜 문제가 발생했는지를 추적하고 제대로 된 결과를 얻을 때까지 수정 · 보완해서 생각의 틀을 완성하는 것이다. 이 일련의 과정을 통해 생각하는 방법과 문제 해결 능력을 키우는 것이 실험을 공부하는 목적이다.

2 단 위

단위의 중요성은 아무리 강조해도 지나치지 않다. 모든 물리량은 숫자와 단위로 구성되어 있다. 실제로 물리량을 결정하는 것은 숫자가 아니고 단위다. 즉 단위는 물리량을 나타내는 표현이다. 따라서 단위의 생략은 정확한 의사를 전달할 수 없으므로 단위를 임의로 생략해서는 절대로 안 된다.

물리량 = 숫자 · 단위

여기 1, 10, 100 이렇게 써 놓는다면 이것이 무엇인지 알 수 있나? 그러면 1kg, 10m, 100km/h 이렇게 쓰면 어떤가? 숫자만 있을 때는 무엇을 말하는지 알 수 없었지만, 단위가 들어가니 질량, 길이, 속력을 나타내는 것임을 바로 알 수 있다. 따라서 단위는 임의로 생략하면 안 된다.

또 한 가지, 만일 여러분의 키와 나의 몸무게를 비교한다면? 아마 대부분 “무슨 말도 안 되는 소리를 하나?” 하고 웃을 거다. 왜 그런가? 이 경우, 키와 몸무게는 우리에게 아주 익숙한 물리량이기 때문에 키와 몸무게를 비교한다는 것이 불가능하다는 것을 알기 때문이다. 그러나 실제로 단위의 의미를 정확히 모른다면 이런 실수는 쉽게 한다. 예를 들면 일과 에너지, 일률과 에너지는 비교할 수 있나? 소비전력과 소비된 전기 에너지양은 어떤가? 이것을 구분할 수 있다면 여러분은 제대로 공부해서 정확히 이해한 것이다.

우선 단위는 물리량을 나타내는 것이라고 말했다. 서로 다른 물리량은 비교할 수 없다. 이것은 단위가 다르면 서로 더하거나 빼는 연산이 불가능하다. 따라서 어느 것이 크고 작은지를 비교할 수 없다. 즉, 단위가 다르면 비교할 수 없다.

앞의 예를 다시 설명하면 일과 에너지는 모두 에너지 단위(J 주울)를 갖고 있어서 비교할 수 있지만, 일률은 단위 시간당 에너지, 즉 (J/s = W 와트)의 단위를 갖고 있어서 에너지와 단위가 다르므로 비교할 수 없다. 또 소비전력은 일률의 단위를 갖고 소비된 전기 에너지양은 에너지 단위를 갖고 있어서 일률과 전기 에너지는 서로 다른 단위로 비교할 수 없다.

물리학에서 다루는 기본 물리량은 7가지가 있다. 7가지 물리량과 보조단위를 조합하면 지구상에 존재하는 모든 물리량을 표현할 수 있다. 7가지 물리량은 고유한 물리량으로 이것은 <표 1.1>에서 같이 정의된다.

물리량	기호	단위
길이	m	미터
질량	kg	킬로그램
시간	s	초
전류	A	암페어
온도	K	켈빈
물질의 양	mol	몰
광도	cd	칸델라

〈표 1.1〉 SI 일곱 가지 기본 물리량

3 SI 접두어

<표 1.2>에 SI 접두어가 있다.

지금은 컴퓨터가 발달해서 저장용량이 커진 덕에 기가(G 10^9), 테라(T 10^{12})까지는 그래도 많이 들어 보고 쓴다. 또 미세 연구에 관심이 커지면서 나노(n 10^{-9})까지도 쉽게

만날 수 있다. 그러나 가장 많이 쓰지만 가장 많은 실수를 하는 부분이 이다. km의 k는 SI 접두어로 1000을 나타내며 이것은 소문자로 표시해야 한다. km를 Km로, kV를 KV로 kW를 KW로 표시된 인쇄물을 쉽게 만날 수 있다. k는 1000을 나타내는 SI 접두어로 소문자다.

M과 m의 경우는 대문자로 쓰면 10^6이나 소문자로 쓰면 10^{-3}이 된다. 이를 혼용해서 쓸 경우, 엄청난 차이가 발생한다. 다행히 k는 대문자가 SI 접두어로 쓰지 않기 때문에 혼돈의 여지는 적지만 그래도 표기법은 지켜야 한다.

접두어(기호)	의미	발음	접두어(기호)	의미	발음
E(exa)	10^{18}	엑사	d(deci)	10^{-1}	데시
P(peta)	10^{15}	페타	c(centi)	10^{-2}	센티
T(tera)	10^{12}	테라	m(milli)	10^{-3}	밀리
G(giga)	10^{9}	기가	μ(micro)	10^{-6}	마이크로
M(mega)	10^{6}	메가	n(nano)	10^{-9}	나노
k(kilo)	10^{3}	킬로	p(pico)	10^{-12}	피코
h(hecto)	10^{2}	헥토	f(femto)	10^{-15}	펨토
da(deca)	10^{1}	데카	a(atto)	10^{-18}	아토

〈표 1.2〉 SI 접두어

4 측 정

측정은 어떤 물리량을, 측정장치를 이용해서 숫자로 표시한 것이다. 우리가 측정하는 물리량은 단위를 지니고 있으나 그 단위는 측정을 통해서는 알 수 없고 측정하려는 물리량은 이미 단위가 정해져 있어서 측정은 물리량의 숫자를 알아내는 것이다.

일반적으로 자연계에 존재하는 물리량은 연속적인 아날로그 값으로 이 값을 수치화하기 위해서는 A/D 컨버터를 사용한다. 또한 디지털 장치를 이용해서 어떤 물리량을 측정하기 위해서는 그 물리량을 측정할 수 있는 센서를 사용한다. 이 센서들은 특별한 경우를 제외하면 측정된 물리량을 전압으로 바꾸어서 출력을 하는데, 그 이유는 디지털 장치에서 아날로그값을 디지털 값으로 바꾸어주는 A/D 컨버터는 대부분 전압을 입력신호로 사용하기 때문이다. 보통 대부분 센서는 측정 물리량을 전압으로 바꾸어주고 그 값을 A/D 컨버터를 통해서 숫자로 바꾸어주므로 우리가 측정한 물리량은 전압이 된다. 따라서 센서에서 출력된 전압을 측정하려는 물리량 단위로 변환해야만 측정하려는 물리량의 측정값을 얻을 수 있다.

디지털 측정은 A/D 컨버터의 분해능이 매우 중요하다. A/D 컨버터의 분해능은 아날로그 신호를 디지털 값으로 변환할 때 구분할 수 있는 최소 전압 단위를 의미한다. 8비트 A/D 컨버터에서 경우 측정 최대 전압이 5V일 경우 분해능은 $5V/2^8 = 19.53mV$가 된다. 이는 입력전압의 변화가 19.53mV 보다 작으면 구분할 수 없다는 것이다.

12비트 A/D 컨버터는 분해능이 $5V/2^{12} = 1.22mV$이고, 16비트 A/D 컨버터는 $5V/2^{16} = 0.076mV$가 된다. A/D 컨버터의 비트 수가 증가할수록 더 작은 전압 변화를 구분할 수 있어 측정의 정밀도가 향상되며, 이는 센서 신호 측정이나 데이터 수집 과정에서 중요한 요소가 된다. 실험에서는 사용되는 A/D 컨버터의 비트 수와 최대 전압을 확인하고, 실제 분해능을 계산하여 측정 가능한 최소 변화량을 확인하는 것이 꼭 필요하다.

1) 전압, 전류, 저항 측정

전류, 전압 그리고 저항 사이의 관계를 정의한 옴의 법칙으로 이들 셋 중에서 두 개를 알면 나머지 하나는 계산으로 알 수 있다. 만일 저항을 알고 싶다면 전압과 전류를 측정해서 알 수 있고 전류를 알고 싶다면 전압과 저항을 알면 알 수 있다.

먼저 저항을 측정하는 방법을 보자. 저항은 저항에 걸린 전압을 저항에 흐르는 전류로 나누어 주면 얻을 수 있다. 따라서 저항에 걸린 전압을 측정하고 그 값을 저항에 흐르는 전류를 측정해서 나누면 된다.

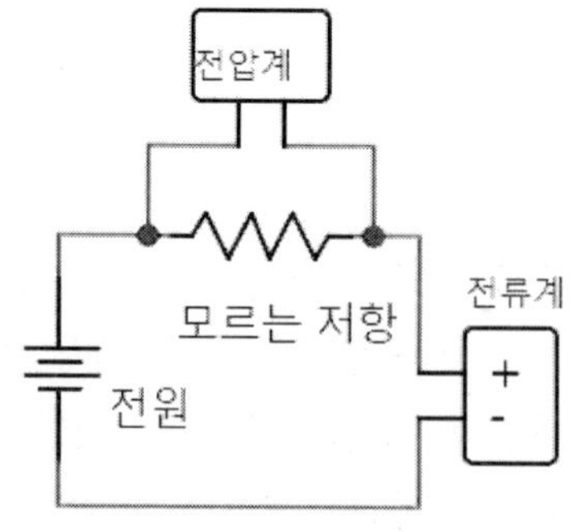

[그림 1.1] 모르는 저항 측정

모르는 저항을 측정하는 일반적인 방법은 전압계와 전류계를 이용하는 방법으로 [그림 1.1]과 같은 회로를 사용한다. 회로에 전압계를 모르는 저항 양단에 연결해서 모르는 저항에 걸리는 전압을 측정하고 전류계를 모르는 저항과 직렬로 연결해서 모르는 저항에 흐르는 전류를 측정한다. 그리고 측정한 전압을 측정한 전류로 나누어주면 모르는 저항을 알 수 있다.

그러나 실제 측정에서는 전압을 측정하는 A/D 컨버터는 있지만 직접 전류를 측정하는 A/D 컨버터는 없다. 물론 전류를 전압으로 변환해 주는 센서는 있지만 (이것 역시 표준저항을 직렬로 넣고 표준저항 양단에 출력이 있다) 특별히 사용할 이유가 없다. 그 이유는 표준저항을 이용하면 간단히 전압을 측정해서 전류를 알 수 있기 때문이다. 따라서 [그림 1.1] 회로에 전류계를 사용하지 않고 표준저항과 전압계를 이용해서 전류를 측정하는 회로로 바꾸어야 한다. [그림 1.2]에 전류계 대신 표준저항을 이용해서 전류를 측정하는 회로가 있다.

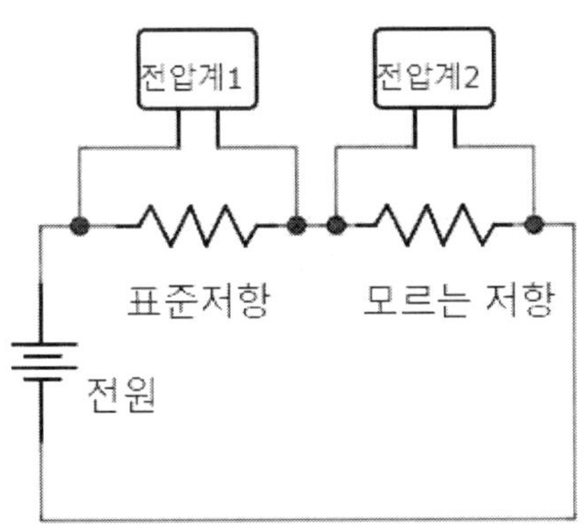

[그림 1.2] 전류와 미지 저항 측정

[그림 1.1] 회로에 정확한 저항값을 알고 있는 표준저항을 모르는 저항과 직렬로 연결해서 만든 회로가 [그림 1.2]이다. 이 회로에서 표준저항에 걸린 전압을 전압계 1로 측정하고 이 전압을 이미 알고 있는 표준저항으로 나누면 표준저항에 흐르는 전류를 알 수 있다. 또한 표준저항과 모르는 저항은 직렬로 연결되고 다른 회로가 없으므로 두 저항에 흐르는 전류는 같다. 따라서 이렇게 얻은 표준저항에 흐르는 전류를 모르는 저항에 흐르는 전류로 사용하면 된다. 모르는 저항에 걸린 전압을 전압계 2로 측정하고 이 전압을 이미 측정한 모르는 저항에 흐르는 전류로 나누면 모르는 저항을 알 수 있다.

단위를 점검하면 모르는 저항에 걸린 전압은 전압으로 [V] 단위를 지닌다. 표준저항에 걸린 전압도 [V] 단위를 지니고 표준저항은 [Ω] 단위를 지닌다. 또한 표준저항에 걸린 전압 [V]를 표준저항 [Ω]으로 나누면 단위는 [A 암페어]가 된다. 따라서 모르는 저항은 모르는 저항에 걸린 전압 [V]를 표준저항에 흐르는 전류 [A]로 나누어 얻는다. 따라서 모르는 저항 단위는 전압[V]/전류[A]로 [Ω]이 된다.

5 유효숫자

유효숫자는 실제로 의미가 있는 숫자로 실험에서 측정과 계산을 할 때 매우 중요하다. 일반적으로 측정 유효숫자는 아날로그 장치의 경우 최소 눈금 한자리 아래에서 반올림한다.

[그림 1.3]의 경우 정확히 13V와 14V 중간에 있으므로 13.5V로 읽는다. 그러나 13V 또는 14V로 치우친 경우는 가까운 쪽으로 표시한다.

[그림 1.3] Volt

[그림 1.4]의 경우는 저항을 측정한 것이라 하면 최소 눈금 0.6과 0.5 사이 중간에 있으므로 0.55 Ω으로 읽으면 된다.

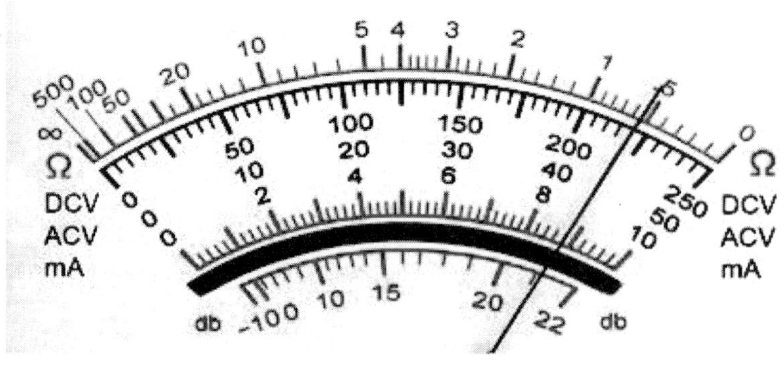

[그림 1.4] 멀티 미터

숫자 500의 유효숫자는 몇 개인가? 여기서 5 뒤의 두 개의 0은 유효숫자 인지 단순한 자리를 표시한 것인지 알 수 없다. 따라서 유효숫자를 분명히 하려면 다른 표현 방법을 써야 한다.

500.의 경우는 유효숫자는 소수점이 있으므로 3개다.

만일 유효숫자가 두 개라면 5.0×10^2로 쓰고 3개이면 5.00×10로 쓰면 된다. 또 500.0은 유효숫자가 4개이고 이것은 5.000×10^2로 쓸 수 있다.

연산할 때 곱셈이나 나눗셈은 연산 후 연산 전 작은 유효숫자 개수로 맞추고 덧셈과 뺄셈은 가장 작은 소수점 이하 자릿수로 맞춘다.

곱셈
2.4 x 3.55 = 8.76
(유효숫자 2자리로 반올림) = 8.8

나눗셈
725/0.125 = 5800
(유효숫자 3자리로 표현하면) = 5.80×10^3

덧셈
23.1 + 0.546 + 1.45 = 25.096
(반올림해서 유효숫자를 소수점 첫째 자리로 맞추면) = 25.1

뺄셈
157 - 5.5 = 151.5
(유효숫자를 소수점 이하가 없도록 맞추면) = 152

6 오차와 편차

실험에서 측정값의 신뢰성을 평가하기 위해 가장 기본적으로 구분해야 할 개념이 바로 오차와 편차다.

1) 오차(Error)

오차란 측정값이 참값으로부터 얼마나 떨어져 있는지를 나타내는 척도다.

오차 = 측정값 - 참값

참값은 현실적으로 알기 어려운 경우가 많아, 표준시료나 이론적 수치를 참값으로 사용한다.

2) 편차(Devation)

편차란 개별 측정값이 측정한 데이터 집합의 평균값으로부터 얼마나 떨어져 있는지를 나타내는 척도다.

편차 = 측정값 - 측정한 데이터 집합의 평균값

구분	오차 (Error)	편차 (Deviation)
비교 대상	측정값 vs 참값	측정값 vs 평균값
목적	정확도(Accuracy) 판단	정밀도(Precision) 및 산포도 판단
실무적 한계	참값을 모를 경우 계산 불가	데이터만 있으면 언제든 계산 가능
응용 지표	상대 오차, 백분율 오차	분산, 표준편차

〈표 1.3〉 오차와 편차

편차는 데이터 내부의 산포도(Dispersion)를 확인하기 위한 지표이고 모든 데이터의 편차를 합산하면 0이 되기 때문에 편차의 크기를 측정할 때는 편차를 제곱하여 합한 '편차제곱합'을 주로 사용한다.

오차는 측정값이 얼마나 참값에 가까운지를 보는 정확도(Accuracy)를 나타내고, 편차는 측정된 데이터들이 얼마나 흩어져 있는지 정밀도(Precision)를 나타낸다.

7 그래프

실험 결과를 표시하는 방법으로 실험에서 얻은 데이터를 그래프로 표현하면 나열된 데이터에서는 볼 수 없던 것을 보게 되고 분석이 편해진다. 실험데이터를 그래프로 표현하는 방법에 대해서 살펴보자.

블로그를 운영하는데 운영날짜 대 방문객 수를 그래프로 표시했더니 [그림 1.5]와 같이 나타났다.

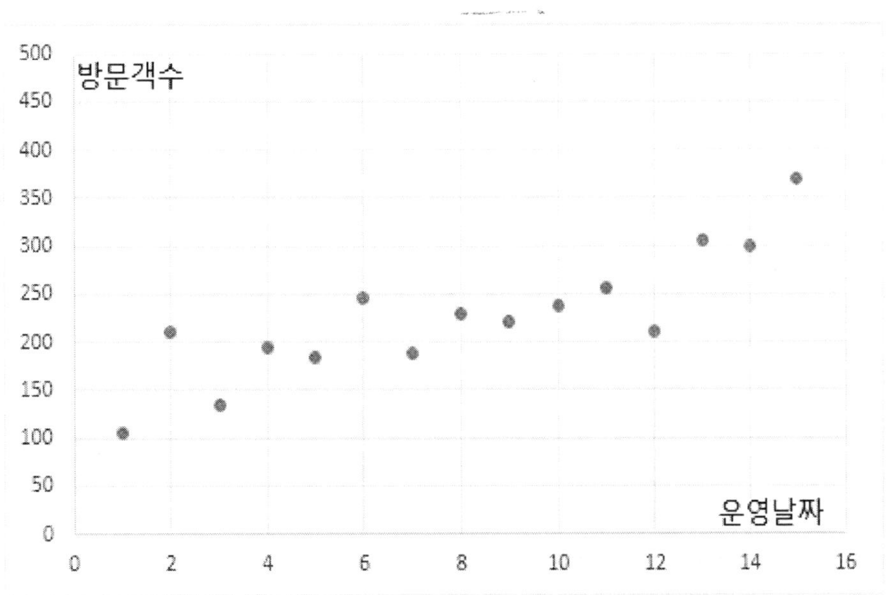

[그림 1.5] 블로그 운영날짜 대 방문객 수

이 그래프에서 추세를 알기 위한 추세선을 넣은 그래프로 [그림 1.6]과 [그림 1.7] 중 어느 것이 좋은지 선택하고 그 이유를 설명해 보자.

[그림 1.6]의 경우는 각 데이터점 하나하나에 의미를 둔 것으로 전체적인 추세를 설명하려는 목적에 맞지 않는다. 만일 y축이 어떤 측정 데이터라면 측정값은 편차를 지니고 있으므로 그 값 하나하나에 의미를 줄 수 없다. 그러나 날짜별 방문객 수, 즉 요일별로 방문객 수를 설명한다면 각 데이터에 의미를 둘 수 있어서 이 표현이 가능하다 그렇다 하더라도 꺾은선 그래프보다는 막대그래프로 나타내는 것이 좋다.

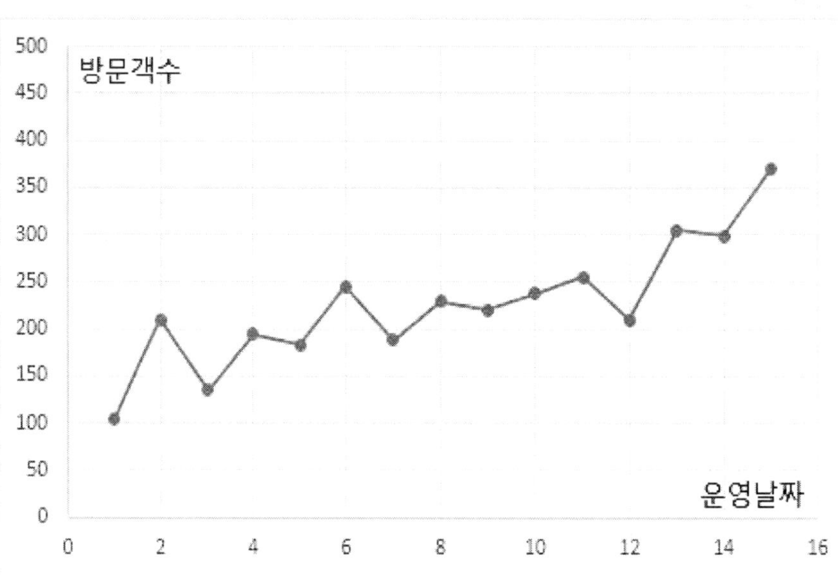

[그림 1.6] 블로그 운영날짜 대 방문객 수 꺾은선 그래프

[그림 1.7]의 경우는 그래프의 추세선을 그려서 전체적인 추세를 설명하는 것이 목적이다. 즉 이 그래프에서 날짜가 증가함에 따라 전체적인 방문객 수가 증가한 것을 이야기할 수 있다.

추세선을 구하는 방법에 따라 ⓐ, ⓑ 그래프를 얻을 수도 있지만, ⓒ 추세선이 가장 좋은 결과를 보여준다.

이처럼 데이터를 그래프로 나타낼 때는 각 데이터 하나하나에 의미를 두기보다는 전체적인 추세를 나타낼 수 있는 추세선으로 나타내는 것이 바람직하다.

추세선을 찾는 방법으로 최소제곱법이 가장 일반적으로 쓰인다. 최소제곱법은 추세선의 값과 실제 데이터값 차이 제곱의 합이 최소가 되는 추세선의 방정식을 찾는 방법이다.

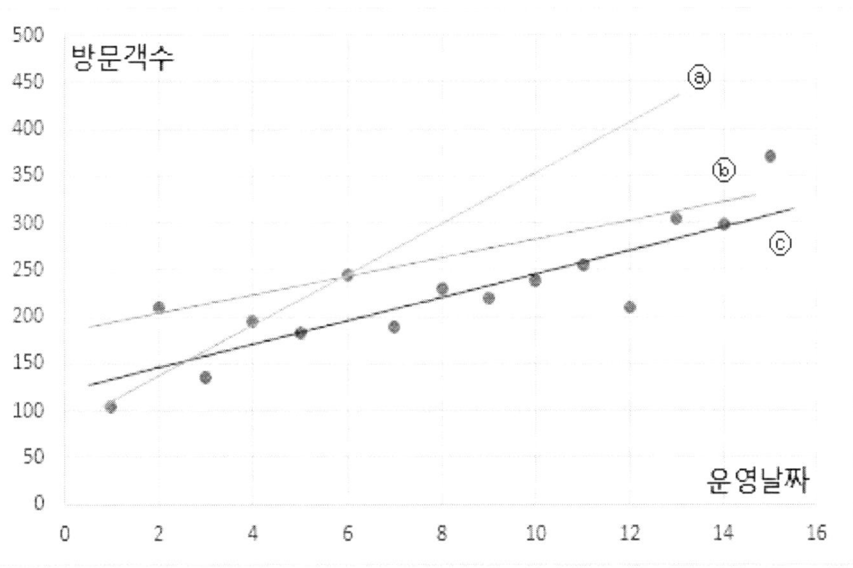

[그림 1.7] 블로그 운영날짜 대 방문객 수 추세선

[그림 1.8]에서 검은색 점은 실험값이며 파란색 직선은 추정된 함수이다. 이 함수에 해당하는 값이 추정값이다. 거리 d는 측정값과 추정값의 차이로 편차다. 최소제곱법은 측정값마다 편차 제곱의 합이 최소가 되는 함수를 찾는 방법입니다. 즉 거리 d 제곱의 합이 최소가 되는 함수를 찾는 것이다.

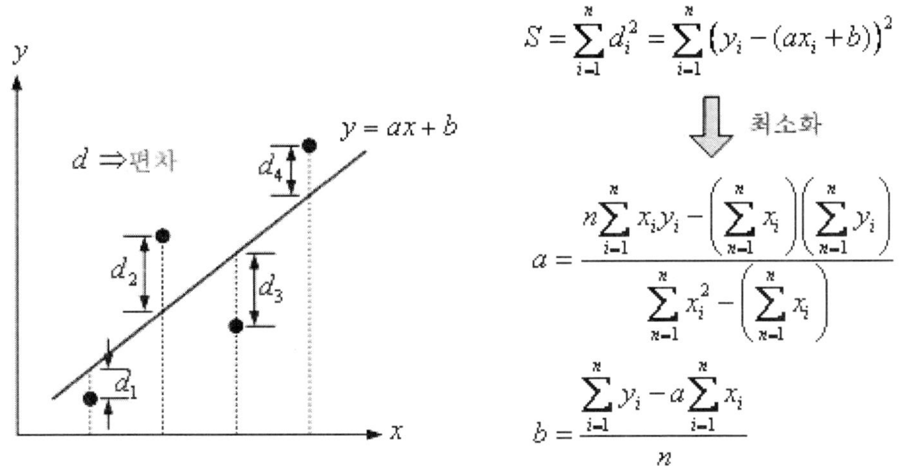

[그림 1.8] 최소제곱법

편차의 합이 아니라 편차 제곱의 합이 최소가 되는 함수를 찾는 이유는 편차는 + 또는 - 값을 갖기 때문에 합을 구하면 + 값과 - 값이 상쇄되어 실제로는 큰 편차를 갖고 있지만, 합은 작은 값을 지닐 수 있으므로 이 효과를 제거하기 위해 편차 제곱의 합이 최소가 되는 함수를 찾는 것이다.

최소값을 찾는 방법은 미분값이 0이 되는 조건을 찾으면 된다. 그리고 직선의 방정식을 찾는 경우, 변수는 기울기 a와 y절편 b 두 개다. 따라서 두 변수에 대 각각 편미분값이 0이 되는 방정식을 구하고 이 두 개의 방정식을 연립하여 풀면 기울기 a와 y절편 b를 구할 수 있어서 최적의 직선 방정식을 찾을 수 있다.

part II
장치 사용법

실험하기 위해서 실험에 따라 여러 가지 측정장치를 사용한다. 이 장에서는 여러 가지 실험에 공통으로 사용하는 장치들 사용 방법을 설명한다.

1 SparkVue와 SparkVue 프로그램 사용법

SparkVue는 PASCO에서 만든 디지털 실험장치와 연결해서 실험하는 소프트웨어를 말한다.

1) SparkVue 프로그램 설치

SparkVue는 PC용과 휴대폰 또는 태블릿용이 있다. 따라서 환경과 필요에 따라 프로그램을 설치하면 된다.

[그림 2.1] SparkVue 설치

안드로이드 OS를 사용하는 스마트폰 또는 태블릿은 Google Play에서 프로그램을 받아 설치하고, iOS를 사용하는 애플의 IPhone이나 iPad는 App Store에서 프로그램을 받아 설치한다.

PC용은 파스코 홈페이지 다운로드에서 받아 설치하면 된다.

www.pasco.com/download/sparkvue

윈도 컴퓨터와 애플 컴퓨터 두 가지 모두 지원된다.

2) 필요한 장치

① PASCO 센서, AirLink
② SparkVue를 설치한 스마트폰, 태블릿 또는 PC

3) 연결 방법 및 순서

SParkVue를 설치한 스마트폰과 PASCO 센서는 블루투스(Bluetooth)를 이용하여 연결한다. PASCO 센서 종류에 따라 블루투스가 내장된 센서는 직접 스마트폰과 블루투스로 연결하고, 블루투스가 내장되지 않은 센서(힘 센서, 위치 센서 등)은 센서를 AirLink 장치에 연결하여 블루투스로 연결해야 한다.

① 힘 센서와 Air Link를 연결하고 AirLink 전원을 켠다. 전원 스위치를 3초 정도 누르고 있으면 켜지고 다시 3초 정도 누르면 장치가 꺼진다. 센서 또는 Ai Link가 켜지면 블루투스 표시 빨간색 LED가 깜빡거리며 연결 대기 상태임을 나타낸다. 블루투스가 연결되면 블루투스 표시가 빨간색에서 초록색으로 바뀌어 깜빡거린다.

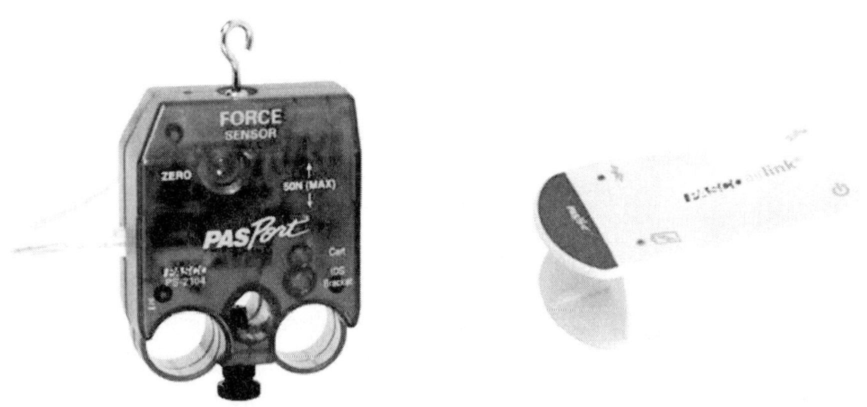

[그림 2.2] 힘 센서와 AirLink 장치

② SparkVue 프로그램을 실행한다.

[그림 2.3] SparkVue 프로그램 실행화면

③ [그림 2.3]에서 가운데 센서 데이터를 누르면 주변에 있는 센서를 찾고 연결 가능한 센서를 [그림 2.4]와 같이 보여준다.

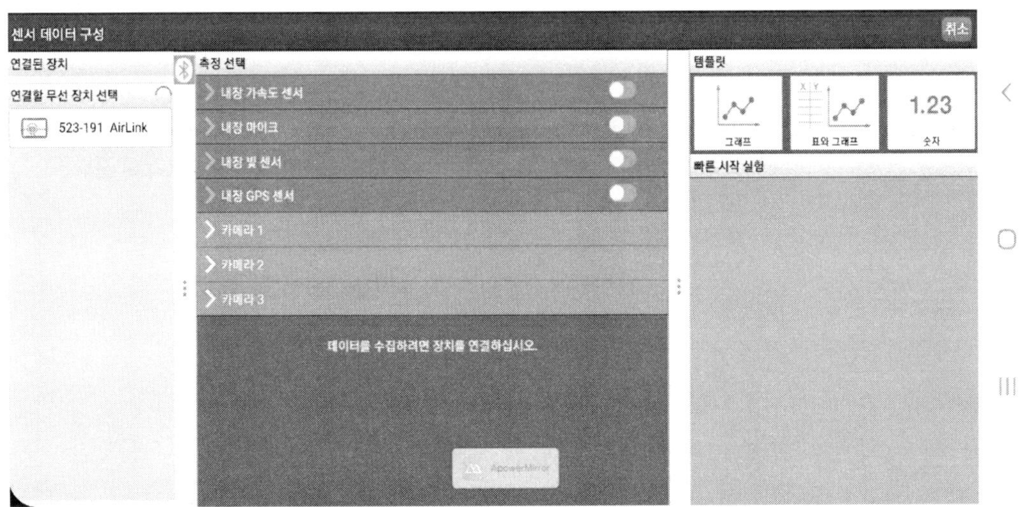

[그림 2.4] SparkVue 프로그램 센서 목록

④ 이때 장치의 고유번호를 확인하고 연결할 센서의 고유번호를 찾아 누르면 장치가 연결된다. ([그림 2.5]) 이때 센서 블루투스 센서가 연결된 것을 확인하고 만일 장치번호가 내 실험 테이블에 있는 장치번호와 다르면 연결된 장치의 X 버튼을 눌러서 연결을 해제하고 내 장치를 연결해야 한다. 만일 실수로 다른 테이블에 있는 장치를 연결하면 그 장치가 있는 실험 테이블에서는 장치를 연결할 수가 없어서 실험할 수 없는 상태가 된다.

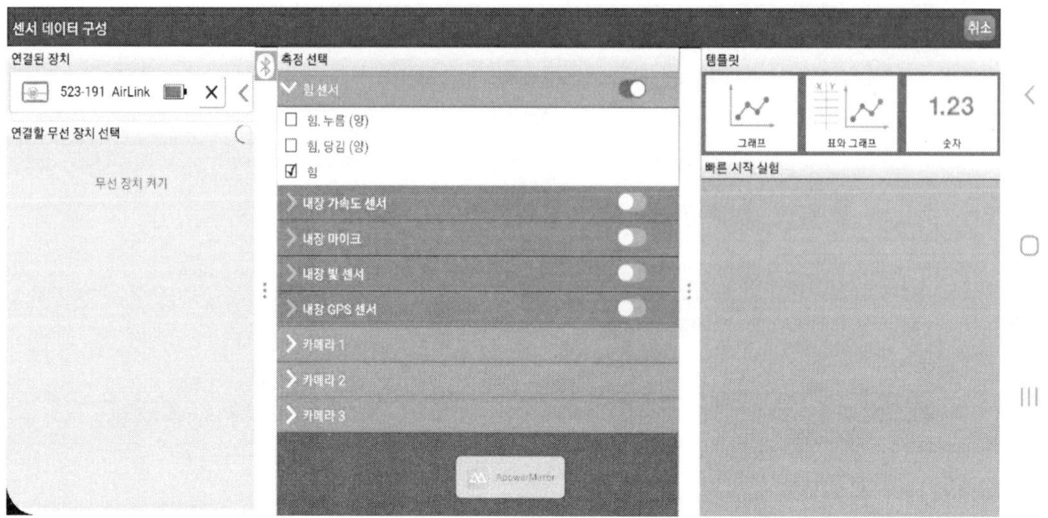

[그림 2.5] SparkVue 프로그램 센서 연결

⑤ [그림 2.5]에서 오른쪽 서식에서 표와 그래프를 선택하면 [그림 2.6]과 같은 창이 나타난다.

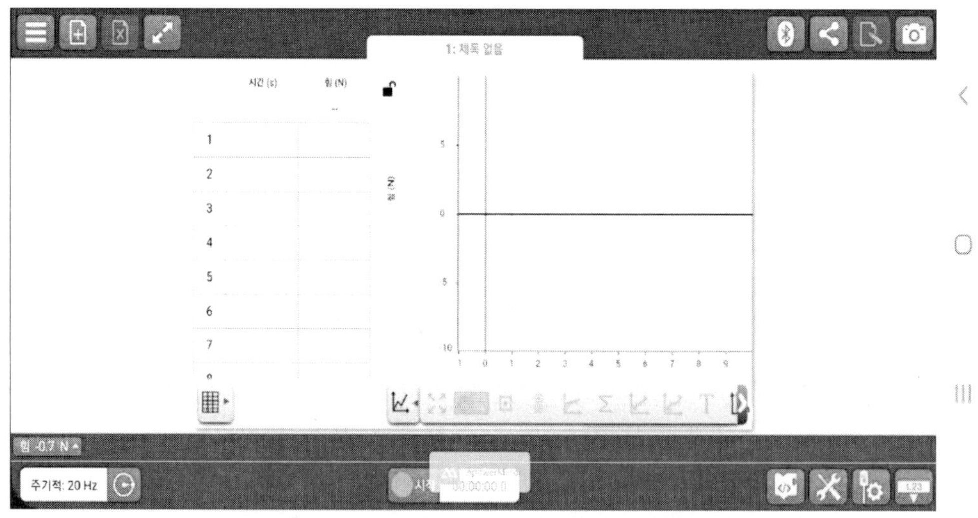

[그림 2.6] SparkVue 프로그램 표와 그래프 선택

4) 센서 측정값의 단위, 유효숫자, 표기법 설정

① [그림 2.6]에서 오른쪽 아래에 있는 버튼 중 실험도구 버튼을 누른다. 

[그림 2.7] 센서 측정값의 단위와 유효숫자 설정 1

② [그림 2.7]에서 데이터 속성을 선택한다.

[그림 2.8] 센서 측정값의 단위와 유효숫자 설정 2

③ [그림 2.8]에서 측정값 선택을 누르면 오른쪽에 연결된 센서들이 나타나고 여기서 설정할 센서를 선택한다. 이 경우는 힘 센서를 선택하는데 누름 힘과 당김 힘을 따로 선택할

수 있지만, 편의상 둘 다 포함된 힘을 선택한다. ([그림 2.9])

[그림 2.9] 센서 측정값의 단위와 유효숫자 설정 3

④ 힘의 단위는 기본값이 뉴턴(N)이므로 그대로 두고 숫자 포맷을 선택해서 소수점 이하 자릿수를 결정한다.

[그림 2.10] 센서 측정값의 단위와 유효숫자 설정 4

⑤ 뉴턴은 상당히 큰 값이므로 소수점 이하 자릿수를 6~7 정도를 선택하고 확인을 누르고 빠져나온다.

5) 측정주기(Sampling Rate)설정

① 측정주기는 1초에 몇 번 측정할 것인지를 정하는 것이다. 20 Hz는 1초에 20번 측정을 하는 것으로 0.05초에 한 번 측정하므로 10초 동안 측정했다면 0.05초 간격으로 200개 측정한 데이터가 기록된다. ([그림 2.11])

[그림 2.11] 측정주기 설정

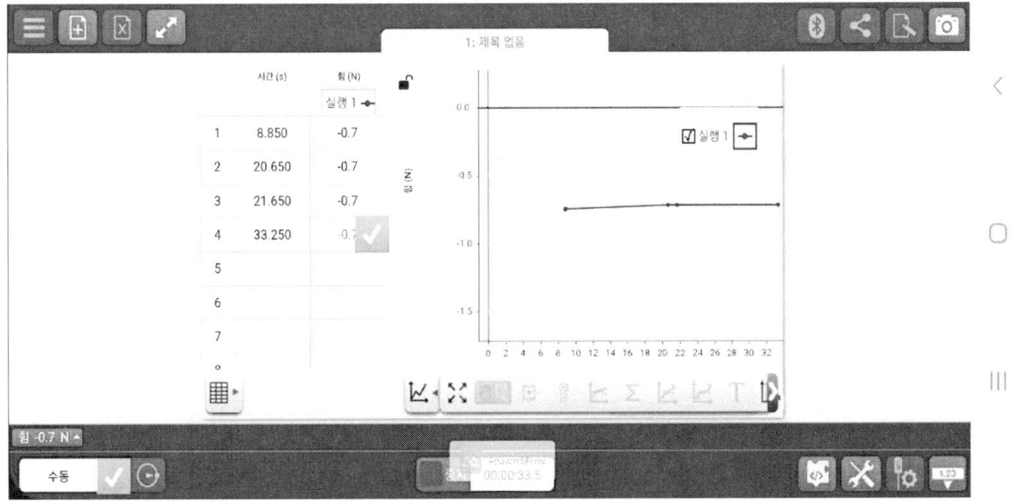

[그림 2.12] 수동 측정

② 먼저 샘플링 방식을 주기적으로 선택된 것을 확인하고, 센서의 선택이 우리가 이미 정해 놓은 힘 센서가 맞는지 확인한다. 그리고 샘플링 속도를 선택하고 확인 버튼을 누르면 된다.

③ 샘플링 방식을 수동으로 설정하면 [그림 2.6]에서 가운데 아래 시작 버튼을 누르면 측정 준비가 되고 표에 초록색 체크 버튼이 나타나고 그 버튼을 누를 때 측정해서 기록한다. 측정이 다 되면 가운데 아래 빨간색 중지 버튼을 누르면 된다. ([그림 2.12])

6) 측 정

측정 센서 선택, 측정 센서 단위와 자릿수 선택, 그리고 측정방식과 주기를 설정하면 측정준비가 된 것이다. 측정준비가 되었으면 시작 버튼을 눌러서 측정을 시작하고 측정이 끝나면 중지 버튼을 눌러서 측정을 끝낸다. 이 실험에서는 힘 센서에 당기는 힘과 미는 힘을 가하면서 측정을 한 결과이다. 그 결과는 [그림 2.13]에 있다. 여기서 주의할 점은 힘 센서의 경우 아무 힘을 가하지 않아도 힘이 0이 아니고 -0.71N 당기는 힘이 측정된다. 이 값은 기기 오차 값으로 측정값에 이 값만큼 더해서 보정을 해야 한다. 이 값을 보정 하는 다른 방법은 측정 전에 힘 센서의 zero 버튼을 눌러 0 값 상태를 초기에 설정하면 된다. 그 결과는 [그림 2.14]에 있다.

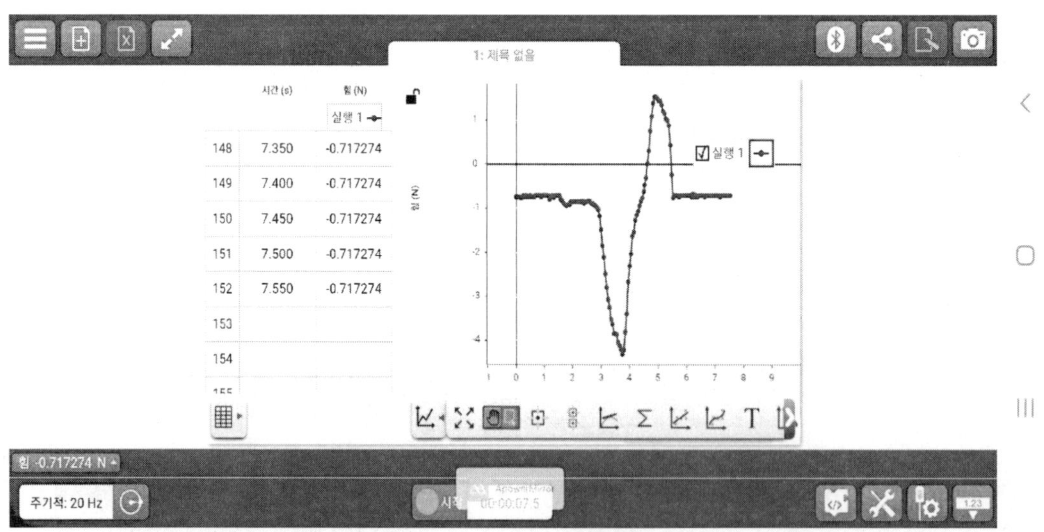

[그림 2.13] 힘 측정 결과

[그림 2.13] 또는 [그림 2.14]에서 측정값을 기록한 왼쪽 데이터 테이블에서 첫째 행은 시간이고 둘째 행은 측정값이다. 즉 시간에 따른 측정이 진행된 결과이다. 오른쪽 그래프는 왼쪽 데이터 테이블을 그래프로 나타낸 것으로 가로축이 시간이고 세로축이 힘 측정값이다.

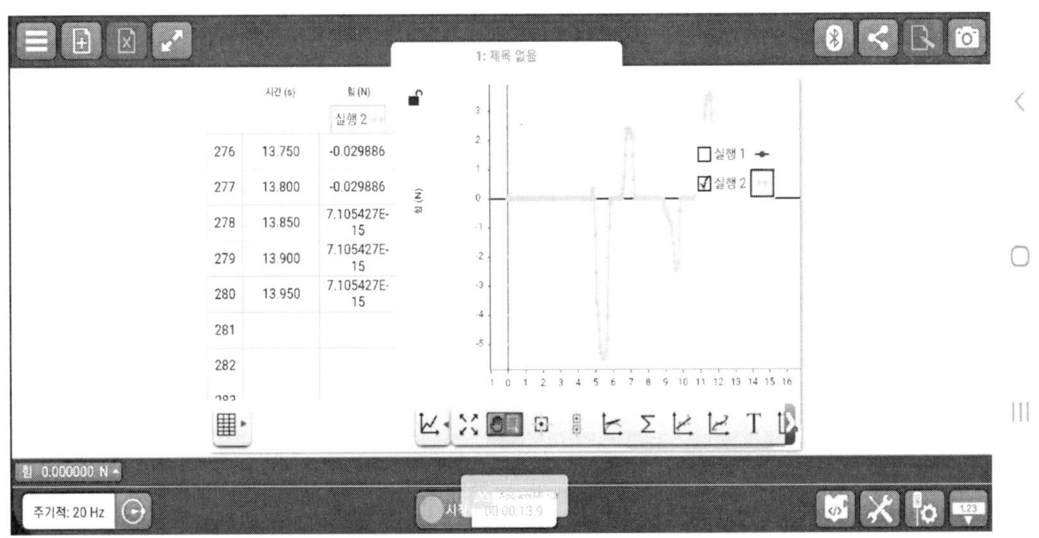

[그림 2.14] 힘 측정 결과 (0점 보정)

2 DMM(Digital Multi-Meter) 사용법

1) 기 능

DMM은 전기 전자회로를 시험, 측정할 때 가장 많이 사용하는 측정기기로 저항, 전압, 전류 측정 기능과 선이 전기적으로 연결되어 있는지를 알 수 있는 도통 시험 기능이 내장된 측정 장비다. 여기에 DMM의 가격에 따라 다이오드나 트랜지스터 같은 반도체를 테스트하는 기능, 콘덴서나 코일 측정 기능, 열전쌍을 이용한 온도 측정 기능 등이 추가된 DMM이 있다.

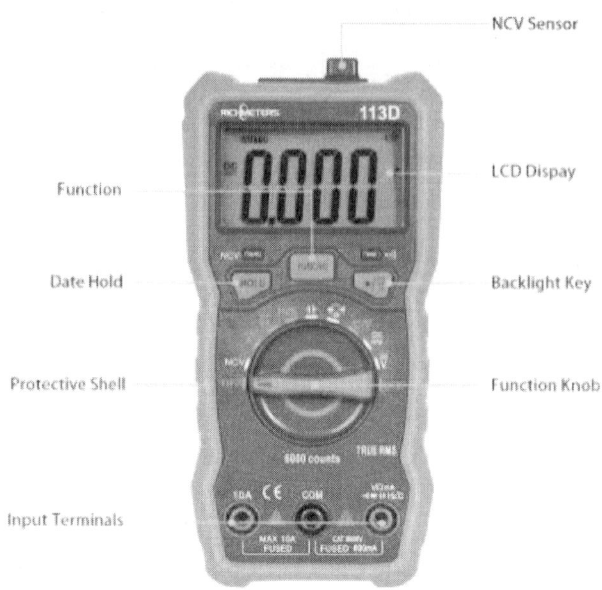

[그림 2.15] DMM

2) 도통 시험

도통 시험은 두 지점이 전기적으로 연결되어 있는지를 알아보는 시험이다. 보통 DMM에는 도통 시험 선택 위치가 있고 이곳에 기능 선택 스위치를 놓고 측정한다. 연결선은 검은색을 COM 단자에 연결하고 빨간색은 전압 저항을 측정하는 단자에 연결한다. 사용 전에 두 연결선의 탐침을 서로 연결해서 삐 소리가 나는지 확인하고 측정하려는 두 곳에 탐침을 연결한다. 삐 소리가 나면 탐침으로 측정한 두 부분이 전기적으로 연결되어 있음을 알 수 있다.

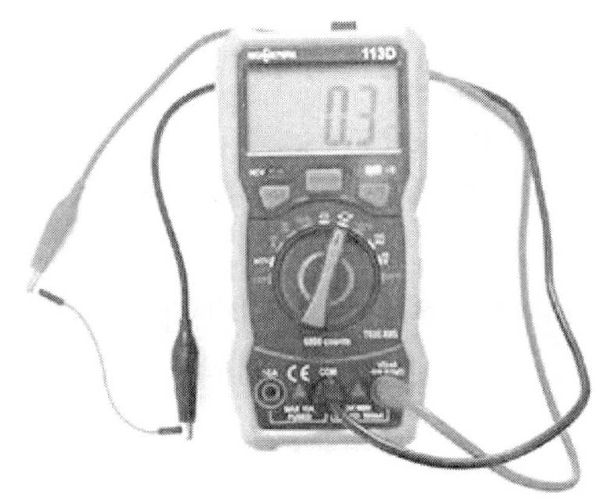

[그림 2.16] 도통 시험

3) 저항 측정

DMM으로 저항을 측정할 때 빨간색 연결선은 DMM에 저항을 측정하는 단자에 연결하고 검은색 연결선은 공통(COM) 단자에 연결한다.

일반적으로 저항, 전압, 전류(μA, mA 정도의 작은 전류)를 측정하는 단자는 같고 연결선을 연결하는 곳에 표시되어 있다. 측정 선택 스위치를, 저항을 측정하는 곳에 놓고 측정한다. DMM 종류에 따라 측정 범위가 자동으로 선택되는 것과 수동으로 선택하는 것이 있는데 측정 선택 스위치에서 저항을 측정하는 곳이 하나이면 자동 선택이고 kΩ, MΩ 등 몇 가지 선택을 할 수 있는 것은 수동 선택형이다. 따라서 수동 선택형은 측정된 값을 보고 적절한 측정 범위를 선택해서 측정해야 한다.

저항 측정은 측정하려는 저항 양단에 두 개의 연결선의 탐침을 연결하고 측정한다. 이 때 저항과 탐침 연결이 어려워서 손으로 저항과 탐침을 잡고 측정하면 우리 몸의 저항이 병렬로 연결되어 측정값에 오차가 발생한다. 측정 저항값이 클수록 오차는 커지므로 주의해야 한다. 이런 경우는 연결선 끝에 탐침이 아닌 악어 클립이 달린 연결선을 사용하면 편하다.

[그림 2.17]에 저항 측정 예를 보여주었다. 측정하려는 저항값이 500Ω 정도로 측정 선택 스위치를 저항 측정의 2000Ω을 선택했다. 이 선택에서는 2000Ω까지 측정할 수 있으며 저항이 더 크다면 20kΩ 또는 그 이상으로 선택 스위치 위치를 바꾸어야 한다.

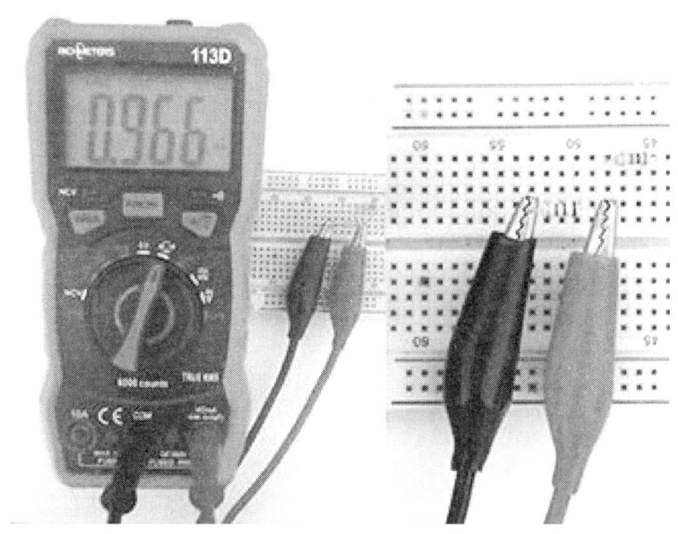

[그림 2.17] 저항 측정

4) 전압 측정

전압을 측정하기 전에 먼저 알아야 할 것은 측정하려는 전원이나 회로가 직류인지 교류인지를 먼저 알아야 한다. DMM에 따라 직류와 교류도 자동으로 측정하는 것도 있지만 보통 측정 선택 스위치로 측정 전에 선택해야 한다. 공급 전원의 전압이나 회로 내의 소자에 걸리는 전압을 측정하기 위해서는 전압을 측정하려는 전원이나 소자에 병렬로 연결선을 연결하고 측정한다. 이때 일반적으로 빨간색 연결선은 +, 검은색 연결선은 — 에 연결한다. 물론 DMM의 경우 +. — 를 표시하기 때문에 만일 -값이 표시되면 검은색 연결선에 +가 걸리고 빨간색 연결선에는 -가 결렸다는 의미다.

교류의 경우에 DMM은 교류전압의 RMS 값을 표시하지만, 교류의 파형과 주파수에 따라서 측정된 값에 오차가 있다. 일반적으로 DMM은 가정에 들어오는 교류 주파수 60 Hz에 맞추어 있으므로 주파수가 커질수록 오차는 커진다. 더욱이 파형이 사인파가 아닌 구형 파나 삼각파의 경우 오차는 40%까지 발생한다. 자세한 사항은 DMM 설명서를 참고해야 한다.

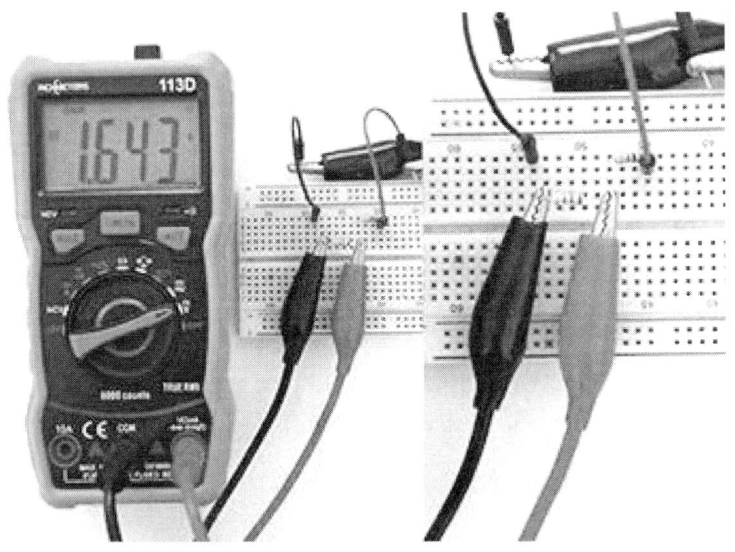

[그림 2.18] 전압 측정

일반적인 DMM에서 교류 전압 측정은 주기 내에서 피크 값으로 나누어서 표기하기 때문에 파형이 대칭이 아니면 오차는 피할 수 없고, 또 DMM의 측정 주파수가 측정하려는 신호의 주파수보다 매우 크지 않으면 가장 큰 값을 정확히 잡을 수 없어서 오차가 커진다. 그래서 요즘 DMM은 True RMS 라는 방법을 사용한다. 이것은 DMM 측정 주파수가 신호 주파수보다 매우 크게 설정되며 주기 내의 가장 큰 값을 찾아서 계산하는 것이 아니라, 말 그대로 제곱 평균값의 루트를 취해서 측정값으로 표시한다. 즉 신호 주파수보다 측정 주파수가 수십 배 커서 신호 주기 내에서 수십 회 측정이 가능하고 측정된 값의 제곱평균 루트를 취해서 측정값으로 표시한다. 이 측정 방법을 사용하면 정확한 RMS값을 측정할 수 있다.

$$V_{TrueRMS} = \sqrt{\frac{V_1^2 + V_2^2 + \ldots + V_n^2}{n}}$$

True RMS 측정 방법을 사용하는 DMM이라도 샘플링 주파수를 무조건 크게 할 수 없으므로 교류 신호의 주파수가 클수록 RMS 측정값은 오차가 커진다.

5) 전류 측정

전류에도 교류전류와 직류전류가 있다. 측정 전에 먼저 이것을 확인해야 한다. 전류는 하나의 회로에는 하나의 전류만 흐르기 때문에 여러 개의 소자가 연결된 회로는 여러 개 회로가 연결되므로 어느 회로에 흐르는 전류를 측정하고자 하는지를 먼저 정확히 알아야 한다.

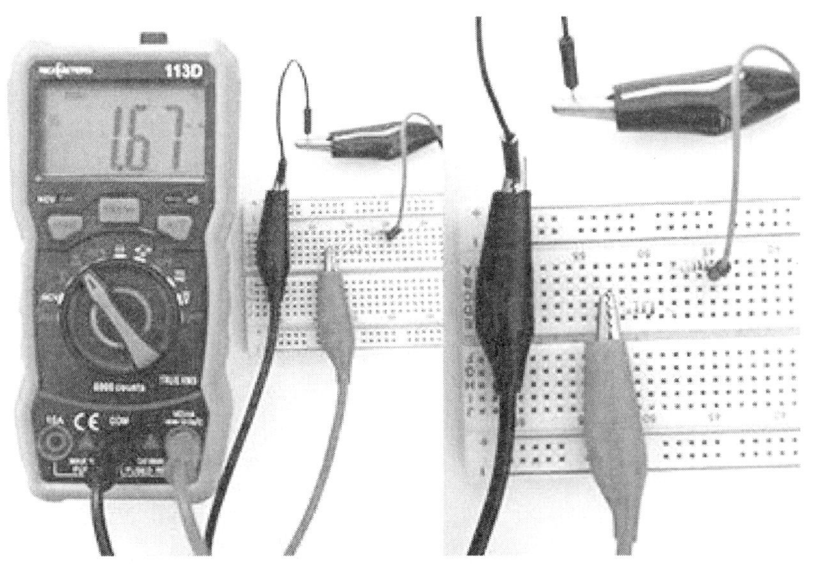

[그림 2.19] 전류 측정

전류는 회로를 통해서 흐르기 때문에 전류 측정을 하기 위해서는 회로에 전류계를 직렬로 연결해야 한다. 즉 전류를 측정하려는 회로의 한 부분을 끊고 전류계(DMM)를 연결한다. 직류전류는 방향이 있으므로 그 방향이 +, — 로 표시되며 측정된 전류가 + 이면 전류는 빨간색 연결선에서 검은색 연결선으로 흐르는 것이고, —가 표시되면 전류는 COM에 연결된 검은색 연결선에서 빨간색 연결선으로 전류가 흐르는 것이다.

전류계는 회로에 직렬로 연결되기 때문에 전류계가 회로에 영향을 주지 않으려면 전류계의 내부저항은 아주 작아야 한다. 따라서 소자나 전원에 내부저항이 작은 DMM을 병렬로 연결하면 DMM에 큰 전류가 흐르게 되어 DMM이 고장이 난다. 이를 보호하기 위해 DMM의 전류계에는 회로 보호용 퓨즈가 들어 있어서 DMM이 고장을 방지한다. 따라서 실험 중에 퓨즈가 끊어지면 반드시 담당 선생님에게 이야기하고 바로 교체해야 한다. 만일 퓨즈가 끊어진 것을 모르고 다른 조가 실험하게 되면 무엇이 잘못된 것이지 찾기 어려워서 많은 시간을 낭비하게 된다.

7) 전류 측정 중 DMM의 퓨즈가 끊어지면 반드시 새것으로 교체해 놓는다

전류를 측정할 때 회로에 흐르는 전류를 예상할 수 있다면 그 값보다 한 단계 큰 영역에서 측정을 시작한다. 예를 들면 회로에 흐르는 전류가 1mA 정도면 측정은 2.5mA 또는 10mA 까지 측정할 수 있는 영역에서 측정하고 전류가 예상한 값보다 작으면 측정 범위를 줄여서 측정한다.

만일 측정 전류를 예상할 수 없다면 큰 측정 범위 영역에서 측정을 시작하고 점차 작은 측정 범위로 내려가면서 정확한 값을 알 수 있는 범위를 찾아 측정한다.

3 오실로스코프 기본 사용법

오실로스코프에는 두 개의 신호를 동시에 입력해서 관찰할 수 있다. 하나의 신호는 CH1에 놓고 두 번째 신호는 CH2에 넣으면 된다. [그림 2.20] 오른쪽 아랫부분에 CH1 입력 또는 CH2 입력이라고 표시한 BNC 단자에 프루브를 연결해서 신호를 넣으면 된다.

측정하려는 신호를 CH1(X) 또는 CH2(Y)에 연결했다면 [그림 2.20] 오른쪽에 빨간색 화살표로 표시된 AUTO라고 쓰여 있는 파란색 버튼을 누르면 자동으로 신호를 잡아서 화면에 표시하게 된다.

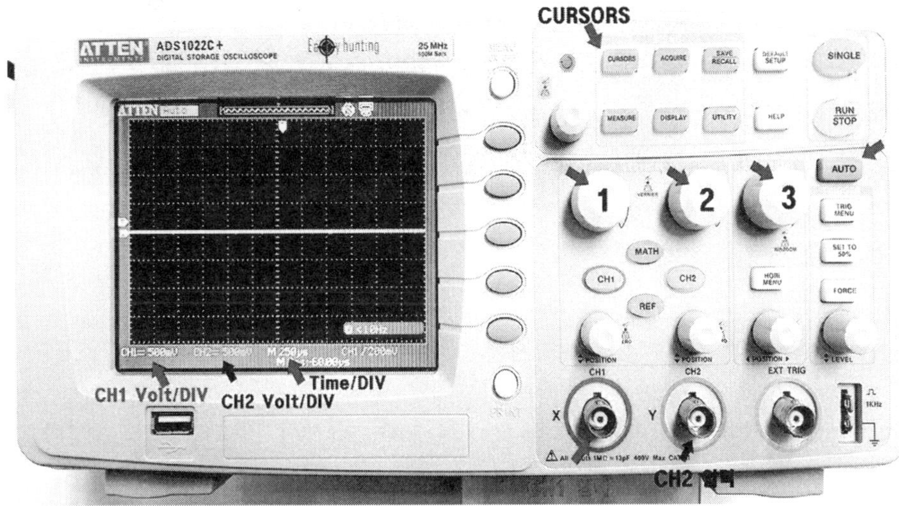

[그림 2.20] 오실로스코프

[그림 2.20]에 1이라고 쓰인 동그란 손잡이가 CH1 입력신호의 Volt/DIV를 조정하는 손잡이고 2라고 쓰인 손잡이는 CH2 입력신호의 Volt/DIV를 조정하는 손잡이다. 설정된 Volt/DIV는 오실로스코프 화면 왼쪽 아래에 CH1 Volt/DIV, CH2 Volt/DIV로 표시한 곳에 쓰여 있다.

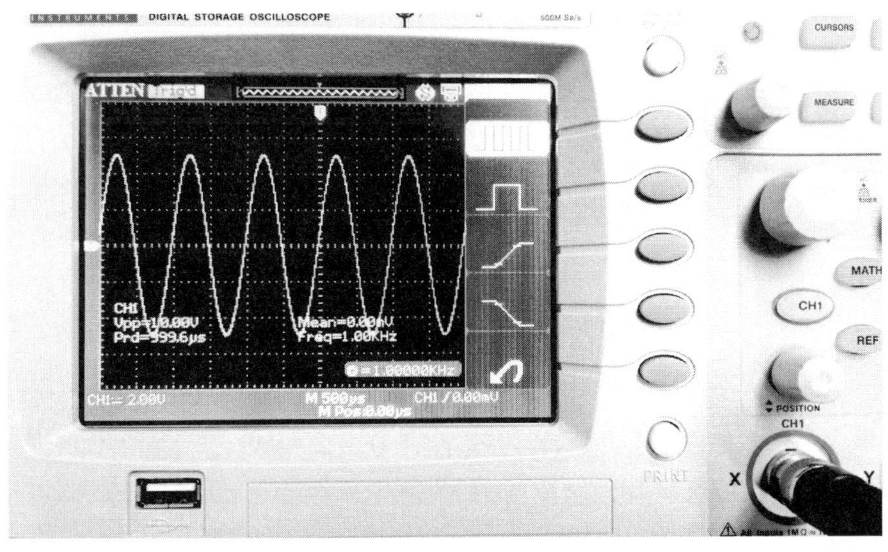

[그림 2.21] AUTO 버튼으로 입력신호 잡기

3이라 쓰인 동그란 손잡이는 Time/DIV를 조정하는 손잡이다. 화면 가운데 아랫부분에 파란색으로 Time/DIV라고 표시한 부분에 M$250\mu s$라 쓰여 있는데 x축 가로 한 칸이 $250\mu s$임을 표시한다.

측정하려는 신호를 CH1(X) 또는 CH2(Y)에 연결하고 AUTO 버튼을 누르면 [그림 2.21]과 같이 자동으로 신호를 잡아서 화면에 표시되며, 이때 화면에 Vpp, 주기, 주파수 등 신호에 대한 기본적인 정보도 함께 표시된다.

1) 전압 읽기

디지털 오실로스코프로 피크 전압 등을 읽으려면 AUTO 버튼을 누르고 표시되는 데이터를 읽으면 된다. 그러나 특정한 위치에서 전압을 읽으려면 전압 커서 라인으로 읽으려는 두 지점의 높이 차이에서 전압 차를 읽으면 된다.

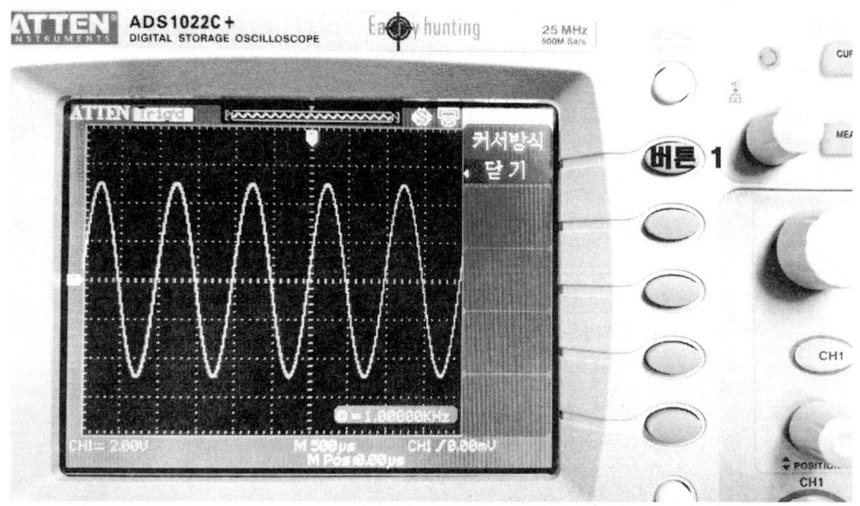

[그림 2.22] 커서를 이용한 전압 읽기 1

먼저 [그림 2.21]과 같이 신호를 잡고 [그림 2.20] 가운데 윗부분에 CURSORS 버튼을 누른다. 그러면 화면이 [그림 2.22]와 같이 바뀌고 커서 방식을 선택하는 창이 나온다. 여기서 [그림 2.22]의 버튼 1을 누르면 닫기 - 수동 - 트랙 - 자동 측정 순서로 바뀐다 여기서 우리는 수동을 선택한다.

수동을 선택하면 [그림 2.23]과 같은 화면이 나온다.

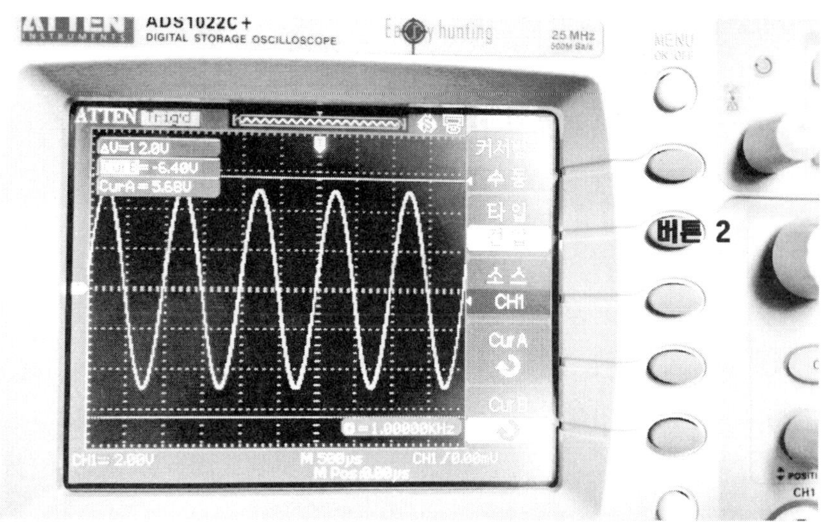

[그림 2.23] 커서를 이용한 전압 읽기 2

[그림 2.23]에서 버튼 2를 누르면 시간 또는 전압 측정을 선택할 수 있다. 여기서 전압을 선택한다.

버튼 3은 입력신호 선택을 위한 것으로 CH1 - CH2가 번갈아 나타난다. 또한, MATH와 REF 버튼을 선택하면 MATH와 REF가 활성화되며 선택 사항이 달라진다. 만일 REF 버튼을 눌러서 REF가 활성화가 되면 내장된 1kHz, 1Vpp 구형파 신호가 REF 신호로 나타난다.

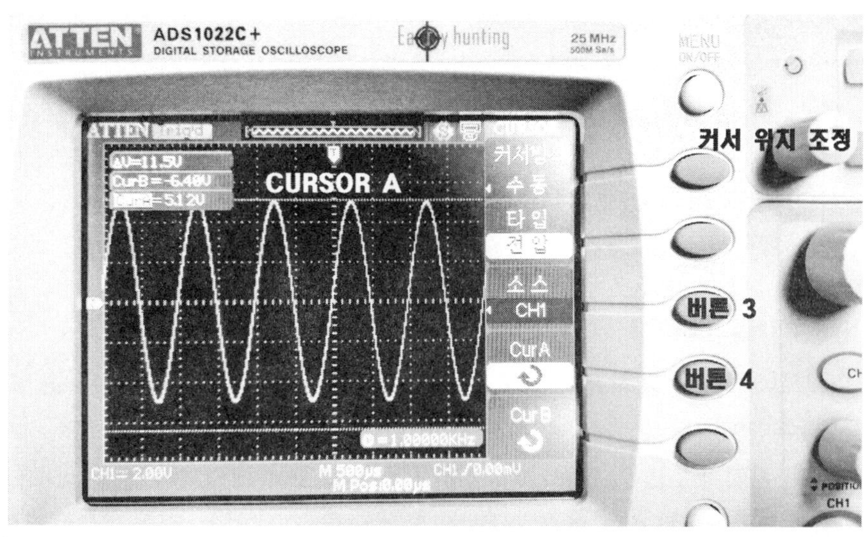

[그림 2.24] 커서를 이용한 전압 읽기 3

전압을 읽기 위해서는 커서 A와 커서 B를 움직여서 읽으려는 위치에 놓아야 한다. 먼저 [그림 2.24]의 버튼 4를 누르면 커서 A가 선택되고 사진의 오른쪽 위 커서 위치 조정 손잡이를 돌리면 화면의 CURSOR A가 위아래로 이동한다. 이때 우리가 측정하려는 위치에 커서 A를 놓는다.

같은 방법으로 [그림 2.25]에 버튼 5를 눌러서 커서 B를 선택하고 사진의 오른쪽 위 커서 위치 조정 손잡이를 돌리면 화면의 CURSOR B를 위아래로 움직여서 측정하려는 위치에 놓으면 된다.

이렇게 하면 화면의 왼쪽 위에 커서 A와 B의 위치 전압이 나오고 두 위치의 차이 ΔV가 표시된다. (빨간색 화살표) 우리가 측정하려는 전압을 알 수 있다.

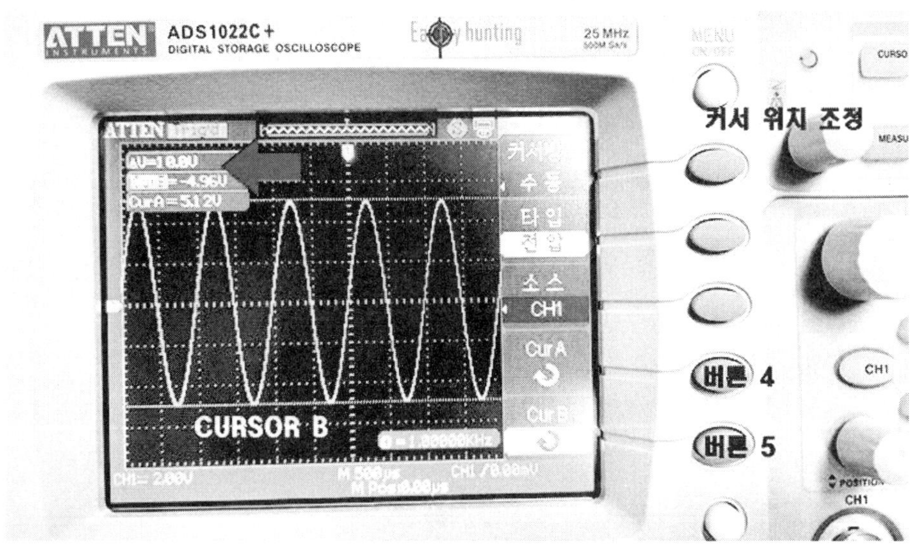

[그림 2.25] 커서를 이용한 전압 읽기 4

2) 주기와 주파수 읽기

오실로스코프에서 x축이 시간이므로 시간 라인 커서를 이용하면 두 지점 사이의 시간 차이를 읽을 수 있다.

오실로스코프에서 x축이 시간이므로 시간 라인 커서를 이용하면 두 지점 사이의 시간 차이를 읽을 수 있다.

전압 측정과 같이 [그림 2.20]의 커서 버튼을 누르고, [그림 2.26]의 버튼 2로 시간을 선택한다. [그림 2.26]의 버튼 4를 눌러서 커서 A를 선택하고 커서 위치 조정 손잡이를 돌려서 측정을 원하는 위치에 커서를 놓는다.

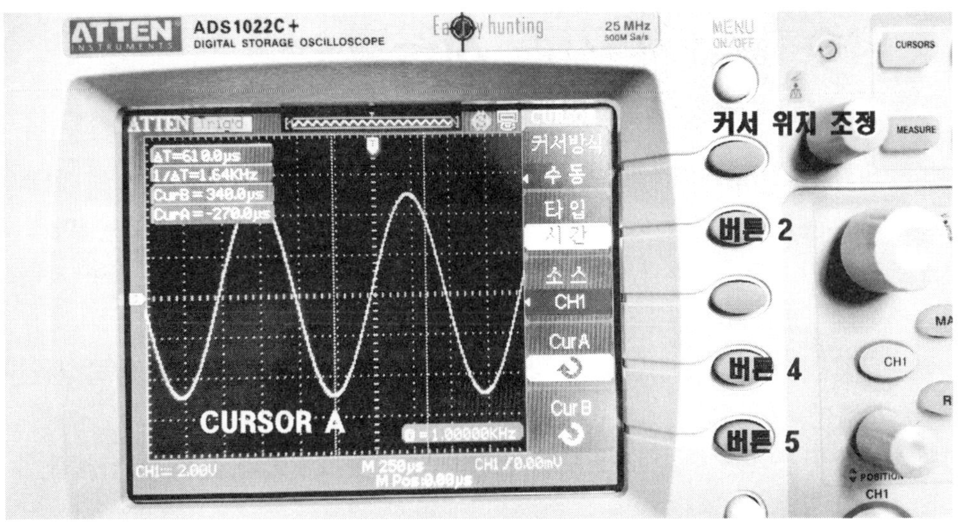

[그림 2.26] 커서를 이용한 시간 읽기 1

[그림 2.27]에 버튼 5를 누르고 커서 B를 선택하고 커서 위치 조정 손잡이를 돌려서 측정을 원하는 위치에 커서 B를 놓는다.

[그림 2.27]에 화살표 왼쪽 상자에 커서 A와 B 사이의 시간 간격 ΔT와 이 시간 간격의 역수로부터 구한 주파수가 표시되어 있다.

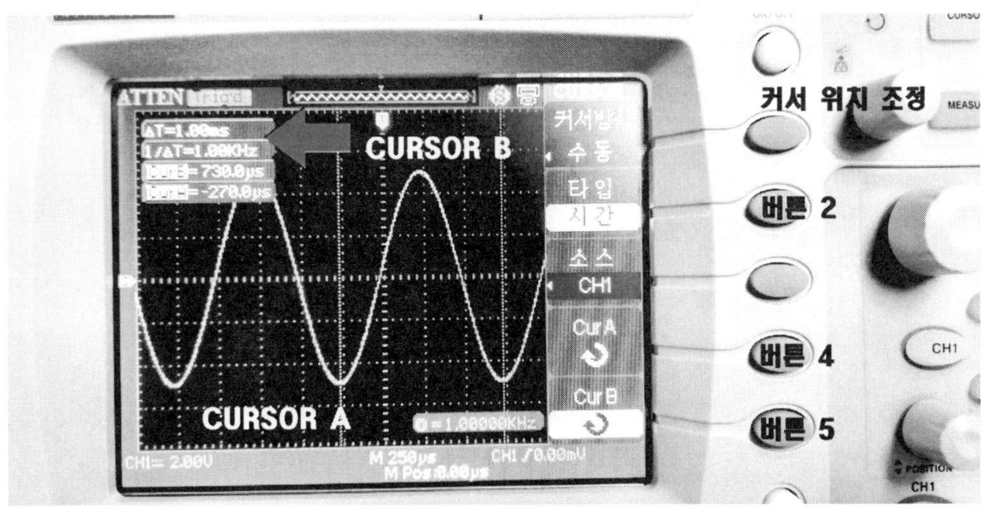

[그림 2.27] 커서를 이용한 시간 읽기 2

4 함수 발생기 기본 사용법

함수 발생기는 특정 주파수를 지닌 특정한 모양의 파동을 전기적 신호로 만들어 주는 장치다. 주파수는 보통 10Hz에서 1GHz 정도까지 조정할 수 있고 진폭은 피크-피크 전압이 0~30V까지 조정할 수 있다. 파형은 사인 파형, 구형 파형, 톱니 파형 사다리 파형 등을 선택할 수 있다.

[그림 2.28]은 함수 발생기에서 주파수는 1kHz, 피크-피크 전압은 2V로 사인파를 출력하도록 조정한 사진이다.

[그림 2.28]의 출력을 오실로스코프에 연결하면 [그림 2.29]와 같은 파형을 볼 수 있다.

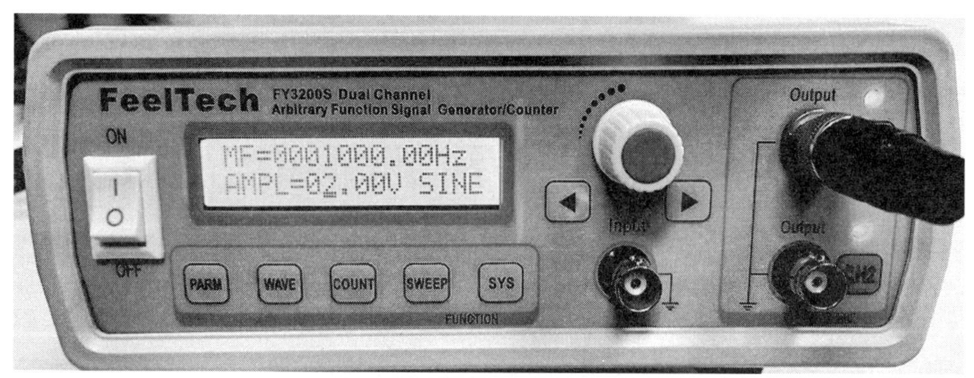

[그림 2.28] 함수 발생기

[그림 2.28]에서 전원을 켜고 파란색 조절 손잡이를 돌리면 주파수를 조정할 수 있는데 커서 위치의 숫자가 바뀐다. 커서 위치는 조절 손잡이 아래 양쪽 화살표를 누르면 커서 위치를 바꿀 수 있다.

또한 파란색 조절 손잡이를 누르면 주파수 단위가 Hz, kHz, MHz로 순서로 바뀐다. 아래 PARM 버튼을 누르면 진폭(AMPL) - 오프셋(Offs) - 듀티(Duty) - 위상(Phase) 순서로 선택해서 조정할 수 있다.

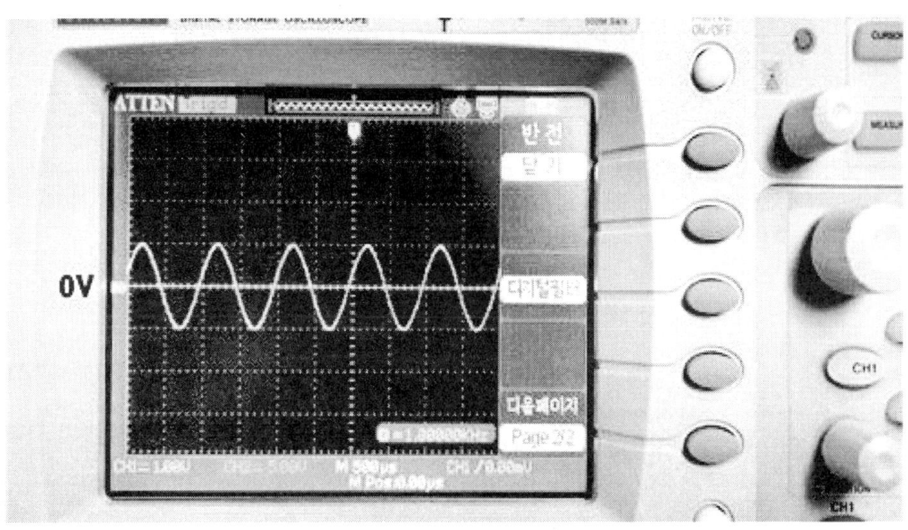

[그림 2.29] 그림 2.28의 출력 파형

1) 오프셋(Offset)

오프셋은 AC 파형 신호에 DC 전압을 더한 신호에서 더한 DC 전압값이 오프셋이다. [그림 2.30]에 1kHz, 2Vpp, 사인파에 +2V 오프셋을 주도록 함수 발생기를 설정했고 출력 파형은 [그림 2.31]에 있다.

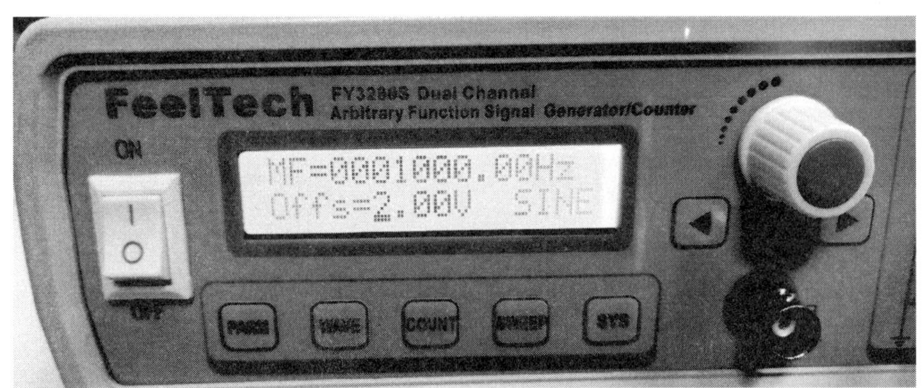

[그림 2.30] 사인파에 오프셋 +2V 설정

WAVE 버튼은 처음에 사인파(SINE) - 구형파(SQUR) - 펄스(Puls) - 삼각파(TRGL) - 톱니파(STW) - 반대방향 톱니파(NSTW) - 직류(DC) - 임의의 모양 지정1(PRE1) - ...

순서로 선택할 수 있다. 조절 손잡이를 돌려도 선택을 바꿀 수 있다. 그 밖에 여러 기능이 있다. 자세한 것은 설명서를 참고하기를 바란다.

오프셋을 주지 않았을 때 파형은 [그림 2.29]와 같이 0V를 기준으로 +1V, -1V 진폭을 갖는 파형이다. 여기에 +2V 오프셋을 주니 2V를 기준으로 +1V, -1V 진폭을 갖는 파형이 되어 파동은 1V에서 3V까지 진동한다.

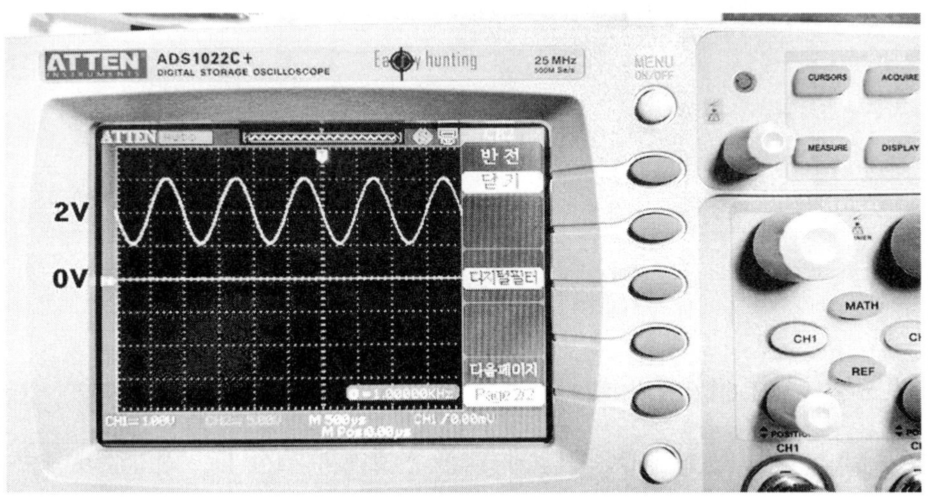

[그림 2.31] 그림 2.30의 출력 파형

[그림 2.32]는 [그림 2.29]와 같은 파형에 -1V 오프셋을 걸어준 것이다. [그림 2.33]과 같이 -1V를 기준으로 0V에서 -2V까지 진동한다.

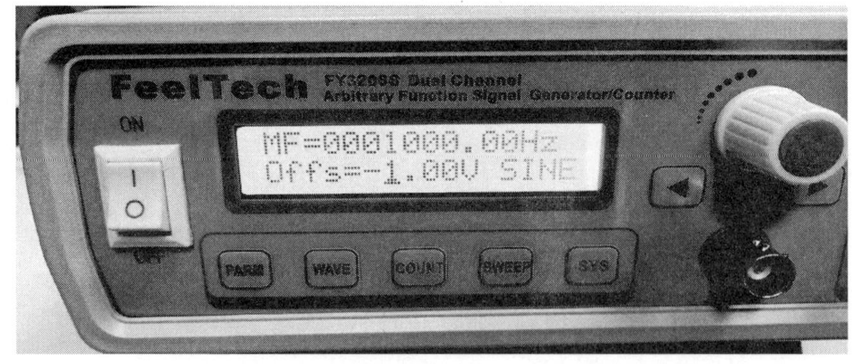

[그림 2.32] 사인파에 오프셋 -1V 설정

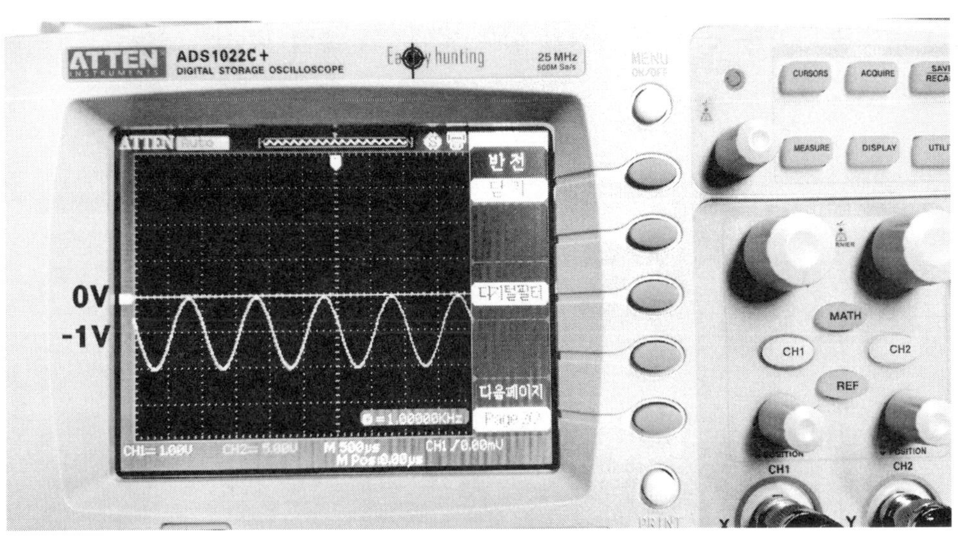

[그림 2.33] 그림 2.32의 출력 파형

2) 듀티(Duty)

듀티는 구형파에서 파형의 - Vp를 0V로 잡았을 때 한 주기 내에서 On 되어있는 시간을 %로 나타낸 것이다. [그림 2.34]에서 보통 함수 발생기의 듀티 기본값인 50%로 설정된 상태를 보여준다. 숫자의 자리 위치 조정 버튼과 조절 손잡이를 사용해서 값을 조정하면 된다.

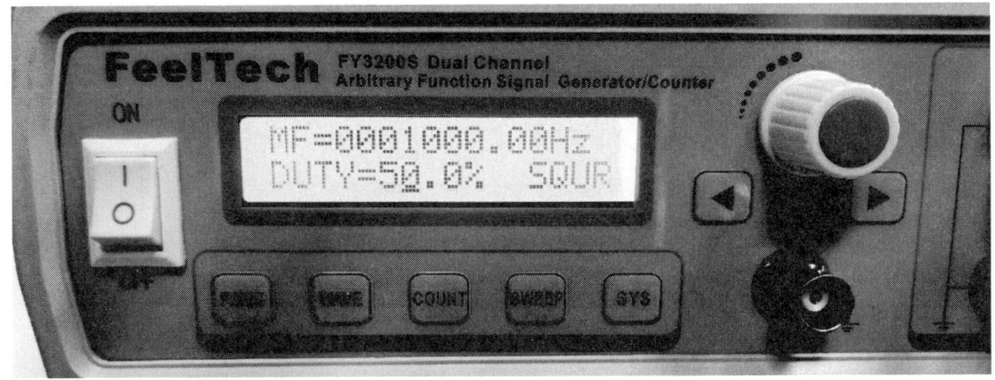

[그림 2.34] 듀티 기본값 50%로 설정

[그림 2.35]는 [그림 2.34]로 설정된 함수 발생기의 출력 파형을 오실로스코프로 보여준 것이다.

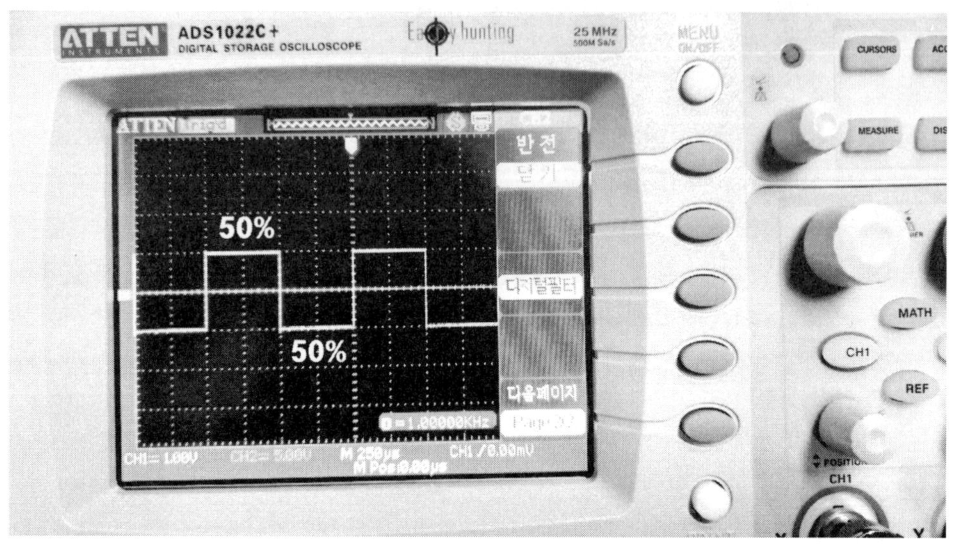

[그림 2.35] 그림 2.34의 출력 파형

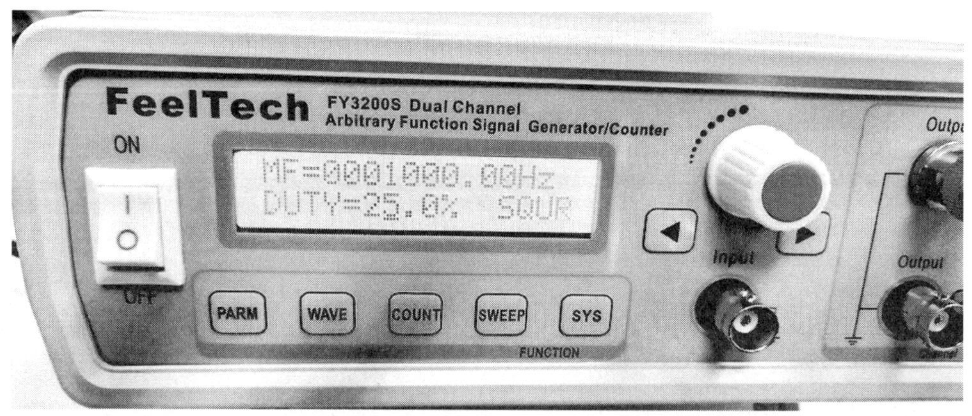

[그림 2.36] 듀티를 25%로 설정

[그림 2.36]는 듀티를 25%로 설정한 사진이고, 그 결과 파형은 [그림 2.37]에 있다. On 상태가 전체 주기의 25%에 해당하고 Off인 상태가 전체의 75%이다.

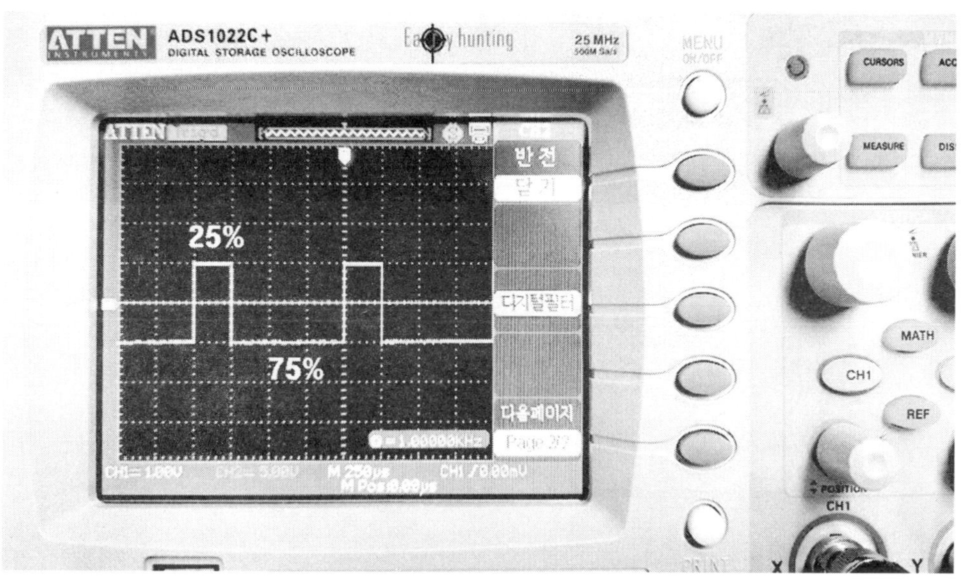

[그림 2.37] 그림 2.36의 출력 파형

[그림 2.38]는 듀티를 75%로 설정한 사진이고 그 결과 파형은 [그림 2.39]에 있다. On 상태가 전체 주기의 75%에 해당하고 Off인 상태가 전체의 25%이다.

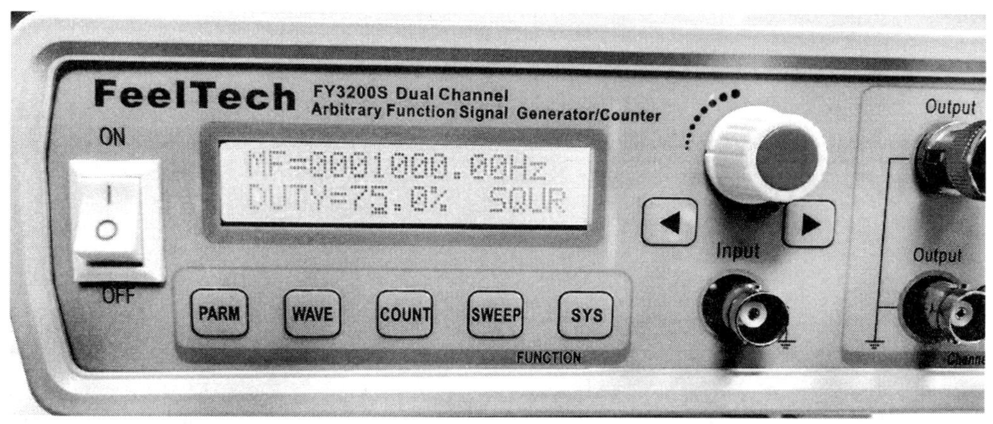

[그림 2.38] 듀티를 75%로 설정

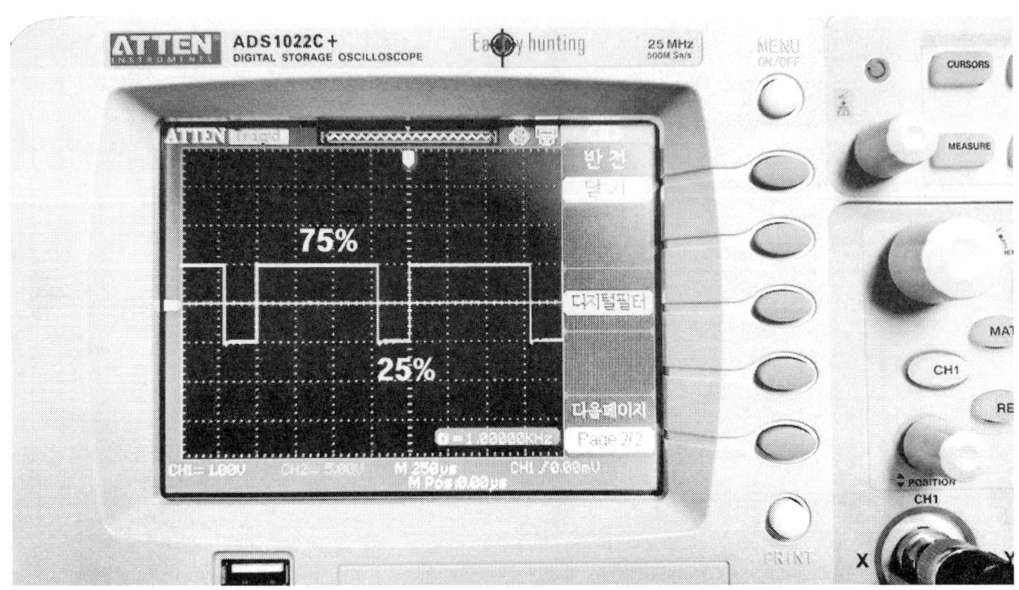

[그림 2.39] 그림 2.38의 출력 파형

3) 위상(Phase)

파동에서 위상은 두 개 이상의 파동을 비교할 때 필요하다. 파동의 시작 위치가 얼마만큼 차이가 나는지를 알 수 있는 값이다.

[그림 2.40] 두 번째 파동의 위상을 90도로 설정

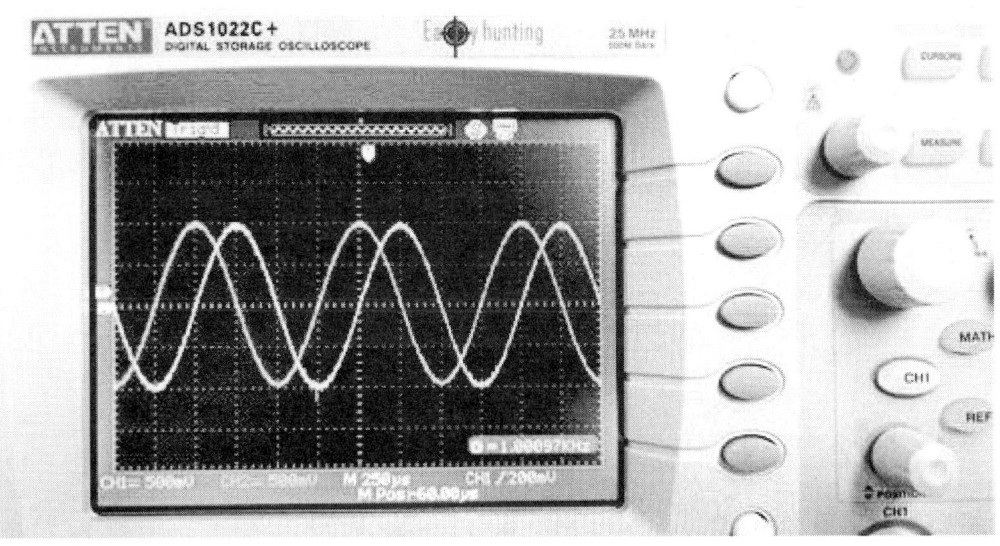

[그림 2.41] 그림 2.40의 출력 파형

위상을 비교하려면 두 개 파동이 필요해서 함수 발생기 두 개의 출력을 모두 사용했다. 두 개의 파동 모두 같은 주파수, 같은 피크 전압을 사용한다. 하나는 기준 신호로 위상을 0으로 설정해서 오실로스코프의 CH2에 넣고 다른 하나는 위상을 다르게 설정해서 오실로스코프 CH1에 넣었다. [그림 2.41]에서 파란색 파동이 기준 신호이고 노란색 파동이 위상이 90도 늦은 파동이다.

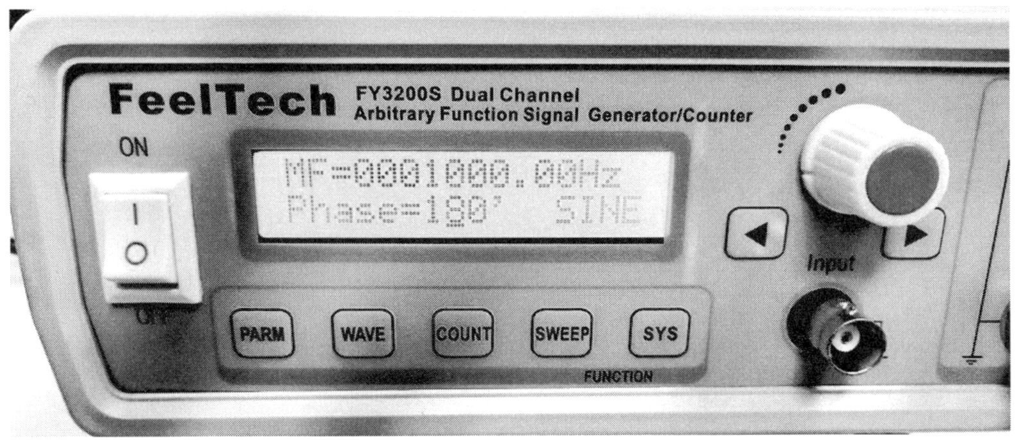

[그림 2.42] 두 번째 파동의 위상을 180도로 설정

[그림 2.43]은 위상이 180도 차이가 나는 두 파동의 모습이다.

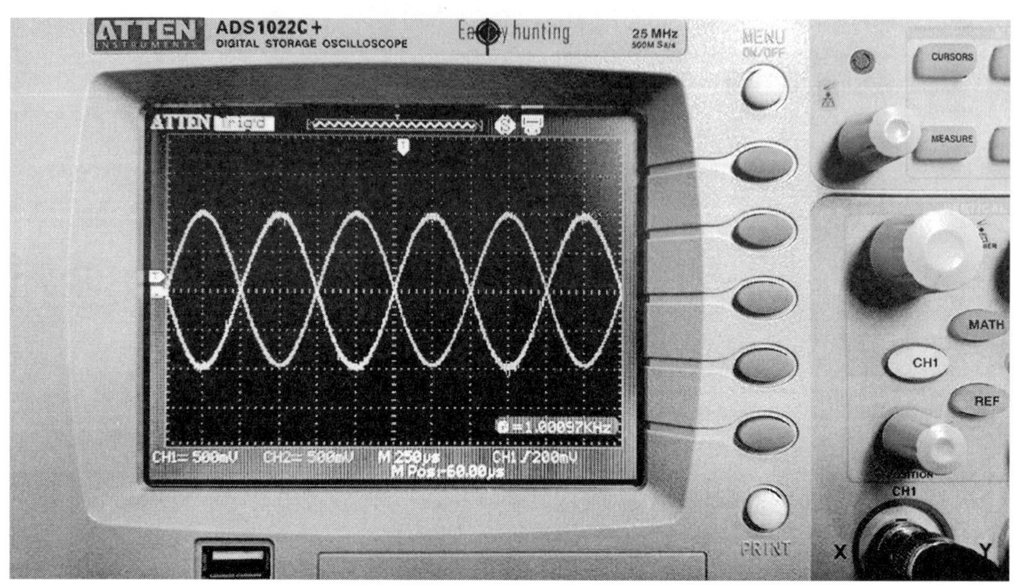

[그림 2.43] 그림 2.42의 출력 파형

part 

실험보고서 작성 방법

실험보고서는 실험을 통해 얻게 된 것들을 정확히 전달하기 위해 체계적이고 논리적으로 일정한 형식을 바탕으로 작성한 글이다.

1 목적과 중요성

보고서의 목적은 실험의 목적과 거기에 따른 결과를 정확히 전달하는 데 있다. 때에 따라 실험 결과는 목적에 맞는 결과를 얻을 수도 있고 그렇지 못할 수도 있다. 중요한 점은 사실 그대로를 거짓 없이 전달하는 것이고, 아무리 훌륭한 실험을 하고 좋은 결과를 얻었다 해도 그 내용을 남들에게 이해시키지 못한다면 그 의미가 많이 감소한다. 따라서 보고서는 정직하게 그리고 쉽게 이해하고 알아볼 수 있도록 작성해야 한다.

보고서 형식의 핵심은 정직을 바탕으로, 일관성, 정확성과 명확성이다.

2 구성과 형식

1) 표 지

- 표지에는 제목, 날짜, 실험자를 기록한다.

2) 서론(개요)

- 실험의 배경과 전제적인 개요를 기록하고 실험의 의미 등을 간단히 기록한다.

3) 목 적

- 실험의 이유와 목적을 정확하게 기록한다. 실험의 목적이 하나 이상일 경우는 논리에 맞게 순서를 정해서 기록한다.

4) 이 론

- 실험에 사용된 배경 이론과 계산 방법 등을 기록한다.
- 실험 결과를 해석하는데 필요한 이론과 정보 등을 기록한다.

5) 실험 장치 및 방법

- 실험에 사용된 장치 설명과 사용 방법을 기록한다.
- 실험 방법을 순서대로 기록하고 각 실험과정에서 주의할 점들을 기록한다.
- 어떤 실험 조건변화에 따른 실험을 할 때, 조건이 실험에 미치는 영향과 고정된 조건과 변화된 조건을 순서에 맞게 체계적으로 기록한다.

6) 실험 결과

- 실험 결과는 알아보기 쉽도록 표와 그래프를 이용해서 기록한다.
- 특정 조건이 있다며 그 조건에 따른 결과를 체계적이고 논리에 맞게 기록한다.

7) 분석 및 토의

- 실험 결과를 분석하고 분석과정을 체계적이고 논리적으로 기록한다.
- 오류나 불분명한 부분이 있다면 그 이유와 개선 방법 등을 기록한다.
- 시행한 실험에 이어서 해야 할 실험이 있다면 이유와 확인하려는 것 등을 기록한다.

8) 결 론

- 실험의 목적을 간략히 제시하고 거기에 따른 결과와 그에 따라 얻은 결론을 기록한다.
- 결론은 반드시 그 근거가 제시되어서 주장이 아닌 논증의 형식을 갖추어야 한다.
- 논리에 모순이 없는지 반박의 여지가 없는지 등을 잘 살펴야 한다.

9) 참고문헌

- 인용 또는 참고한 자료를 모두 기록한다.
- 제대로 작성된 보고서는 서론에서 전체적인 큰 틀을 제시하고 목적에서 실험의 이유와 목적을 분명히 하며 실험 결과, 분석 및 토의 그리고 결론까지 하나의 일관된 목적과 그에 따른 결과와 논증을 통한 명쾌한 결론을 보여준다.

3 보고서 작성 시 주의할 점

1) 표절과 날조

- 실험에 관한 논의 및 측정값 공유는 공동실험자와 함께할 수 있다. 그러나 결과값 계산 및 보고서 작성은 전적으로 각자 개별 작성해야 한다. (공동 실험자라도 측정값, 계산값 이외의 부분이 같으면 표절한 것으로 간주한다.)
- 측정값이 자기가 실험에 참여한 조의 실험 결과가 아닌 (다른 조원의 것 또는 인터넷에서 내려받은 것, 자기가 실험에 참여하지 않고 보고서만 제출한 경우 등) 보고서는 날조에 해당한다.

2) 표현 방법

- 보고서는 감상문이 아니므로 감정이나 느낌을 표현하면 안 된다. '재미있었다.' '아쉬웠다.' '유익한 실험이었다.' '친구들과 같이 실험한 것이 좋았다.' '앞으로 좀 더 잘해야 하겠다.' 등 주장이 아닌 논증으로 표현해야 한다.
- 추측성 표현은 피해야 한다.
- 분석 및 토의에서 실험 이론이나 방법의 내용을 다시 설명하는 등 중복된 내용은 피해야 한다.

4 예비보고서와 결과보고서

실험 수업에서 보고서를 작성하는 경우는 일반적으로 예비보고서와 결과보고서 부분으로 나누어 작성한다. 예비보고서는 실험 수업의 효율적인 진행을 위해서 꼭 필요하며, 실험 교재를 중심으로 무슨 실험을 어떤 방법으로 하는지 미리 공부하고 작성해서 수업 전에 제출한다. 예비보고서 구성은 제목, 목적(서론 또는 개요 포함), 이론, 실험 방법, 참고문헌으로 구성되며 실험을 위해서 미리 알아야 하는 내용들이다. 결과보고서는 실험이 끝난 후 결과를 작성해서 제출하는 것으로 구성은 제목, 목적(서론 또는 개요 포함), 결과, 분석 및 토의, 결론, 참고문헌으로 구성된다.

보고서에서 제일 중요한 부분은 목적으로 무엇을 위해서 실험하는지 정확히 알아야 한다. 따라서 실험 전에 조원들과 이 부분에 대해서 충분히 이야기해야 한다. 만일 목적을 정확히 표현할 수 없다면 질문을 통해서 다시 정리해야 한다.

보고서 작성 시 유의 사항

- 실험 목적을 생각하고 보고서 방향을 잡아야 한다.
- 결과 나열은 보고서가 아니다. 설명과 분석이 있어야 한다.
- 결과를 순서대로 넣더라도 논리의 비약이 있으면 안 된다. 실험 결과에서 특정 부분을 발췌해서 정리해서 이야기하는 경우 무엇을 위해서 그러한 작업하는지 목적과 이유를 설명해야 한다.
- 그림, 표, 그래프 등은 반드시 번호와 제목 또는 이름이 있어야 한다.
- 표와 그래프는 분석과 설명이 있어야 한다.
- 결론은 실험 목적을 정확히 알면 무엇을 써야 하는지 알 수 있다.
- 결과표는 결론은 아니다. 결과표와 그 결과를 분석한 내용은 결과에 넣고 결론에는 그 설명을 토대로 간단히 작성한다.
- 결론에 이 실험을 통해서 알게 된 것들과 느낀 점 등을 적는 경우가 많다. 그러나 결론에는 이러한 것을 적는 것이 아니다. 실험 목적에 따라 무엇을 얻었는지를 적어야 한다.
- 보고서 작성이 끝나면 처음부터 읽어보고 이야기 흐름이 매끄럽고 논리의 비약이 없는지 확인해야 한다.

part Ⅳ
실 험

1 음속 측정 (기주공명 장치)

1) 개요 및 목적

소리는 눈에 보이지 않고 또한 전파 속도도 빠르다. 소리 속도를 측정할 방법을 생각하고 그 방법을 이용해 소리 속도를 측정해 보자.

이 실험에서는 진동수가 다른 세 가지 다른 음원으로 음속 측정 실험을 하는데, 조건이 다른 실험으로 얻은 결과에서 최종 보고하는 결과는 어떻게 어떤 방법으로 결정하는 것이 가장 타당한지 생각하고 그 이유를 알아본다.

2) 배경 원리

속도는 이동 거리를 시간으로 나눈 값이다. 소리 속도도 소리가 진행한 거리를 그 거리를 진행하는데 소요된 시간으로 나누면 된다. 그러나 소리는 눈에 보이지 않으므로 소리가 어느 시간에 어느 위치에 있는지 아는 것은 불가능하다. 눈으로 보는 것이 불가능하니 귀로 소리를 들어 보자. 실험실 양쪽 끝에 각각 두 사람과 한 사람을 세우고 양쪽 끝 두 사람에게 0으로 셋 된 스톱워치 주고 바닥에 떨어져서 소리를 낼 수 있는 물체를 두 사람이 있는 쪽에 스톱워치가 없는 사람이 바닥으로 떨어뜨린다. 떨어뜨리는 순간 신호를 주어 스톱워치를 가진 두 사람이 신호를 보고 동시에 시간을 재기 시작하고 소리가 들리는 순간까지 시간을 측정한다. 소리가 두 사람에게 전달되는 거리 차이가 수십 미터 정도이므로 실험실 양쪽 끝 두 사람 사이의 거리를 두 사람이 측정한 시간 차이로 나누면 소리의 속도를 측정할 수 있다. 그러나 이 방법을 수행하면 시간 측정 오차가 측정값(시간 차이)과 비교하면 너무 커서 실험 자체가 불가능하다.

그 이유는 소리의 속도가 수십 미터를 진행하는데 시간 차이가 거의 없을 만큼 빠르고, 초정밀 측정장치를 사용하지 않고는 그 시간 차이를 측정하는 것은 불가능하다. 이 방법을 이용하려면 두 측정지점이 서로 아주 멀리 떨어져 있어야 한다. 산에서 메아리를 생각하면 소리가 도달하는 시차를 느끼려면 적어도 수백 미터 이상 떨어져 있어야 한다.

보통 상온에서 음속은 340m/s이다. 이는 100미터 이동 시 약 0.29초가 걸린다. 따라서 맞은편 산과 500미터 떨어져 있는 곳에서 메아리를 관측한다면 소리의 이동 거리가 1km이므로 약 2.9초의 시차가 생긴다.

이런 방법 말고 실험실 내에서 간편하게 음속을 측정할 방법을 생각하자. 소리는 파동이다. 파동의 속도는 진동수에 파장을 곱하면 구할 수 있다. 따라서 소리의 진동수와 파장을 알 수 있다면 소리의 속도를 알 수 있다. 소리의 진동수는 audio function generator

에 의해 특정 진동수를 지정한 소리를 만들 수 있고 진동수를 알고 있는 소리에서 파장 측정은 공명현상을 이용하면 측정할 수 있다.

파동은 매질을 통해 운동이나 에너지가 이동할 때 나타나는 교란 또는 진동이 퍼져 나가는 현상, 매질을 통해 운동이나 에너지가 전달되는 현상을 이야기한다. 파동에는 파동의 진행 방향과 진동 방향의 관계에 따라 횡파와 종파로 구분한다. 횡파는 파동의 진동 방향과 진행 방향이 서로 수직인 파동으로 물결파, 지진파에서 S파, 전자기파 등이 여기에 해당한다. 종파는 파동의 진동 방향과 진행 방향이 같거나 반대 방향인 파동으로 음파, 초음파, 지진파에서 P파가 종파이다.

파동을 구성하는 요소는 진폭과 진동수와 파장이다. 파동은 주기 운동으로 주기와 진동수를 갖는다. 주기는 반복운동이 한번 운동하는데 걸리는 시간이다. 따라서 주기의 단위는 시간(s) 이다.

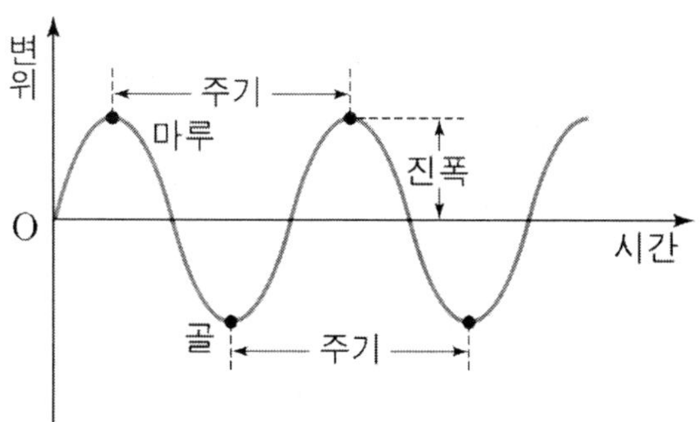

[그림 4.1.1] 파동의 주기

진동은 반복운동의 기준이 되는 한 번의 운동을 말한다. 진동수는 1초 동안 진동하는 횟수이므로 진동수는 진동횟수/시간이다. 진동횟수는 숫자로 단위가 없고, 시간의 단위는 초(s)로 진동수의 단위는 [1/s]이다. 이것을 Hz(헤르츠)라 한다. 주기와 진동수는 서로 역수의 관계를 갖는다. 단위를 보아도 이 관계가 성립하는 것을 알 수 있다.

주기=1/진동수 $$T=\frac{1}{f}$$

파장은 파동이 한 주기 동안 진행한 거리가 된다. 따라서 파장을 주기로 나누면 파동의 속력이 나온다. 단위를 살펴보면 거리(파장)를 시간(주기)으로 나누므로 m/s, 즉 파장을 주기로 나누면 속력의 단위를 지닌다.

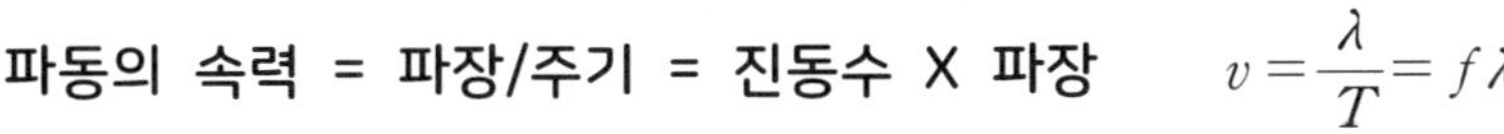

파동의 속력 = 파장/주기 = 진동수 X 파장 $v = \dfrac{\lambda}{T} = f\lambda$

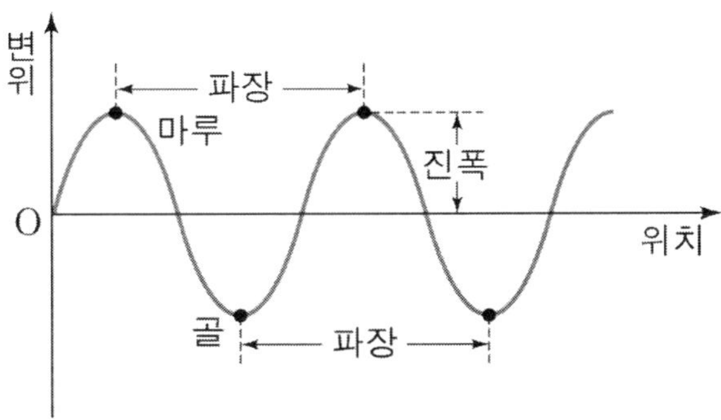

[그림 4.1.2] 파동의 파장

공명은 특정 진동수에서 파동의 중첩과 보강간섭으로 인하여 진폭이 증가하는 현상을 말한다. 보강간섭과 상쇄간섭은 진동수가 같은 두 파동이 만날 때 위상차에 의해 발생하는 현상이다. 만일 위상차가 0도이면 두 파동은 정확히 일치해서 보강간섭이 일어나서 진폭이 배로 증가하고([그림 4.1.3 (a)]), 위상차가 180도면 상쇄간섭이 일어나 파동이 사라진다([그림 4.1.3 (b)]). 이러한 간섭현상이 공명 조건이 된다.

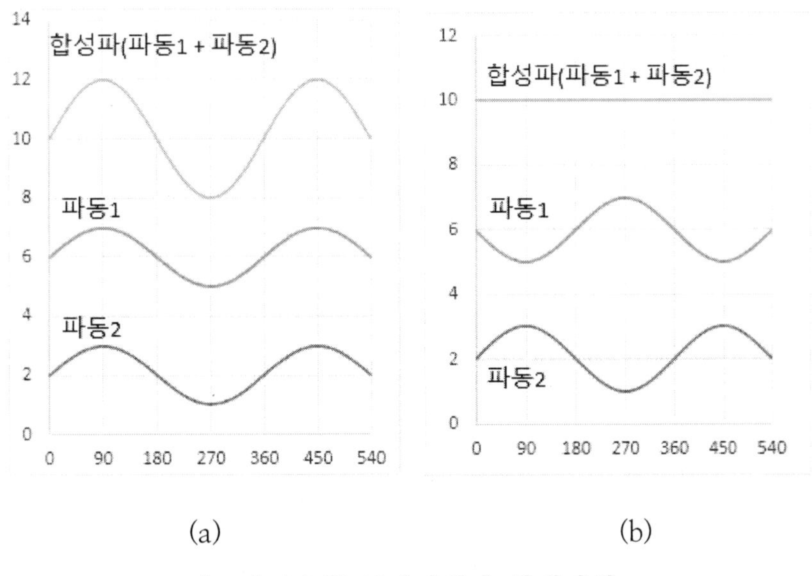

[그림 4.1.3] 보강간섭과 상쇄간섭

정상파는 파동의 마디나 배의 위치가 변하지 않는 파동으로 공명은 정상파에서만 일어나게 된다. ([그림 4.1.4])

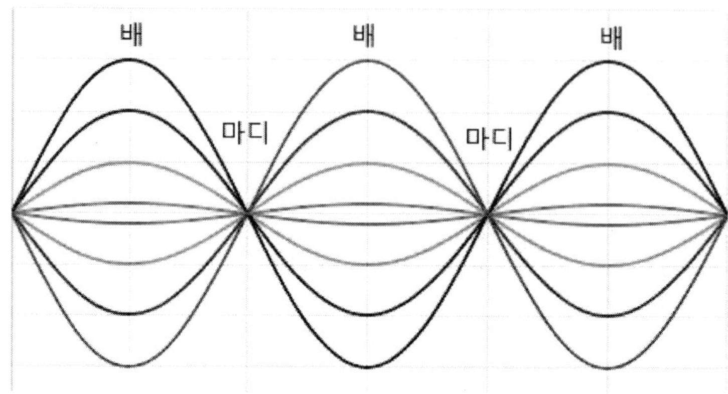

[그림 4.1.4] 정상파

양쪽 끝이 고정된 현이 진동하기 위해서는 파동의 1/2파장이 현의 길이에 정수배가 될 때만 가능하다. 즉 현이 정상파를 만들 때만 진동이 일어나게 된다. ([그림 4.1.5])

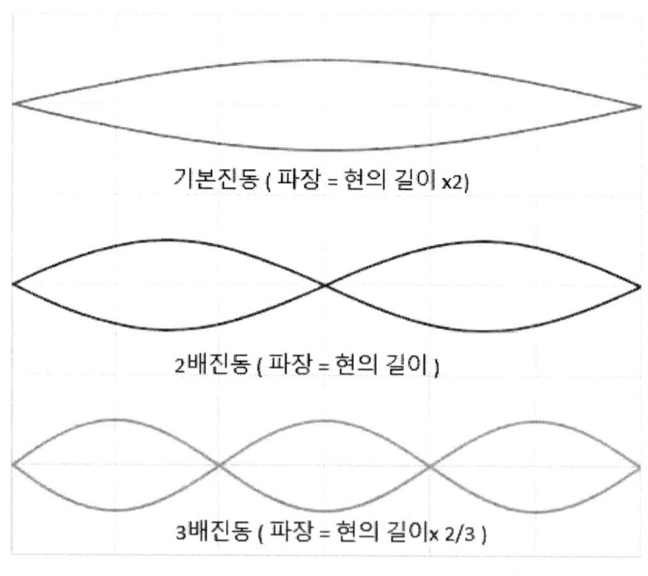

[그림 4.1.5] 현의 공명 조건

양쪽이 고정된 현의 공명 조건은 현의 길이 = (공명 파동의 파장/2) x n(정수)이다. 양쪽이 열림 관에서 공명이 일어나려면 관 안에 정상파가 형성되어야 하고 열린 양쪽에는 파동의 배 부분이 와야 공명이 일어난다. 따라서 파동에서 양쪽 끝에 배가 올 수 있는 조건은 관의 길이 = (공명 파동의 파장/2) x n(정수)이 된다. ([그림 4.1.6])

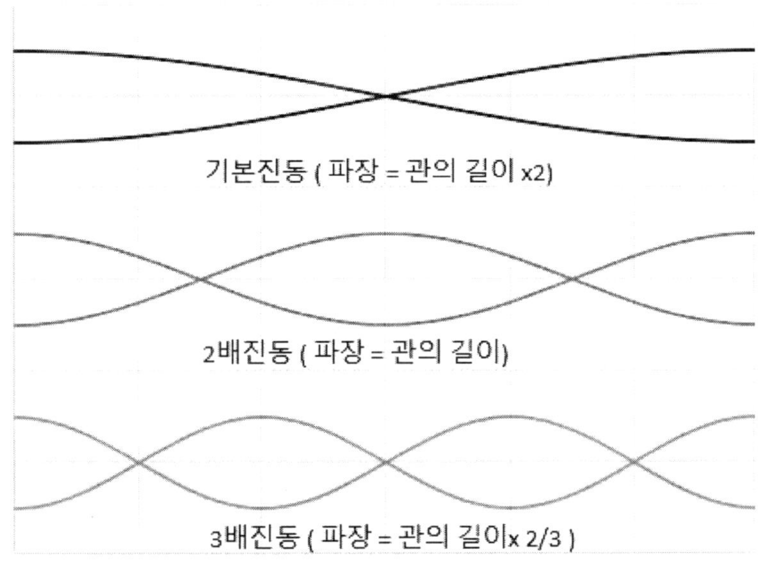

[그림 4.1.6] 양쪽이 열린 관의 공명 조건

한쪽은 열리고 한쪽은 닫힌 관에서 공명 조건을 살펴보자. 열린 쪽은 파동의 배가 위치해야 하고 닫힌 쪽은 파동의 마디가 위치해야 한다. 따라서 다음 조건을 만족해야 공명이 일어난다. ([그림 4.1.7])

$$L_1 - L_0 = \frac{\lambda}{4},\quad L_2 - L_0 = \frac{3\lambda}{4},$$
$$L_3 - L_0 = \frac{5\lambda}{4},\quad L_4 - L_0 = \frac{7\lambda}{4}$$

공명 실험장치에 진동수를 알고 있는 음파를 넣어서 공명이 일어나는 위치를 찾으면 음파의 파장을 알 수 있다. 측정한 파장과 알고 있는 음파의 진동수를 곱하면 음속을 얻는다.

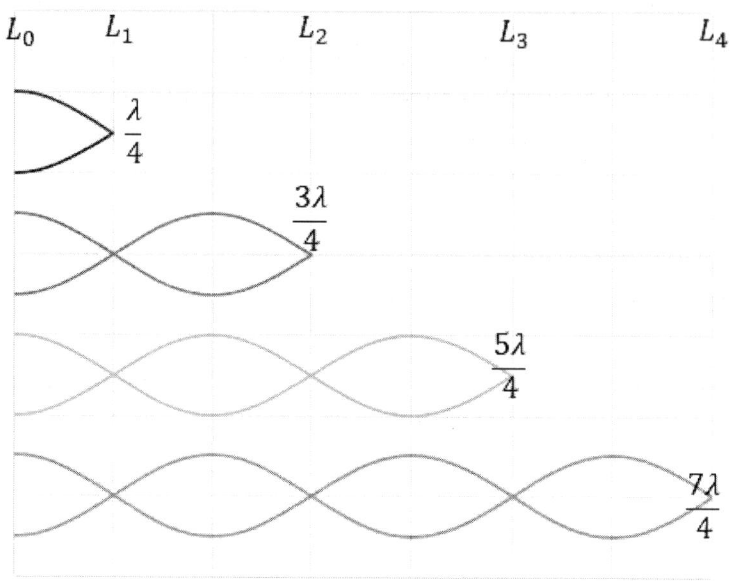

[그림 4.1.7] 한쪽이 막힌 관의 공명 조건

일반적으로 기체 속에서의 소리의 속도는 기체의 압력 P와 밀도 ρ에 따라 변한다.

$$v=\sqrt{k\frac{P}{\rho}}$$

여기서 κ는 정압비열 대 정적비열의 비이며 공기의 경우 1.403이 된다. 또한 온도에 따라 기체가 팽창하므로 기체의 팽창법칙을 적용하면 온도에 따른 음속은

$$v(T)=v_0\sqrt{1+\alpha T}$$

여기서 T는 기체 온도로 섭씨 단위이며, v_0는 0℃에서의 음속으로 331.45 m/s 이다. 또한, α는 공기 팽창계수로 1/273이다.

3) 실험 장치

기주공명 장치와 디지털 함수발생기

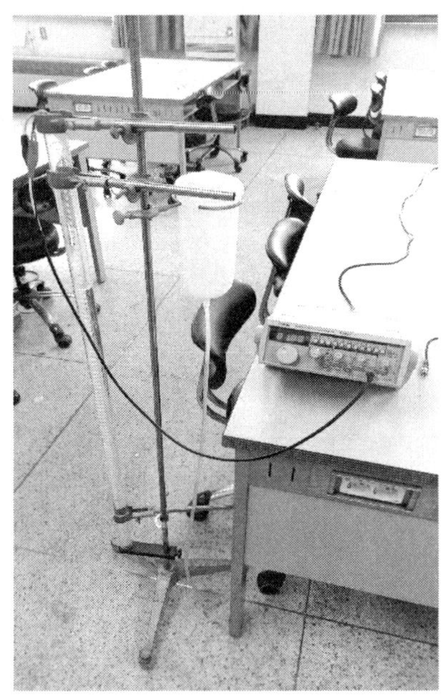

[그림 4.1.8] 기주공명 장치

4) 실험 방법

(1) 기주공명

- 실험실 실내 온도를 측정한다.
- 기주공명 장치에 물을 채운다. 물의 양은 기주에 물을 가득 채웠을 때 (1~2cm 정도 여유를 두어 물이 넘치지 않도록) 물그릇이 거의 비워지도록 해서 기주에서 물을 내렸을 때 물그릇에 물이 넘치지 않도록 조절한다.
- 스피커를 기주 위에 1~2cm 정도 거리를 두고 소리가 기주안으로 들어갈 수 있도록 고정장치를 이용해 설치한다.
- 함수 발생기에서 사인 파형이 출력되도록 선택하고 주파수는 500Hz가 되도록 조절한다.
- 함수발생기 출력을 기주공명 장치에 설치한 스피커 단자에 연결하고 소리가 들리는지 확인한다. 공명이 일어나지 않은 상태에서 소리가 너무 크지 않도록 함수 발생기 출력을 조절한다.
- 기주에 물이 넘치지 않을 정도까지 물통을 올려서 물을 채우고 천천히 물통을 내려 기주의 물이 내려가도록 하며 공명 위치를 찾는다.
- 첫 번째 공명 위치 L1, 두 번째 공명 위치 L2, 세 번째 공명 위치 L3, 네 번째 공명 위

치 L4 등을 길이가 허용하는 한 찾아서 표에 기록한다.

- 5회 실험을 반복하고 그 값을 〈표 4.1.1〉에 기록한다.
- 음원의 주파수를 1kHz, 2kHz에서 같은 실험을 반복하고 결과를 각각 〈표 4.1.2〉와 〈표 4.1.3〉에 기록한다.

	A	B	C	D	E	F	G	H
1								
2	음원 주파수 500Hz							
3	측정횟수 공명위치	1	2	3	4	5	평균 (cm)	
4	L1 (cm)	B4	C4	D4	E4	F4	G4	
5	L2 (cm)	B5	C5	D5	E5	F5	G5	H5
6	L3 (cm)	B6	C6	D6	E6	F6	G6	H6
7						1/2 파장 평균 (cm)		H7
8						파장(cm)		H8
9						음속(m/s)		H9

〈표 4.1.1〉 500Hz 실험결과표

5) 결과 및 분석

기주 공명 장치로 500Hz에서 얻은 공명 위치에서 음속은 표 4.1.1을 이용해서 계산한다. 5회 실험을 해서 측정된 공명 위치는 표에 표시된 셀 B4에서 셀 F6까지 기록한다. 평균이라고 적힌 G 열에서 셀 G4는 5회 실험에서 측정된 각각의 첫 번째 공명 위치 L1 값의 평균을 계산해서 넣는다. 즉 셀 G4에는 =AVERAGE(B4:F4)를 넣으면 된다.

같은 방법으로 셀 G5에는 =AVERAGE(B5:F5), 셀 G6에는 =AVERAGE(B6:F6)를 넣으면 된다. 셀 H5와 H6는 1/2 파장을 넣어야 하므로 H5는 =G5-G4, H6에는 =G6-G5를 넣으면 된다. H7에는 H5와 H6의 평균을 넣으면 되므로 =(H5+H6)/2 또는 =AVERAGE(H5:H6)를 넣으면 된다. H7이 반 파장이므로 H8은 =H7*2로 파장을 계산해서 넣는다.

마지막으로 음속은 음원 주파수 x 파장으로 500Hz x 셀 H8의 값 cm가 된다. 음속은 일반적으로 m/s 단위를 사용하므로 셀 H8 값이 cm이므로 셀 H8 값을 m로 환산하기 위해 100으로 나누고 음원의 주파수를 곱하면 된다.

단위를 확인하면 Hz에 m를 곱한 것이데 Hz는 주파수 단위로 주파수 정의가 단위 시간당 진동 횟수로 (진동 횟수)/시간이 된다. 진동횟수는 숫자로 단위가 없고 시간은 초가 되므로 Hz에 m를 곱하면 m/s 즉 속도 단위가 된다.

기주 공명 장치로 1kHz 음원을 사용해서 구한 공명 위치를 〈표 4.1.2〉에 기록하고, 〈표 4.1.1〉을 계산한 방법과 같은 방법으로 음속을 계산한다. 같은 방법으로 2kHz 음원을 사용해서 구한 공명 위치를 〈표 4.1.3〉에 기록하고 같은 방법으로 음속을 계산한다.

음원 주파수 1 kHz							
측정횟수 공명위치	1	2	3	4	5	평균 (cm)	
L1 (cm)							
L2 (cm)							평균 L2-L1
L3 (cm)							평균 L3-L2
L4 (cm)							평균 L4-L3
L5 (cm)							평균 L5-L4
					1/2 파장 평균 (cm)		
					파장(cm)		
					음속(m/s)		

〈표 4.1.2〉 1kHz 실험결과표

3가지 500Hz, 1kHz, 2kHz 음원을 사용해서 공명점을 찾고 이 결과를 이용해서 각각의 경우 음속을 계산했다. 세 가지 조건에서 얻은 음속은 각각 다르고 우리가 보고해야 하는 음속은 하나다. 이 경우 실험 조건이 다르므로 세 개의 음속의 평균을 구하면 안되고 이들 중 가장 실험이 잘된, 즉 신뢰도가 높은 값 하나를 골라서 보고해야 한다.

여기에서는 신뢰도를 비교하기 위해 편차를 구하고 편차제곱합을 구한다. 그러나 세 가지 경우 공명점의 개수가 다르므로 편차제곱합을 구하면 공명점의 개수가 많은 경우가 가장 크게 나타나므로 문제가 된다. 따라서 편차제곱합을 공명점의 개수로 나눈 편차제곱합의 평균을 구하고 이를 비교해서 최종 보고하는 음속을 선택하면 된다.

편차는 실험값만으로 신뢰도를 평가하는 값으로 실험값과 실험값 전체 평균값의 차이로 정의된다.

음원 주파수 2 kHz							
측정횟수 공명위치	1	2	3	4	5	평균 (cm)	
L1 (cm)							
L2 (cm)							평균 L2-L1
L3 (cm)							평균 L3-L2
L4 (cm)							평균 L4-L3
L5 (cm)							평균 L5-L4
L6 (cm)							평균 L6-L5
L7 (cm)							평균 L7-L6
					1/2 파장 평균 (cm)		
					파장(cm)		
					음속(m/s)		

〈표 4.1.3〉 2kHz 실험결과표

〈표 4.1.1〉의 결과에서 편차의 제곱을 구하고 〈표 4.1.4〉를 완성한다. 편차는 L1 측정값 - L1 전체 평균값, L2 측정값 - L2 전체 평균값, L3 측정값 - L3 전체 평균값으로 계산한다.

L1 (cm)	편차^2	L2 (cm)	편차^2	L3 (cm)	편차^2
합		-		-	
편차제곱 합 평균					

〈표 4.1.4〉 500Hz 실험 결과에서 얻은 편차제곱합 평균

같은 방법으로 <표 4.1.2>의 결과를 이용해서 <표 4.1.5>를 완성한다. <표 4.1.3>의 편차 제곱을 계산해서 <표 4.1.6>에 기록한다.

L1 (cm)	편차^2	L2 (cm)	편차^2	L3 (cm)	편차^2	L4 (cm)	편차^2	L5 (cm)	편차^2
합		-		-		-		-	
편차제곱 합 평균									

〈표 4.1.5〉 1kHz 실험결과에서 얻은 편차제곱합 평균

L1 (cm)	편차^2	L2 (cm)	편차^2	L3 (cm)	편차^2	L4 (cm)	편차^2
합		-		-		-	

L5 (cm)	편차^2	L6 (cm)	편차^2	L7 (cm)	편차^2
합		-		-	
편차제곱 합 평균					

〈표 4.1.6〉 2kHz 실험결과에서 얻은 편차제곱합 평균

〈표 4.1.1〉, 〈표 4.1.2〉 그리고 〈표 4.1.3〉 결과와 〈표 4.1.4〉, 〈표 4.1.5〉 그리고 〈표 4.1.6〉의 편차제곱합의 평균 결과를 이용해서 〈표 4.1.7〉을 완성한다.

한쪽이 막힌 관		
음원(kHz)	음속(m/s)	편차제곱합 평균(cm^2)
0.5		
1.0		
2.0		

〈표 4.1.7〉 음속과 편차제곱합 평균

실험이 끝나면 측정 결과를 실험 결과표에 기록해서 실험이 끝나면 제출하고 결과보고서는 보고서 작성 방법대로 작성해서 보고서 제출 사이트에 제출한다.

결과보고서 작성 방법

(1) 제 목

(2) 목 적

(3) 결과 및 분석

편차에 대해 간단히 설명하고 편차 제곱과 편차 제곱 합, 그리고 편차 제곱 합의 평균을 구하는 이유를 설명한다.

〈표 4.1.1〉을 이용해서 〈표 4.1.4〉를 작성한다. 표 아래에 표 계산 방법을 설명한다.

〈표 4.1.2〉를 이용해서 〈표 4.1.5〉를 작성한다.

〈표 4.1.3〉을 이용해서 〈표 4.1.6〉을 작성한다.

〈표 4.1.7〉을 위에 작성된 표를 이용해서 작성한다. (음속은 유효숫자를 맞추어서 작성한다.)

〈표 4.1.7〉 실험 결과에 대한 분석 및 토의를 작성한다.

최종 선택하는 음속의 선택 이유를 설명한다.

■ 결 론

목적과 결과를 보고 결론을 작성한다.

〈표 4.1.7〉 결과에서 최종 선택하는 음속을 보고한다.

표와 그래프 작성과 설명에서 주의 사항

• 표와 그래프는 번호와 이름을 넣어야 한다.
• 그래프에는 두 축에 대한 물리량과 단위를 표시해야 한다.

➡ 그래프

- 그래프의 목적과 그래프 의미, 그리고 무엇을 얻을 수 있는지를 설명해야 한다.
- 그래프 아래에는 그래프에서 얻은 물리량을 단위와 함께 기록해야 한다.

➡ 표

- 표의 목적과 무엇을 이야기하려는지 설명해야 한다.
- 표 아래에 표 작성 방법을 설명하고, 계산했다면 필요한 수식도 설명한다. 실제 표에 계산된 것 하나는 단위를 포함해서 계산을 어떻게 했는지 기록한다.

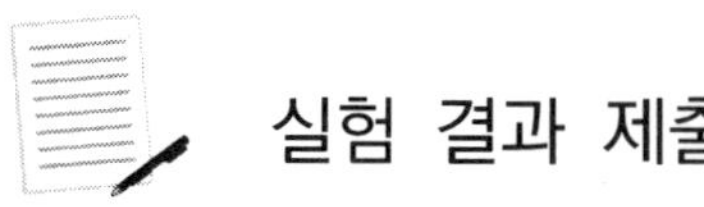

실험 결과 제출

과 : 학번 : 이름 :

음원 주파수 500Hz							
측정횟수 공명위치	1	2	3	4	5	평균 (cm)	
L1 (cm)							
L2 (cm)							
L3 (cm)							

〈표 4.1.1〉 500Hz 실험결과표

음원 주파수 1kHz							
측정횟수 공명위치	1	2	3	4	5	평균 (cm)	
L1 (cm)							
L2 (cm)							
L3 (cm)							
L4 (cm)							
L5 (cm)							

〈표 4.1.2〉 1kHz 실험결과표

측정횟수 공명위치	1	2	3	4	5	평균 (cm)	
L1 (cm)							
L2 (cm)							
L3 (cm)							
L4 (cm)							
L5 (cm)							
L6 (cm)							
L7 (cm)							

〈표 4.1.3〉 2kHz 실험결과표

2 중력가속도의 측정 (자유낙하와 단진자)

1) 개요 및 목적

중력의 근원이 무엇이고, 우리가 중력을 느끼지 못하는 이유는 무엇인가? 중력을 측정하는 가장 간단한 방법은 무게를 측정하는 것인데 무게는 물체의 질량에 따라 다르므로 중력을 대표하는 물리량인 중력가속도를 측정하는 방법을 생각하자.

이 실험에서는 두 가지 실험 방법으로 얻은 중력가속도 값을 비교하고 오차 발생 원인과 재연성 등을 검토하여 중력가속도 측정 방법을 평가하고, 두 가지 다른 방법으로 측정한 중력가속도에서 보고할 값을 선택하는 방법과 이유를 알아본다.

2) 배경 원리

지구 위에 있는 모든 질량을 갖고 있는 물체는 지구와 물체 사이에 작용하는 뉴턴의 만유인력에 의해 힘을 받는다. 이 힘을 무게라고 하며 이 힘은 뉴턴의 만유인력 법칙으로 다음과 같이 쓸 수 있다.

$$F(\text{무게}) = G\frac{Mm}{R^2}$$

여기서 G는 만유인력상수로 $6.6743 \times 10^{-11} m^3 kg^{-1} s^{-2}$이고, M은 지구 질량으로 $5.972 \times 10^{24} kg$, R은 지구 평균 반지름으로 $6371 km$이다.

이 식에서 만유인력상수, 지구 질량, 지구 평균 반지름은 모두 상수로 물체의 무게는 물체의 질량에 비례한다. 이것을 식으로 쓰면 다음과 같고 이 식에서 비례상수 g가 바로 중력가속도가 된다.

$$F(\text{무게}) = G\frac{Mm}{R^2} = G\frac{M}{R^2}m = mg$$

따라서 중력가속도의 이론값은 다음과 같다.

$$g = G\frac{M}{R^2} = 9.80665\, m/s^2$$

중력가속도를 측정하는 대표적인 방법은 자유낙하를 이용한 방법과 진자를 이용한 방법이다.

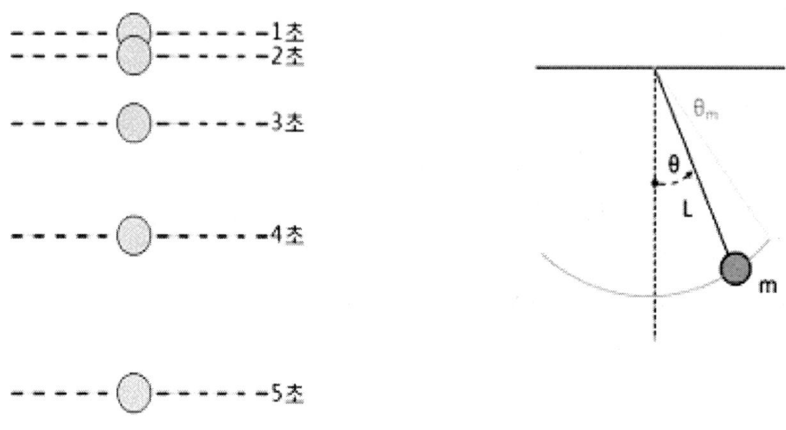

[그림 4.2.1] 자유낙하와 단진자

(1) 자유낙하를 이용한 방법

자유낙하를 이용한 방법은 중력가속도 g가 존재하는 지구에서 어떤 높이 y에서 물체를 떨어뜨리면 높이에 따라 바닥에 떨어지는 시간이 결정된다. 이때 떨어진 높이와 낙하 시간을 측정하면 중력가속도를 구할 수 있다.

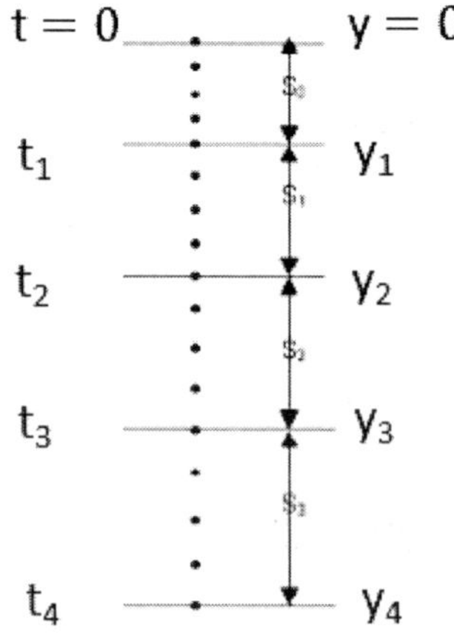

[그림 4.2.2] 낙하 시간과 거리

중력장에서 자유낙하 운동은 등가속도 운동이므로 등가속도 운동에서 시간에 따른 위치의 관계는 다음 식으로 표현된다.

$$y = y_0 + v_0 t + \frac{1}{2} g t^2$$

이때 처음 출발 위치$y_0 = 0$, 초기 속도 $v_0 = 0$ 이므로

낙하 위치는 $y = \frac{1}{2} g t^2$

따라서 중력가속도는 다음과 같이 구할 수 있다.

$$g = \frac{2y}{t^2}$$

(2) 단진자를 이용한 방법

단진자에 작용하는 힘은 추에 작용하는 무게 $w = mg$ 이지만, 이 힘은 줄의 장력 T와 복원력 F로 나누어져 진자에 작용한다.

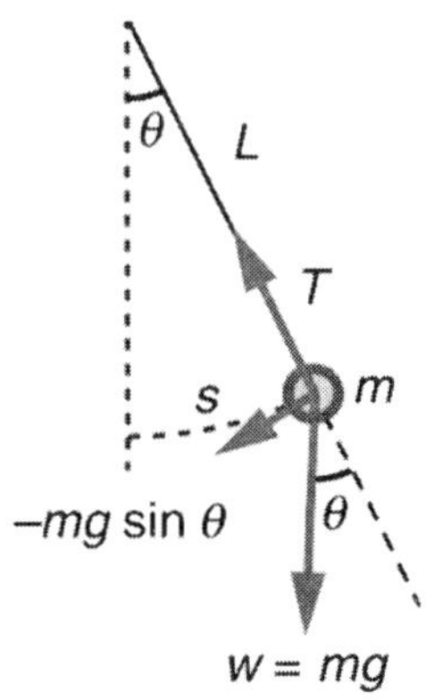

[그림 4.2.3] 단진자

이렇게 분해된 두 힘은 다음과 같이 쓸 수 있고,

$F = -mg sin\theta$, $T = mg cos\theta$

진자의 운동방정식은 $F = ma$, 즉 $ma = -mgsin\theta$ 로 쓸 수 있다.

만일 θ가 작다면 $\sin\theta \cong \theta$, $L\theta = s$, $\theta = \frac{S}{L}$ 이므로,

진자의 운동방정식은 $m\frac{d^2s}{dt^2} = -mg\frac{s}{L}$ 가 된다.

이 미분 방정식을 풀기 위해 S를 추의 위치로 $s = Acos\omega t$로 가정하면, cos을 두 번 미분한 것은 - cos이 되므로 이 운동방정식의 형태로 쓸 수 있다.

가정한 S를 대입하고 정리하면 $-m\omega^2 Acos\omega t = -mg\frac{Acos\omega t}{L}$ 이다.

따라서 방정식이 성립하려면 $\omega^2 = \frac{g}{L}$ 가 되어야 한다.

$\omega = \sqrt{\frac{g}{L}}$ 이고, $T = \frac{2\pi}{\omega}$ 이므로 $T = 2\pi\sqrt{\frac{L}{g}}$ 이다.

따라서 중력가속도는 다음과 같이 구할 수 있다.

$$g = \frac{4\pi^2}{T^2}L$$

단진자를 이용한 중력가속도 측정에서 측정하는 중력가속도는 줄의 길이와 주기에만 관계한다. 추의 질량과는 관계없음을 알 수 있다.

3) 실험 장치

(1) 자유낙하를 이용한 방법

- 자유낙하 실험 장치

(2) 단진자를 이용한 방법

- 줄자, 가느다란 실, 추로 사용할 지우개, 진자 끝을 고정할 압정 또는 핀, 휴대전화 스톱워치

4) 실험 방법

(1) 자유낙하 실험 장치를 사용한 방법

• 실험할 때 주의 사항

- 자유낙하는 떨어지는 물체가 중력을 제외하고는 주위에 어떤 영향도 받지 않는 상태다. 따라서 실험할 때 쇠구슬이 낙하하는 동안 유리관에 닿지 않도록 실험 장치가 정확히 수직으로 고정되어야 한다.
- 만일 장치(유리관)이 수직이 아니거나 낙하시킬 때 장치가 흔들린다면 낙하 중에 쇠구슬이 유리관에 닿아 측정값의 편차가 크게 발생한다. 이 경우는 실험을 다시 해야 한다.

• 실험방법

- 자유낙하 실험 장치는 [그림 4.2.4] (a)와 같고, 클램프로 자유낙하 실험 장치를 책상에 [그림 4.2.4] (b)와 같이 고정한다.

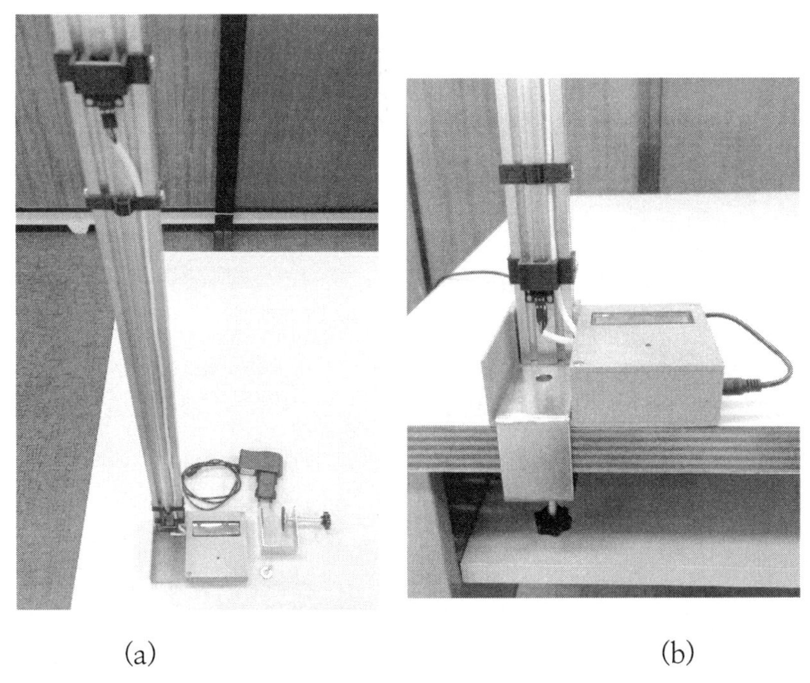

(a) (b)

[그림 4.2.4] (a) 자유낙하 실험 장치 (b) 실험 장치 고정

- 장치에 전원을 연결하면 [그림 4.2.5]와 같이 SSID와 IP 주소가 나타난다.

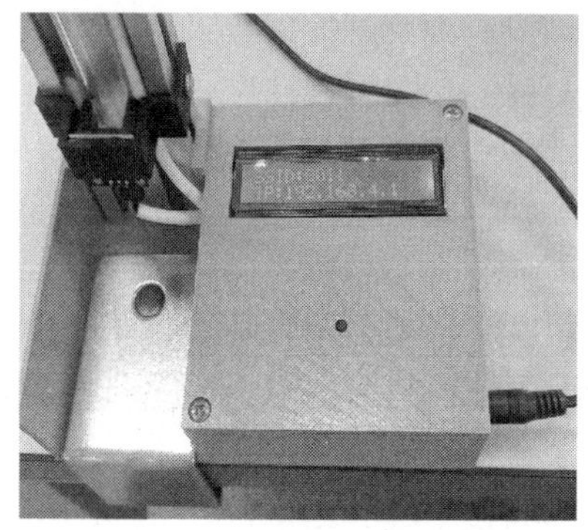

[그림 4.2.5] SSID와 IP 주소

- 스마트폰을 열고 설정으로 들어가면 WIFI 연결에서 [그림 4.2.5]에 나타난 실험 장치 SSID, G011에 연결한다. 장치가 [그림 4.2.6] (a)과 같이 연결되면 브라우저를 열고 주소창에 [그림 4.2.5]에 표시된 IP 주소 192.168.4.1을 넣으면 [그림 4.2.6] (b)와 같이 측정장치 창이 열린다.

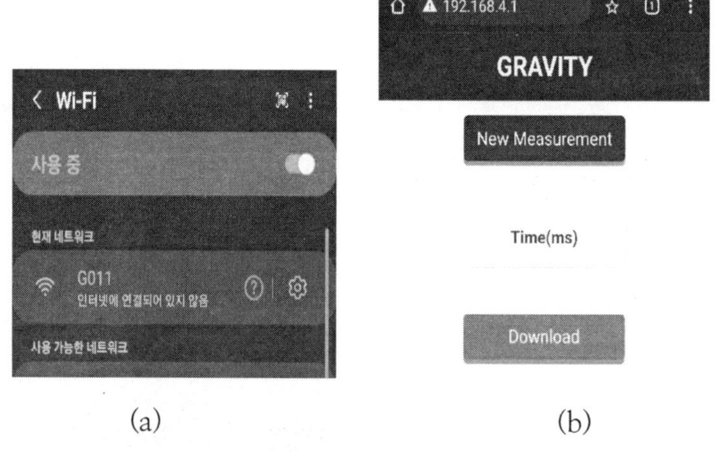

(a) (b)

[그림 4.2.6] (a) WIFI 연결, (b) 측정 창

- 측정 장에서 New Measurement 버튼을 누르면 Ready! 가 나타나고 측정 준비가 끝난다.
- 만일 측정 결과를 손으로 적는다면 WIFI에 연결하지 않고 [그림 4.2.5]의 장치 가운데 검정 버튼을 눌러도 측정장치 창에 [그림 4.2.7] (a)와 같이 Ready가 나타나고 측정 준비가 된다.

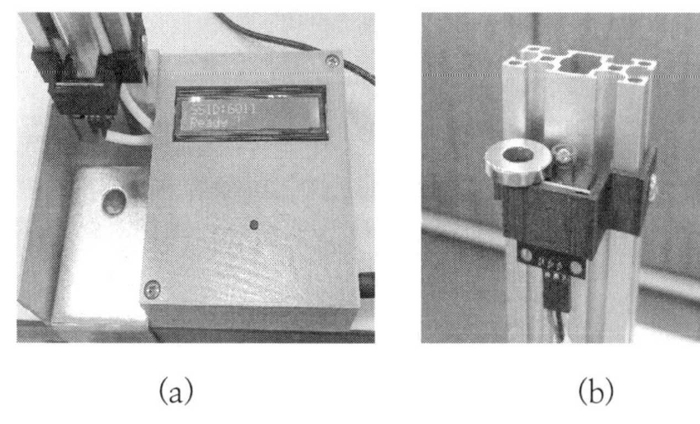

(a) (b)

[그림 4.2.7] (a) 측정 준비 (b) 측정 결과

- 실험할 때는 낙하하는 구슬의 처음 위치가 센서와 가장 가까운 곳이어야 한다. 따라서 [그림 4.2.7] (b)와 같이 자석을 이용해서 구슬 출발 위치를 고정한다. 이제 자석을 수평으로 떼어내면 구슬은 자유낙하하고 두 센서 사이를 통과한 시간이 [그림 4.2.8] (a) 장치와 (b) 스마트폰 창에 나타난다. 수동으로 측정하면 장치에 나타난 측정 결과를 실험마다 적어 놓는다. 스마트폰을 이용하면 측정 결과를 따로 적지 않아도 되고 실험이 끝나면 창에 Download 버튼을 눌러서 데이터를 받으면 된다. 이때 받은 데이터는 data.csv 파일로 저장되며 파일을 PC로 보내서 엑셀을 이용해서 파일을 열고 계산하면 된다. 실험은 모두 20회 반복한다.

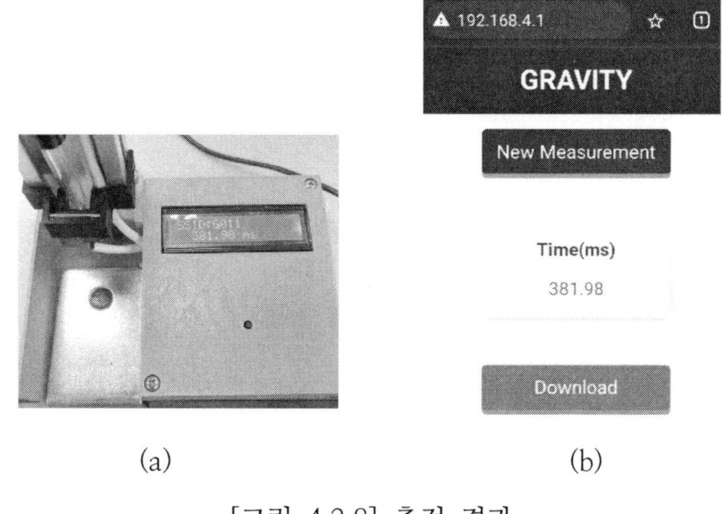

(a) (b)

[그림 4.2.8] 측정 결과

(2) 단진자를 이용한 방법

• 실험할 때 주의 사항

- 단진자 실험에서 진동주기를 측정해서 준비된 계산식으로 중력가속도를 계산하는데 계산식을 유도하는 과정에서 미분 방정식을 풀기 위해서 θ가 작다는 가정을 하고 sinθ를 θ로 근사해서 계산한다. 따라서 실험할 때 진자가 진동하는 각 θ가 2도 이하가 되도록 실험해야 한다.

• 실험 방법

- 진자의 길이를 3번 측정하고 기록한다. 이때 진자의 길이는 진자 회전 축 중심에서 추 중심까지 길이가 된다.
- m 단위로 소수점 셋째 자리 즉 mm까지 측정한다.
- 진자가 자유롭게 진동하는지 확인하고 그렇지 못하면 방해 요소를 제거한다.
- 스톱워치를 준비하고 진자를 당겼다 놓는 순간 스톱워치를 시작한다. 이때 진자의 진동 각도는 2도 이하가 되도록 한다.
- 10회 진동할 때마다 기록 버튼을 눌러 lap 타임을 측정한다.
- 200회 진동할 때까지 10회 간격으로 시간을 측정한다. 만일 진폭이 너무 작아져서 측정이 어려우면 100회 진동을 두 번 실시하여 시간을 기록한다.
- 10회 진동 시간의 평균값을 구하고 10으로 나누어서 주기를 구한다.
- 주기와 진자의 길이 평균값으로 중력가속도를 계산한다.

5) 결 과

(1) 자유낙하 실험

자유낙하 실험에서 낙하 거리 등 측정 결과는 <표 4.2.1> (a)에 기록하고, 낙하 시간 측정 결과를 <표 4.2.1> (b)에 기록한다.

자유낙하 실험에서 낙하 거리의 평균과 낙하 시간의 평균을 식(1)에 넣어서 중력가속도를 계산해서 <표 4.2.2>를 작성한다.

횟수	낙하거리(m)
1	
2	
3	
4	
5	
평균	

(a)

횟수	낙하시간(s)
1	
2	
3	
4	
5	
6	
7	
8	
9	
10	
11	
12	
13	
14	
15	
16	
17	
18	
19	
20	
평균	

(b)

〈표 4.2.1〉 (a) 낙하 거리 측정, (b) 낙하 시간 측정

낙하거리 평균 (m)	낙하시간 평균 (s)	중력가속도 (m/s^2)

〈표 4.2.2〉 자유낙하 실험으로 구한 중력가속도

(2) 단진자

단진자 길이를 측정해서 <표 4.2.3>에 기록한다.

횟수	진자길이(m)
1	
2	
3	
4	
5	
평균	

〈표 4.2.3〉 단진자 길이 측정

진동횟수	시간(s)	10회 진동시간(s)
10		
20		
30		
40		
50		
60		
70		
80		
90		
100		
110		
120		
130		
140		
150		
160		
170		
180		
190		
200		
평균		

〈표 4.2.4〉 진동주기 측정

진자를 진동시키고 매 10회 진동마다 시간을 측정해서 <표 4.2.4>에 기록한다.

10회 진동 시간은 처음 10회는 시간과 10회 진동 시간은 같다. 두 번째 20회 때 10회 진동 시간은 '20회 시간 - 10회 시간'으로 구한다.

같은 방법으로 30 ~ 200회 때는 '30회~200회 시간 - 20회~190회 시간'으로 모두 계산한다.

평균은 전체 10회 진동 시간의 평균을 구해서 기록한다. 이 평균값을 10으로 나누면 주기가 된다.

단진자 길이의 평균값과 주기 평균값을 식(2)에 넣어 중력가속도를 계산한다.

진자길이 평균 (m)	주기 평균 (s)	중력가속도 (m/s^2)

〈표 4.2.5〉 단진자로 구한 중력가속도

6) 분 석

두 가지 방법으로 중력가속도를 측정했다. 두 실험 결과를 비교하기 위해 측정값에 대한 편차 제곱의 합을 구하고 비교한다.

실험이 끝나면 측정 결과를 실험결과표에 기록해서 제출하고 결과보고서는 보고서 작성 방법대로 작성해서 보고서 제출 사이트에 제출한다.

횟수	낙하시간(s)	편차제곱
1		
2		
3		
4		
5		
6		
7		
8		
9		
10		
11		
12		
13		
14		
15		
16		
17		
18		
19		
20		
	낙하시간 평균	편차제곱 합
	편차제곱합 / 낙하시간 평균 * 100 (%)	

〈표 4.2.4〉 자유낙하 실험 측정값의 신뢰도

진동횟수	10회 진동시간/10	편차제곱
10		
20		
30		
40		
50		
60		
70		
80		
90		
100		
110		
120		
130		
140		
150		
160		
170		
180		
190		
200		
	1회 진동시간 평균	편차제곱 합
	편차제곱합 / 1회 진동시간 평균*100 (%)	

〈표 4.2.5〉 단진자 실험 측정값의 신뢰도

	중력가속도	편차제곱합 / 낙하시간 평균 * 100 (%)
자유낙하		
	중력가속도	편차제곱합 / 1회 진동시간 평균*100 (%)
단진자		

〈표 4.2.6〉 두 가지 실험 방법 결과 비교

결과보고서 작성 방법

(1) 제 목

(2) 목 적

(3) 결과 및 분석

■ 자유낙하 실험

<표 4.2.1>을 작성한 이유를 설명한다.

자유낙하 실험에서 낙하 거리 등 측정 결과는 <표 4.2.1> (a)에 기록하고, 낙하 시간 측정 결과를 <표 4.2.1> (b)에 기록한다.

<표 4.2.2>를 작성한 이유를 설명한다.

자유낙하 실험에서 낙하 거리의 평균과 낙하 시간의 평균을 식(1)에 넣어서 중력가속도를 계산해서 <표 4.2.2>를 작성한다.

■ 단진자

단진자 길이를 측정해서 <표 4.2.3>에 기록한다.

진자를 진동시키고 매 10회 진동마다 시간을 측정해서 <표 4.2.4>에 기록하고, 각 진동 구간별 10회 진동 시간을 계산해서 적는다.

단진자 길이의 평균값과 주기 평균값을 식(2)에 넣어 중력가속도를 계산한다.

■ 분 석

자유낙하와 단진자 실험으로 구한 중력가속도를 비교하고 어느 방법으로 얻은 값이 더 신뢰도가 큰지를 평가하는 방법을 설명하라.

<표 4.2.4>와 <표 4.2.5>를 계산하고 완성한다.

<표 4.2.4>와 <표 4.2.5>를 비교하고 <표 4.2.6>을 완성한다.

<표 4.2.6>에 대한 분석과 설명을 작성한다.

■ 결 론

최종 보고하는 중력가속도를 적고 <표 4.2.6> 분석에서 중력가속도를 선택한 이유를 간단히 설명한다.

표와 그래프 작성과 설명에서 주의 사항

- 표와 그래프는 번호와 이름을 넣어야 한다.
- 그래프에는 두 축에 대한 물리량과 단위를 표시해야 한다.

➡ 그래프

- 그래프의 목적과 그래프 의미, 그리고 무엇을 얻을 수 있는지를 설명해야 한다.
- 그래프 아래에는 그래프에서 얻은 물리량을 단위와 함께 기록해야 한다.

➡ 표

- 표의 목적과 무엇을 이야기하려는지 설명해야 한다.
- 표 아래에 표 작성 방법을 설명하고, 계산했다면 필요한 수식도 설명한다. 실제 표에 계산된 것 하나는 단위를 포함해서 계산을 어떻게 했는지 기록한다.

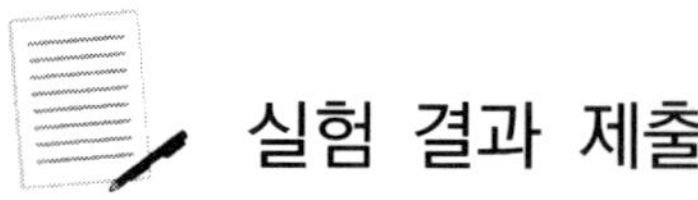

실험 결과 제출

과 :　　　　　　　　학번 :　　　　　　　　이름 :

횟수	낙하시간(s)
1	
2	
3	
4	
5	
6	
7	
8	
9	
10	
11	
12	
13	
14	
15	
16	
17	
18	
19	
20	

진동횟수	시간(s)	10회 진동시간(s)
10		
20		
30		
40		
50		
60		
70		
80		
90		
100		
110		
120		
130		
140		
150		
160		
170		
180		
190		
200		

[자유낙하 시간과 진자 진동 시간 측정표]

3 마찰계수 측정

1) 개요 및 목적

물체의 속도는 물체에 가한 힘에 비례한다. 이것은 아리스토텔레스가 말한 것이고 우리의 경험에 비추어 본다면 맞는 말 같다. 실제로 이것은 아리스토텔레스 시대에서부터 약 1,500년 동안 옳은 명제로 생각했다. 그러나 뉴턴의 운동법칙에 의하면 물체에 가한 힘에 비례하는 것은 물체의 속도가 아니라 가속도임을 알 수 있다.

뉴턴의 제1 법칙에서 어떤 물체에 외부에서 힘을 가하지 않는 한 그 물체는 운동상태를 유지해야 한다. 즉 정지해 있는 물체는 정지해 있고, 운동하고 있는 물체는 등속운동을 유지해야 한다. 그러나 우리가 사는 지구상에서는 어떤가? 바닥에 있는 물체를 밀어 이동시킬 때 한번 힘을 주어 밀어주어도 힘을 가할 때만 움직이고 힘을 가하지 않으면 물체가 운동상태를 유지하지 못한다. 따라서 물체에는 물체를 이동시키기 위해 가한 힘 외에 물체의 움직임을 방해하는 다른 보이지 않는 힘이 존재한다는 것을 알 수 있다.

이 실험에서는 물체의 운동울 방해하는 힘인 마찰력을 측정하고 마찰력의 정의로 부터 마찰력의 대표요소인 마찰계수를 구한다. 마찰력를 측정할 수 있는 여러 가지 방법들 중에서 세가지 방법으로 마찰계수를 측정하고, 측정 방법이 다른 방법으로 얻은 데이터들에서 최종 보고 값을 끌어내는 방법을 공부한다.

2) 배경 이론

먼저 빙판길과 보통 길에서 걷는 경우를 비교하자. 어떤 차이가 있는가? 이것을 기초로 만일 지구상에 마찰력이 없어진다면 어떤 일이 발생할지 생각해 보자. 우리는 걸을 수 있을까? 자동차는 이동할 수 있는가? 지붕 위에 기와들은 어떻게 될까? 비행기는 날 수 있을까? 등 질문을 하고 답을 생각하자.

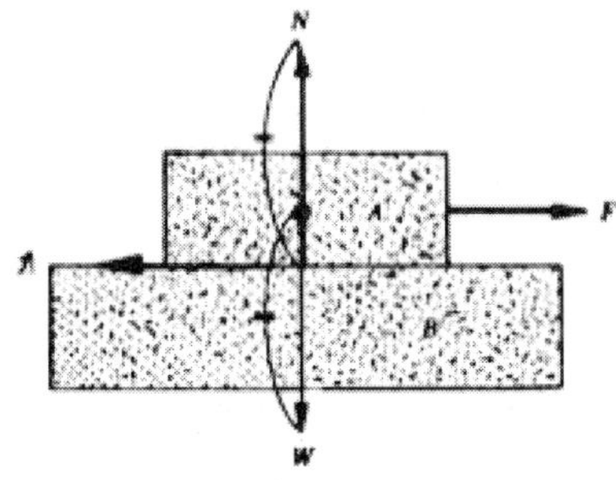

[그림 4.3.1] 접촉면과 마찰력

한 물체가 다른 물체와 접촉하여 상대운동을 하려고 할 때 또는 상대운동을 하고 있을 때, 그 접촉면의 접선 방향으로 작용하여 운동을 방해하려고 하는 힘을 마찰력이라 한다.

마찰력의 크기는 물체의 무게와 접촉면 사이의 마찰계수에 비례하고 수식으로 표현하면 다음과 같다.

$f_s = \mu_s N$ μ_s 최대 정지 마찰계수

$f_k = \mu_k N$ μ_k 운동 마찰계수

$\mu_k < \mu_s$

여기서 N은 바닥이 물체를 받치는 힘으로 물체의 무게와 크기가 같고 방향이 반대인 힘이다. 마찰력은 운동을 방해하려는 힘이므로 운동 방향에 대해서 항상 반대 방향으로 작용한다.

마찰력은 운동상태에 따라 정지 마찰력과 운동마찰력으로 나누어진다. 정지 마찰력은 외부에서 가한 힘이 물체를 운동하려 할 때 운동을 방해하는 힘으로 가한 힘과 크기는 같고 반대 방향으로 작용한다. 만일 외부에서 가한 힘이 증가하면 마찰력도 같이 증가해서 물체가 운동하지 못하나 가한 힘이 마찰력의 최대값인 최대정지마찰력 보다 커지는 순간 운동이 시작된다. 물체가 운동이 시작되면 운동을 방해하는 마찰력은 운동마찰력으로 바뀌게 된다. 운동마찰력은 정지 마찰력보다 작아서 일단 운동이 시작되면 처음 운동을 시작한 순간에 가한 힘보다 작은 힘으로 물체의 운동을 유지할 수 있다.

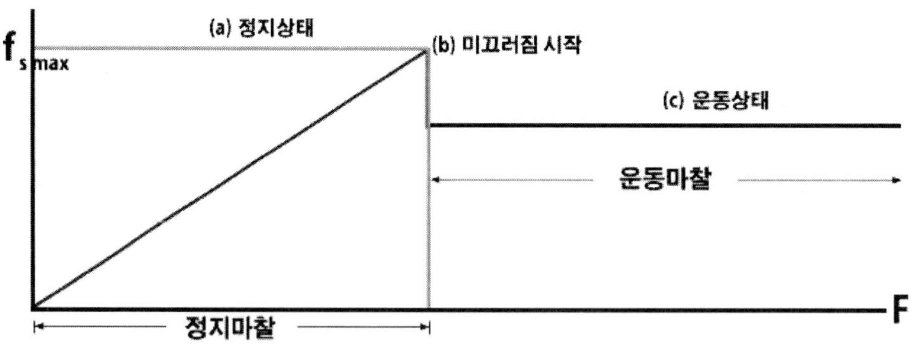

[그림 4.3.2] 최대 정지 마찰력과 운동마찰력

[그림 4.3.2] (a) 구간에서 마찰력은 물체에 가한 힘에 비례해서 작용하는데 만일 가한 힘이 계속 증가하면 마찰력도 이에 비례해서 증가하면서 운동이 일어나지 않는다. 그러나

물체에 가한 힘이 증가함에 따라 마찰력도 최대정지마찰력까지는 증가하지만, 가한 힘이 최대 정지 마찰력보다 커지면 그 순간에 물체는 움직이며([그림 4.3.2 (b)] 구간), 이때 마찰력은 최대정지마찰력에서 운동마찰력으로 줄게 되어 실제 물체의 운동에 영향을 주는 힘은 물체에 가한 힘 - 운동마찰력이 된다. ([그림 4.3.2 (c)] 구간)

$$\mu_k \langle \mu_s$$

일반적으로 운동마찰력이 정지 마찰력보다 작으므로 운동마찰계수가 정지마찰계수보다 작다.

(1) 수평면에서 마찰력

수평면에서 물체를 이동시키기 위해 가한 힘과 물체의 무게를 측정하면 마찰계수를 알 수 있다.

최대 정지 마찰계수는 물체가 미끄러지기 직전에 가한 힘(최대 정지 마찰력)을 물체의 무게로 나누면 얻을 수 있고

$$\mu_s = \frac{f_s}{N} = \frac{f_s}{mg}$$

μ_s : 최대정지마찰계수, f_s : 최대정지마찰력, N: 수직항력

운동 마찰계수는 물체가 미끄러져서 등속운동을 할 때 가한 힘(운동마찰력)을 물체의 무게로 나누면 얻을 수 있다.

$$\mu_k = \frac{f_k}{N} = \frac{f_k}{mg}$$

μ_k : 최대정지마찰계수, f_k : 최대정지마찰력, N: 수직항력

(2) 경사면에서 끌어 올리는 경우의 마찰력

[그림 4.3.3]에서 물체가 경사면에서 물체의 무게에 의해 미끄러져 내려가려는 힘은 F_w 이고, 마찰력은 f_s, 끌어 올리는 힘은 F_{ext}이다.

$F_w = mgsin\theta \quad f_s = \mu_s mgcos\theta$

만일 물체에 끌어 올리는 힘을 가해서 물체가 끌어올려진다면 마찰력은 운동을 방해하는 힘으로 물체의 운동 방향의 반대 방향으로 작용하고 물체에 가해진 총 힘은 다음과 같다.

물체에 가해진 총 힘 = 끌어 올리는 힘 - 내려가려는 힘 - 마찰력

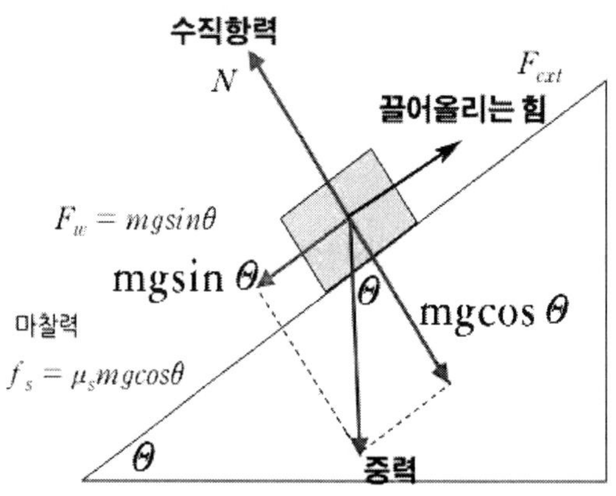

[그림 4.3.3] 경사면에서 끌어 올리는 경우 마찰력

만일 물체를 끌어당겨서 미끄러져서 올라가기 직전의 상태에서는 끌어 올리는 힘은 내려가려는 힘과 정지 마찰력의 합과 같다.

$F_{ext} = f_s + F_w \quad F_{ext} = \mu_s mgcos\theta + mgsin\theta$

마찰력의 방향은 물체가 끌려 올라가는 방향에 반대 방향으로 물체의 무게에 의해 내려가려는 힘과 반대 방향이 된다.

따라서 경사면에서 끌어 올리는 경우 최대 정지마찰계수는 다음과 같이 쓸 수 있다.

$\mu_s mgcos\theta = F_{ext} - mgsin\theta$

$$\mu_s = \frac{F_{ext} - mgsin\theta}{mgcos\theta}$$

μ_s : 최대정지마찰계수, F_{ext} : 물체를 끌어올리는 힘, m : 물체의 질량

물체가 미끄러져서 등속으로 올라오고 있다면 이때는 운동마찰력이 작용하는 상태이므로 끌어 올리는 힘은 내려가려는 힘과 정지 마찰력의 합과 같다.

$$F_{ext} = f_k + F_w \quad F_{ext} = \mu_k mgcos\theta + mgsin\theta$$

따라서 경사면에서 끌어 올리는 경우 운동마찰계수는 다음과 같이 쓸 수 있다.

$$\mu_k mgcos\theta = F_{ext} - mgsin\theta$$

$$\mu_k = \frac{F_{ext} - mgsin\theta}{mgcos\theta}$$

μ_k : 최대정지마찰계수, F_{ext} : 물체를 끌어올리는 힘, m : 물체의 질량

경사면에서 미끄러져 내리는 경우의 마찰력

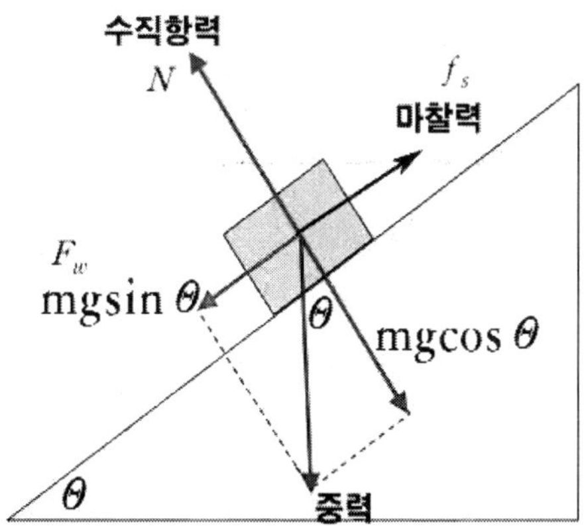

[그림 4.3.4] 경사면에서 미끄러져 내려가는 경우 마찰력

미끄러져 내려갈 때 물체에 가해진 힘은 물체의 무게에 의해 내려가려는 힘과 이를 방해하는 마찰력뿐이다.

미끄러지는 순간에 두 힘이 같으므로

$$F_w = mgsin\theta \quad f_s = \mu_s mgcos\theta$$

$$F_w = f_s \quad mgsin\theta = \mu_s mgcos\theta$$

따라서 경사면에서 미끄러지는 경우 마찰계수를 구하면

$$\mu_s = \frac{mgsin\theta}{mgcos\theta} = \tan\theta$$

μ_s : 최대정지마찰계수, m : 물체의 질량, θ : 미끄러지는 각

이때 마찰계수는 미끄러지는 순간의 마찰계수이므로 최대 정지마찰계수가 된다. 일단 물체가 미끄러져서 운동을 시작하면 운동마찰력이 작용하지만, 이 실험 방법으로는 운동마찰력을 알 수 없다. 그러나 이 방법은 물체의 무게나 다른 물리량 측정 없이 미끄러지는 순간의 각만 측정해서 마찰계수를 알 수 있다.

3) 실험 장치

마찰계수 측정장치, 나무토막, 힘 센서, AirLink, SparkVue 프로그램과 스마트폰

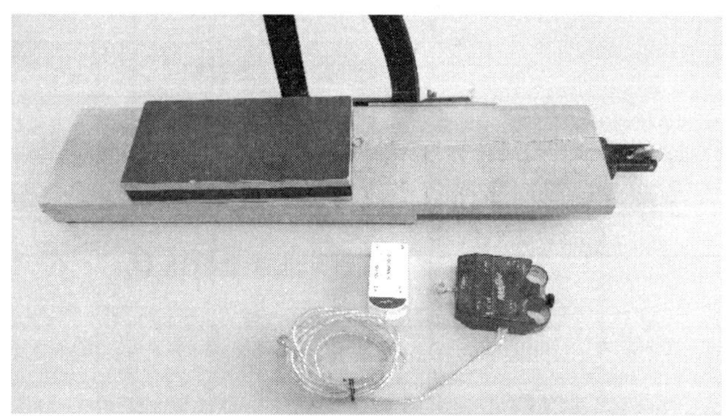

[그림 4.3.5] 마찰계수 측정 장비

4) 실험 방법

(1) 수평면에서 마찰계수 측정

- 나무토막의 무게를 측정한다.
- 마찰계수 측정장치 수평을 맞추고 물체를 놓는다.
- 힘 센서를 AirLink 모듈과 연결한다.
- SparkVue 프로그램을 실행하고 힘 센서에 연결된 AirLink 모듈의 전원을 켠다.
- 새 실험을 시작하고 힘 센서를 찾아서 프로그램과 연결한다. 이때 AirLink 모듈 번호를

확인하고 다른 장치를 연결하지 않도록 주의한다.
- 표와 그래프를 선택해서 측정 준비를 한다.
- 힘 센서는 기본적으로 뉴턴 단위로 측정되므로 측정 자릿수를 7자리로 맞춘다.
- 측정률을 20Hz로 맞춘다.
- 힘 센서의 0점 버튼을 눌러 0점을 잡는다.
- 힘 센서를, 마찰력을 측정할 물체와 연결한 후 프로그램 시작 버튼을 누른다.
- 힘을 가하지 않은 상태에서 2~3초 정도 기다린 후 (0점 저장) 힘 센서를 당긴다. 물체가 움직이기 시작한 후에도 계속 2초 정도 더 당겨서 운동마찰력을 측정한다. 이때 일정한 힘으로 당기는 것이 중요하다. 당기는 것을 멈추고 힘 센서에 힘이 걸리지 않도록 줄이 느슨한 상태에서 1~2초 정도 더 데이터를 받는다.
- 프로그램 정지 버튼을 누르고 데이터를 이 메일로 전송한다. (파일 저장은 선택사항)
- 실험에서 주의할 점은 힘 센서를 당길 때 마찰력 측정장치 면과 정확히 수평이 되도록 당겨야 하는 것이다.
- 같은 실험을 5회 반복한다.

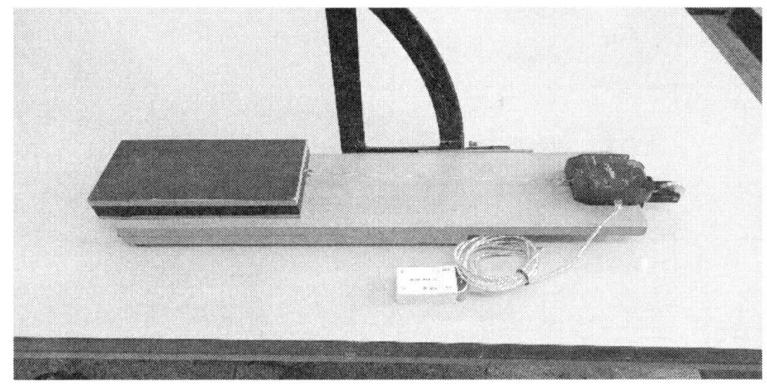

[그림 4.3.6] 수평면에서 마찰계수 측정

(2) 경사면에서 위로 당기면서 마찰계수 측정

- 나무토막의 무게를 측정한다.
- 경사각을 15도 맞춘다. 만일, 이 각도에서 미끄러져 내리면 경사각을 10도 또는 5도로 낮추어 미끄러져 내리지 않는 각도로 조정한다.
- 힘 센서를 AirLink 모듈과 연결한다.
- SparkVue 프로그램을 실행하고 힘 센서에 연결된 AirLink 모듈의 전원을 켠다.
- 새 실험을 시작하고 힘 센서를 찾아서 프로그램과 연결한다. 이때 AirLink 모듈 번호를 확인하고 다른 장치를 연결하지 않도록 주의한다.

- 표와 그래프를 선택해서 측정 준비를 한다.
- 힘 센서는 기본적으로 뉴턴 단위로 측정되므로 측정 자릿수를 7자리로 맞춘다.
- 측정률을 20Hz로 맞춘다.
- 힘 센서의 0점 버튼을 눌러 0점을 잡는다.
- 힘 센서가 마찰력을 측정할 물체에 연결된 것을 확인하고 프로그램 시작 버튼을 누른다.
- 힘을 가하지 않은 상태에서 2~3초 정도 기다린 후 (0점 저장) 힘 센서를 당긴다. 이때 나무가 움직이기 시작한 후에도 계속 2초 정도 더 당겨서 운동마찰력을 측정한다. 이때 일정한 힘으로 당기는 것이 중요하다. 당기는 것을 멈추고 힘 센서에 힘이 걸리지 않도록 줄이 느슨한 상태에서 1~2초 정도 더 데이터를 받는다.
- 프로그램 정지 버튼을 누르고 데이터를 이 메일로 전송한다. (파일 저장은 선택사항)
- 실험에서 주의할 점은 힘 센서를 당길 때 마찰력 측정장치의 경사진 면과 평행한 방향으로 당겨야 하는 것이다.
- 같은 실험을 5회 반복한다.

[그림 4.3.7] 경사면에서 물체를 끌어 올리며 마찰계수 측정

(3) 경사면에서 미끄러지는 각을 측정해서 마찰계수 측정

- 마찰계수 측정장치의 경사각이 0도가 되도록 하고 나무를 마찰계수 측정장치에 왼쪽 끝(경사각을 줄 때 제일 많이 올라가는 부분)에 놓는다. ([그림 4.3.8])
- 경사각 잠금 나사를 풀고 천천히 경사각을 증가시킨다.
- 물체(나무토막)가 미끄러지기 시작하는 위치에서 경사각 잠금 나사를 잠그고 경사각을 읽어 기록한다. (유효숫자 주의)
- 같은 실험을 5회 반복한다.

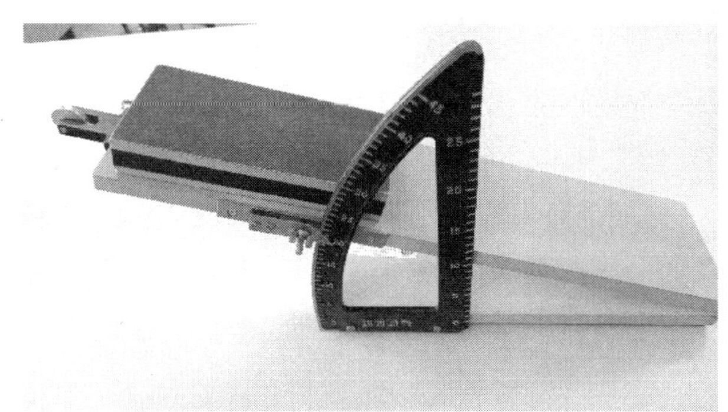

[그림 4.3.8] 경사면에서 물체가 미끄러질 때 마찰계수 측정

5) 데이터 정리 및 계산

(1) 수평면에서 마찰계수 측정

SparkVue에서 데이터 파일은 CSV 형식으로 전송이 된다. 이 파일을 엑셀에서 열며 [그림 4.3.9]와 같이 보인다.

	A	B	C	D	E	F	G	H	I	J	K	L	M	N	O	P	Q	R
1	일시 실행	시간 (s) 실	힘 (N) 실	일시 실행	시간 (s) 실	힘 (N) 실	일시 실행	시간 (s) 실	힘 (N) 실	일시 실행	시간 (s) 실	힘 (N) 실	일시 실행	시간 (s) 실	힘 (N) 실	일시 실행	시간 (s) 실	힘 (N) 실행 6
2	########	0	-0.0301	########	0	-0.0301	########	0	0	########	0	0	########	0	0	########	0	0
3	########	0.05	-0.0301	########	0.05	-0.0301	########	0.05	0	########	0.05	0	########	0.05	0	########	0.05	0.030102
4	########	0.1	-0.0301	########	0.1	-0.0301	########	0.1	0	########	0.1	0	########	0.1	0	########	0.1	0.030102
5	########	0.15	0	########	0.15	-0.0301	########	0.15	0	########	0.15	0	########	0.15	0	########	0.15	0
6	########	0.2	-0.0301	########	0.2	-0.0301	########	0.2	0	########	0.2	0	########	0.2	0.030102	########	0.2	0
7	########	0.25	-0.0301	########	0.25	-0.0301	########	0.25	0	########	0.25	0	########	0.25	0	########	0.25	0.030102
8	########	0.3	-0.0301	########	0.3	-0.0301	########	0.3	0	########	0.3	0	########	0.3	0	########	0.3	0
9	########	0.35	-0.0301	########	0.35	-0.0301	########	0.35	0	########	0.35	0	########	0.35	0	########	0.35	0.030102
10	########	0.4	-0.0301	########	0.4	-0.0301	########	0.4	0	########	0.4	0	########	0.4	0	########	0.4	0
11	########	0.45	-0.0301	########	0.45	-0.0301	########	0.45	0	########	0.45	0	########	0.45	0	########	0.45	0.030102
12	########	0.5	-0.0301	########	0.5	-0.0301	########	0.5	0	########	0.5	-0.0301	########	0.5	0	########	0.5	0.030102
13	########	0.55	-0.0301	########	0.55	-0.0301	########	0.55	0	########	0.55	0	########	0.55	0	########	0.55	0
14	########	0.6	-0.0301	########	0.6	-0.0301	########	0.6	0	########	0.6	0	########	0.6	0	########	0.6	0
15	########	0.65	-0.0301	########	0.65	-0.0301	########	0.65	0	########	0.65	-0.0301	########	0.65	0	########	0.65	0
16	########	0.7	-0.0301	########	0.7	-0.0301	########	0.7	0	########	0.7	-0.0301	########	0.7	0	########	0.7	0

[그림 4.3.9] 엑셀에서 읽은 실험데이터 파일

여기서 A, D, G, J 등 열이 ###로 나타나는 것은 날짜 크기가 맞지 않아서 그렇다. 실험을 기록한 날짜 시간이므로 이 부분은 데이터 분석에는 필요 없다. 먼저 파일을 엑셀 통합문서로 저장 후 사용하자.

(2) 최대 정지 마찰력과 최대 정지 마찰 계수

데이터를 분석하기 위해서 먼저 하나의 실험 데이터를 새로운 시트에 복사하자. 방법은 시간과 마찰력 열(예를 들면, B와 C열)을 선택하고 Ctrl+C를 눌러서 복사하고 시트 아래에 Sheet1 옆에 +를 누르면 새 시트가 생기는데, 여기에 Ctrl+V로 붙여서 넣으면 된다.

저장한 데이터로 그래프를 그리기 위해 시간 열과 마찰력 열을 선택한 후 메뉴 → 삽입 → 차트 → 분산형을 순서대로 선택하면 시간에 따른 마찰력 변화 그래프가 나타난다. ([그림 4.3.10])

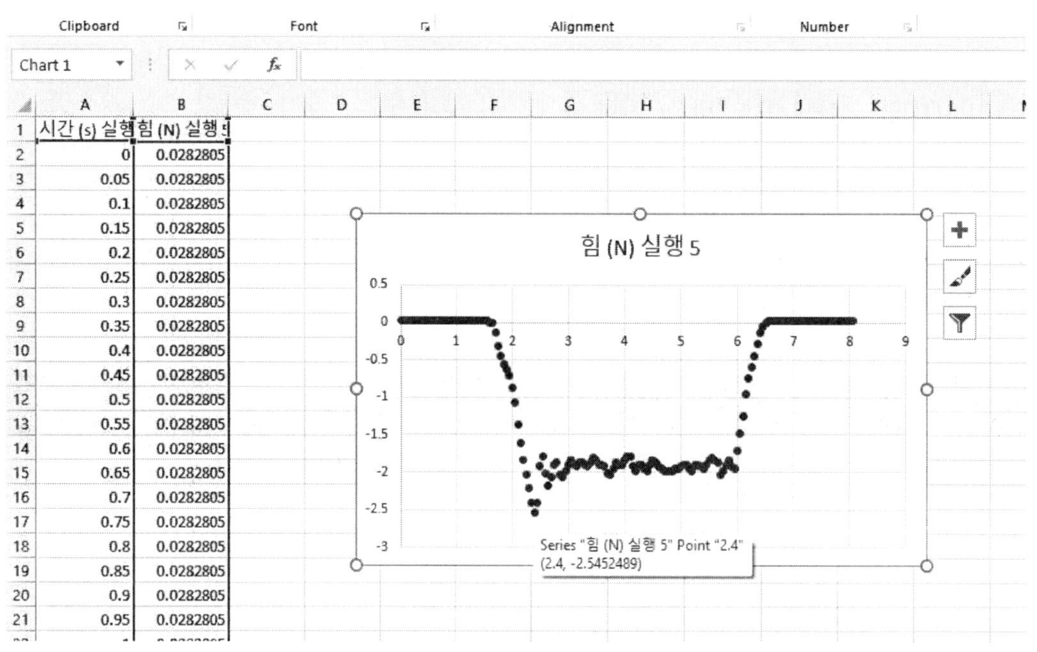

[그림 4.3.10] 시간에 대한 마찰력 실험 그래프 (수평면)

이 그래프를 보면 마찰력이 최대가 되는 지점이 2.5초 근처에 있으므로 2.5초 근처에서 최댓값 위치에 마우스를 놓으면 x 축과 y 축 값이 나타난다. 여기서는 2.4초에서 -2.5452489N 임을 알 수 있다. 이때 - 부호는 힘의 방향이므로 최대정지마찰력은 2.5452489N이다.

최대 정지마찰 계수는 마찰력의 정의식으로부터 최대 정지 마찰력을 나무의 무게로 나누면 된다. 그 결과를 <표 4.3.1>에 기록한다.

나무의 질량이 550g으로 나무의 무게(W)는 $W = mg = 0.55kg \times 9.8m/s^2 = 5.39N$ 이

된다. 따라서 최대 정지 마찰계수는 $\mu_s = \dfrac{f_s}{N} = \dfrac{2.5452489N}{5.39N} = 0.472217$ 이 된다.

여기서 질량 550g 을 0.55kg 으로 바꾼 것은 마찰력 측정 단위를 뉴턴 단위를 사용하므로 단위를 맞추기 위해서다.

(3) 운동마찰력과 운동 마찰계수

[그림 4.3.10]에서 그래프를 보면 힘을 가하면 가한 힘에 따라 마찰력이 증가하다가 2.5초를 넘어서 급격히 떨어져서 3초에서 5초 사이에서 일정한 크기로 유지됨을 볼 수 있다. 따라서 3초에서 5초 사이에서 일정한 크기로 유지된 마찰력이 운동마찰력이 된다. 이 값을 알기 위해서는 3초와 5초 사이에서 모든 마찰력의 평균을 구하면 된다.

먼저 그 구간의 그래프를 그려보면 정확히 3초와 5.5초 사이에 운동마찰력이 작용했고 운동마찰력은 평균을 통해서 구한다. ([그림 4.3.11])

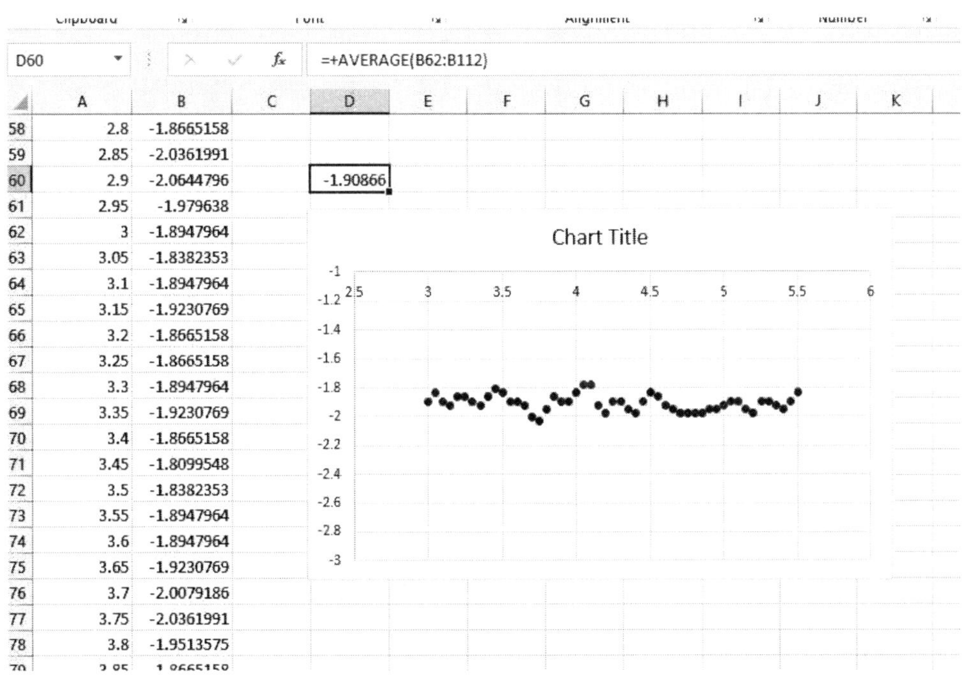

[그림 4.3.11] 영점 조정

이 시간 구간에서 운동마찰력의 평균값을 구하기 위해 엑셀의 아무 셀에나 (여기서 그래프 바로 위 D60 셀에 넣자) 셀 구간 평균을 구하는 식 =AVERAGE(B62:B112)를 넣으면 셀 값들의 평균값 -1.90866N을 얻는다. 여기서도 - 부호는 마찰력의 방향이므로 운동마찰력은 1.90866N이다. 마찬가지로 운동 마찰계수는 운동마찰력을 물체의 무게로 나누면 구할 수 있고 그 결과를 <표 4.3.1>에 기록한다. (질량 550g) 계산한 운동 마찰계수는 다음과 같다.

$$\mu_k = \frac{f_k}{N} = \frac{1.90866N}{5.39N} = 0.354111$$

같은 방법으로 나머지 4회 실험 결과에서 최대 정지 마찰력과 운동마찰력을 구하고 그 결과값과 평균값을 <표 4.3.1>에 기록한다.

(4) 경사면에서 끌어 올리면서 마찰계수 측정

경사면에서 측정한 데이터도 수평면과 같은 방법으로 그래프를 만들어서 분석한다. 시간에 따른 마찰력 변화를 그래프로 만들면 [그림 4.3.12]와 같은 결과를 얻는다.

[그림 4.3.12]에서 최대 정지 마찰력은 6초 근처에 있으므로 정확한 값을 데이터에서 찾으면 5.4초에서 4.38552N을 얻는다.

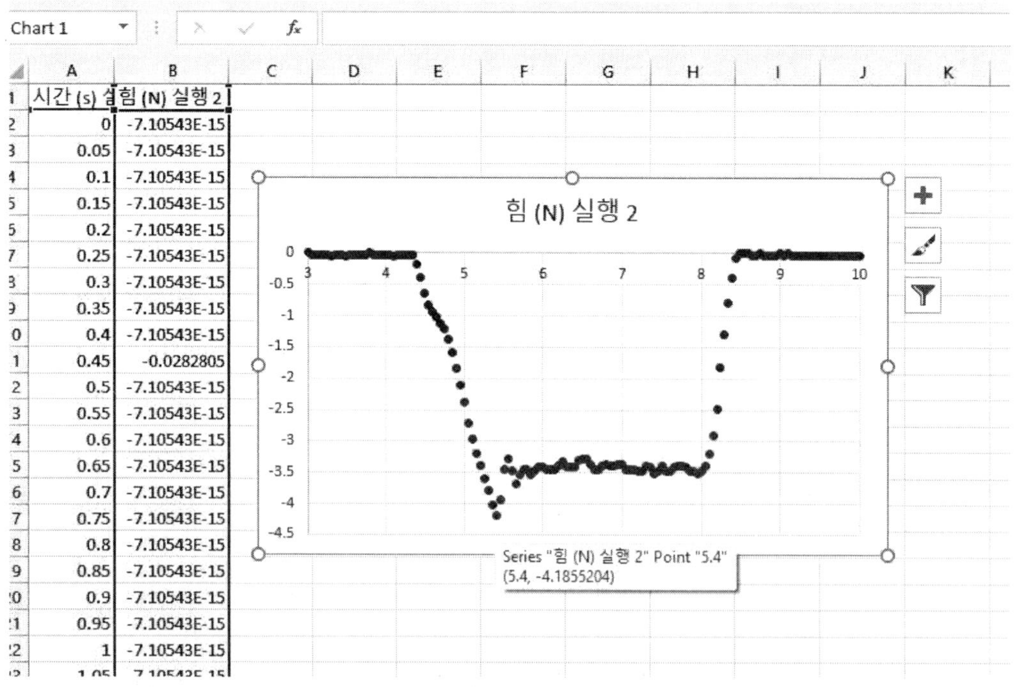

[그림 4.3.12] 시간에 대한 마찰력 실험 그래프 (경사면)

최대 정지 마찰계수는 $\mu_s = \dfrac{F_{ext} - mgsin\theta}{mgcos\theta}$ 에서 구할 수 있다.

여기서 F_{ext}는 끌어 올리면서 측정된 마찰력의 최대값이고, mg는 나무의 무게가 된다. 나무의 질량이 550g 으로 나무의 무게는 mg 이므로 $0.55kg \times 9.8m/s^2 = 5.39N$ 이고, 경사각을 15도로 놓았으므로 $mgsin\theta = 1.39504N$, $mgcos\theta = 5.20634N$ 이 된다.

15도 경사각에서 끌어올렸을 때 최대 정지 마찰계수는 다음과 같다.

$$\mu_s = \frac{4.18552N - 1.39504N}{5.20634N} = 0.535978$$

운동마찰력을 구하기 위해 5.8초에서 8초 구간의 힘을 그래프로 나타내면 [그림 4.3.13]과 같고 이 시간 구간 마찰력의 평균값을 구하면 3.42446N을 얻는다. 이 값이 운동마찰력이다.

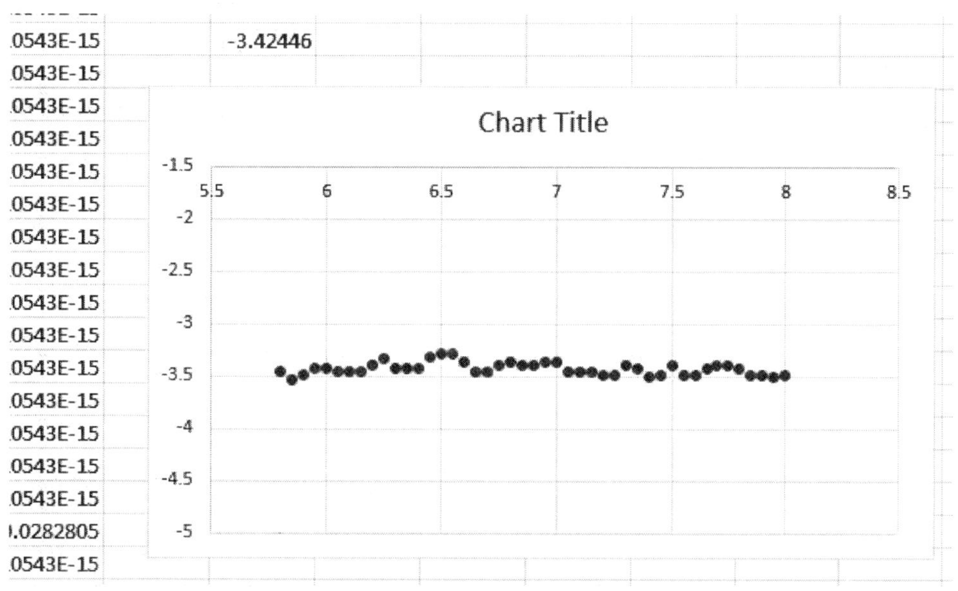

[그림 3.2.13] 시간에 대한 운동마찰력 그래프

경사면에서 끌어 올리는 경우이므로 다음 식을 이용해서 마찰계수를 구한다.

$$\mu_k = \frac{F_{ext} - mgsin\theta}{mgcos\theta}$$

따라서 운동마찰계수는 $\mu_k = \frac{3.42446N - 1.39504N}{5.20634N} = 0.389799$ 이 된다.

이 계산 결과와 평균값을 <표 4.3.2>에 기록한다. 같은 방법으로 나머지 4회 실험 결과에서 최대 정지 마찰력과 운동마찰력을 구하고 그 결과값과 평균값을 <표 4.3.2>에 기록한다.

(5) 경사면에서 미끄러져 내려갈 때 마찰계수 측정

수평 상태에서 물체를 놓고 경사각을 증가시키면서 물체가 미끄러질 때 측정한 각도와 평균 그리고 계산 결과를 <표 4.3.3>에 기록한다.

결과는 <표 4.3.1>에서 <표 4.3.3>에 계산해서 기록한다. 이때 계산 결과 중 하나는 구한 식과 함께 단위를 넣어서 표 아래에 자세히 기록한다.

번호	최대 정지 마찰력(N)	운동 마찰력(N)	최대 정지 마찰계수	운동 마찰계수
1				
2				
3				
4				
5				
평균				

〈표 4.3.1〉 수평면에서 마찰력 측정

번호	최대 정지 마찰력(N)	운동 마찰력(N)	Wsin(θ)N	Wcos(θ)N	최대 정지 마찰계수	운동 마찰계수
1						
2						
3						
4						
5						
평균						

〈표 4.3.2〉 경사면에서 물체를 끌어 올리며 마찰력 측정

번호	미끄러진 각(도)	마찰 계수
1		
2		
3		
4		
5		
평균		
평균 (유효숫자)		

〈표 4.3.3〉 경사면에서 물체가 미끄러질 때 마찰력 측정

6) 분석 및 토의

같은 물체 같은 마찰 면에 대해서 세 가지 다른 방법으로 마찰계수를 측정했다. 측정 방법이 다르므로 각각에서 얻은 마찰계수를 평균값으로 보고할 수는 없고 세 가지 방법 중 가장 신뢰할 만한 값을 찾아서 보고해야 한다.

따라서 각 측정 방법에서 얻은 데이터에서 편차 제곱의 합을 구하고 이 값이 가장 작은 방법으로 얻은 값을 보고하면 된다.

최대 정지 마찰계수		운동 마찰계수	
마찰계수	편차제곱	마찰계수	편차제곱
마찰계수 평균	편차제곱 합	마찰계수 평균	편차제곱 합

〈표 4.3.4〉 수평면에서 측정한 마찰계수와 편차

편차는 측정값과 최확값(측정값의 평균값)의 차이로 편차 제곱의 합이 작은 측정 방법에서 얻은 데이터가 그들 중에서 상대적인 신뢰도가 높다.

수평면에서 당기면서 마찰력을 측정한 실험 결과 〈표 4.3.1〉에서 편차를 계산해서 〈표 4.3.4〉에 넣는다.

같은 방법으로 경사면에서 끌어 올리면서 마찰력을 측정한 실험 결과 〈표 4.3.2〉에서 편차를 계산해서 〈표 4.3.5〉에 넣는다.

최대 정지 마찰계수		운동 마찰계수	
마찰계수	편차제곱	마찰계수	편차제곱
마찰계수 평균	편차제곱 합	마찰계수 평균	편차제곱 합

〈표 4.3.5〉 경사면에서 끌어 올리면서 측정한 마찰계수와 편차

경사면에서 미끄러지는 각도에서 구한 최대 정지 마찰계수를 나타낸 〈표 4.3.3〉에서 편차를 계산해서 〈표 4.3.6〉에 넣는다.

최대 정지 마찰계수	
마찰계수	편차제곱
마찰계수 평균	편차제곱 합

〈표 4.3.6〉 경사면에서 미끄러지는 각으로 구한 마찰계수와 편차

<표 4.3.4>, <표 4.3.5>, <표 4.3.6>에서 얻은 결과를 비교 분석하기 위해 <표 4.3.7>에 정리해서 넣는다.

실험방법	정지 마찰계수	편차제곱 합	운동 마찰계수	편차제곱 합
미끄러 내림			-	-
수평면 당김				
경사면 당김				

<표 4.3.7> 실험방법에 따라 측정된 마찰계수와 편차제곱 합

실험 목표와 분석 및 토의 그리고 결과를 이용해 결론을 작성한다.

마찰력의 정의를 보면 마찰력은 물체와 그 물체가 닿는 표면 사이의 마찰계수와 물체의 무게 외에는 그 어떤 것도 마찰력에 영향을 주지 못한다. 정말 그런지 생각하고 검토해 보자. 두 번째로 마찰력은 물체의 무게에 비례한다. 이를 확인할 실험 방법을 생각해 보자.

먼저 접촉 면적을 생각해 보자. 마찰력 정의를 보면 접촉 면적과 마찰력은 관계가 없다. 그런데 접촉 면적이 넓어지면 마찰력이 더 커질 것 같다. 이것을 확인할 방법을 생각해 보자.

마찰력이 물체의 무게에 비례하는지 확인할 수 있는 실험을 생각해 보자.

실험이 끝나면 측정 결과를 실험 결과표에 기록해서 제출하고 결과보고서는 보고서 작성 방법대로 작성해서 보고서 제출 사이트에 제출한다.

결과보고서 작성 방법

(1) 제 목

(2) 목 적

(3) 결과 및 분석

■ 수평면에서 마찰력 측정

시간에 따른 마찰력의 변화를 나타낸 그래프를 구한 목적과 방법을 설명한다.

시간에 따른 마찰력의 변화를 나타낸 그래프([그림 4.3.10]에서 그래프만)를 넣고 그래프 아래에 그래프에서 나타난 것의 의미를 설명하고 그래프가 어떤 조건에서 무엇을 얻었는지 자세히 설명한다. (최대 정지 마찰력이 측정된 시간과 마찰력, 운동마찰력을 측정하는 시간 구간 t1과 t2).

운동마찰력을 측정하는 구간만을 그래프로 따로 만든 목적과 방법을 설명한다.

운동마찰력을 측정하는 구간만을 그래프([그림 4.3.11]에서 그래프만)로 만들고 그래프 아래에 그래프에서 나타난 것의 의미를 설명하고 그래프가 어떤 조건에서 무엇을 얻었는지 자세히 설명한다. 그래프에 표시된 시간 구간에서 측정된 운동마찰력들의 평균을 구해서 기록한다.

5회 실험에 대해 위의 분석을 모두 작성한다. (첫 번째 실험만 그래프 아래에 자세히 설명하고 나머지는 얻은 값만 기록한다)

〈표 4.3.1〉을 작성한 목적과 방법을 설명하고 그에 따라 〈표 4.3.1〉을 작성한다.

〈표 4.3.1〉 아래에 표에 표시된 마찰력 계산에 필요한 수식을 넣고 계산에 필요한 수직항력 계산 방법에 단위를 포함해서 기록한다. 마찰계수 계산 방법도 표 첫 번째 값으로 단위를 포함해서 기록한다.

■ 경사면에서 끌어 올리면서 마찰력 측정

수평면에서 마찰계수를 측정한 방법과 같은 방법으로 5회 실험에 대해서 그래프를 넣고 분석하고 결과를 기록한다. 각 실험 첫 번째 그래프 또는 표 앞에는 그래프나 표를 만든 목적과 구한 방법을 설명해야 한다.

〈표 4.3.2〉를 작성한다.

〈표 4.3.2〉 아래에도 〈표 4.3.1〉과 마찬가지로 마찰력 계산에 필요한 수식을 넣고 계

산에 필요한 계산을 계산 방법에 단위를 포함해서 기록한다. 마찰계수 계산 방법도 표 첫 번째 값으로 단위를 포함해서 기록한다.

■ 경사면에서 미끄럼 각 측정으로 마찰계수 측정

〈표 4.3.3〉을 작성한다.

표 아래에 계산 수식을 넣고 마찰계수 계산 방법도 표 첫 번째 값으로 단위를 포함해서 기록한다.

■ 분석 및 토의

한 물체에 대해서 측정된 마찰계수를 보고해야 하는데 세 가지 다른 측정 방법으로 구한 3개의 마찰계수를 얻었다. 한 물체이므로 최대 정지 마찰계수와 운동 마찰계수는 각각 하나다. 따라서 최종 보고하는 마찰계수를 얻는 방법과 그 방법을 선택한 이유를 설명한다.

〈표 4.3.4〉, 〈표 4.3.5〉, 〈표 4.3.6〉을 계산해서 작성하고 표 아래에 5회 실험 중 하나는 계산을 어떻게 했는지 자세히 기록한다.

〈표 4.3.7〉을 작성하고 표에 대한 분석과 설명을 한다.

■ 결 론

목적과 결과를 보고 결론을 작성한다.

측정된 마찰계수를 결론에서 보고해야 한다.

표와 그래프 작성과 설명에서 주의 사항

- 표와 그래프는 번호와 이름을 넣어야 한다.
- 그래프에는 두 축에 대한 물리량과 단위를 표시해야 한다.

➡ 그래프
- 그래프의 목적과 그래프 의미, 그리고 무엇을 얻을 수 있는지를 설명해야 한다.
- 그래프 아래에는 그래프에서 얻은 물리량을 단위와 함께 기록해야 한다.

➡ 표
- 표의 목적과 무엇을 이야기하려는지 설명해야 한다.
- 표 아래에 표 작성 방법을 설명하고, 계산했다면 필요한 수식도 설명한다. 실제 표에 계산된 것 하나는 단위를 포함해서 계산을 어떻게 했는지 기록한다.

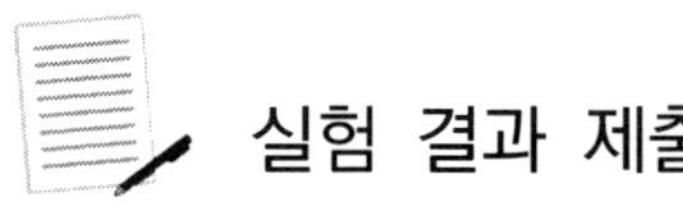

실험 결과 제출

과 :　　　　　　　학번 :　　　　　　　이름 :

번호	최대 정지 마찰력(N) (수평면)	최대 정지 마찰력(N) (10도 경사면)
1		
2		
3		
4		
5		
평균		

[수평면과 경사면에서 측정한 최대 정지 마찰력]

번호	미끄러진 각도
1	
2	
3	
4	
5	
평균	

[미끄럼이 일어날 때 경사각도]

4 일-에너지 정리

1) 개요 및 목적

일 = 에너지 개념을 이해하고 실험으로 계에 해준 일과 계의 역학적 에너지 변화를 측정해서 일과 에너지 변화의 차이가 허용 오차범위 안에서 같은지 비교해서 일-에너지 정리가 성립하는지 확인한다.

2) 배경 이론

힘은 물체의 운동상태를 바꾸는 근원이고 힘으로 운동상태가 바뀐 것은 물체의 에너지 상태 또한 달라진 것이다. 어떤 물체에 일정한 힘(F)이 가해지며 그 힘이 가해지는 동안 어느 거리를 이동했다면, 그 힘이 물체에 해준 일(W)은 가한 힘에 그 힘을 가한 동안 물체가 이동한 거리(d)를 곱하면 된다. 이때 힘과 이동 거리는 벡터이므로 두 벡터를 스칼라곱을 하면 그 결과는 스칼라로 일은 스칼라이다. 이것을 식으로 나타내면 다음과 같다.

$$W = F \cdot d$$

F가 힘이고 d가 이동 거리면, 힘이 한 일은 W이다.

즉, 한 물체에 작용하는 일정한 힘으로 한 일은 물체가 움직이는 방향의 힘의 성분에 변위의 크기를 곱한 것과 같다.

$$W = F \cdot d = F cos\theta\, d$$

단위 다음과 같다.

$$[Nm] = Joule[J] = [kg\ \ m^2/s^2]$$

일의 단위는 J (주울)이며 이것은 영국의 과학자 James Prescott Joule(1818~1889)을 기념하기 위하여 이름을 단위로 사용했다.

질량이 m이고 속도가 V인 물체의 운동에너지는 식(1)과 같다.

$$E = \frac{1}{2} m v^2 \qquad (1)$$

질량이 m 인 물체가 속도 V_o 에서 V 로 가속되었을 때 물체가 지니는 운동에너지 변화는 다음과 같다. (가속되는 동안의 이동 거리는 x)

$$F = ma,\quad a = \frac{v^2 - v_0^2}{2x}$$

$$W = Fx = m\left(\frac{v^2 - v_0^2}{2x}\right)x = \frac{1}{2}mv^2 - \frac{1}{2}mv_0^2$$

$$W = \Delta K = \frac{1}{2}mv^2 - \frac{1}{2}mv_0^2 \qquad (2)$$

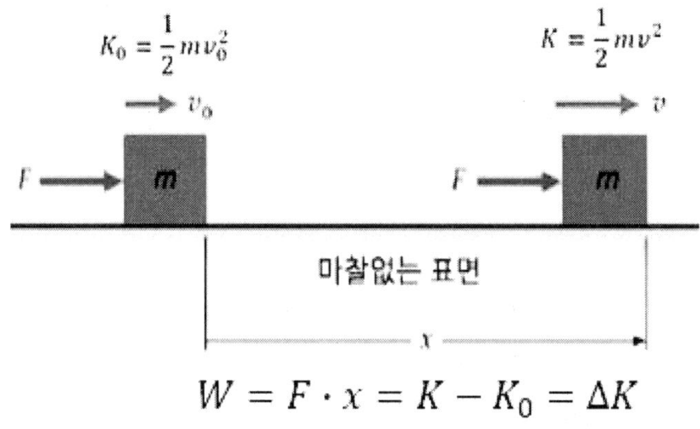

[그림 4.4.1] 일-에너지 정리

운동에너지 변화량은 힘 F 가 물체에 해준 일과 같고 이것은 물체의 운동에너지 변화량과 같다.

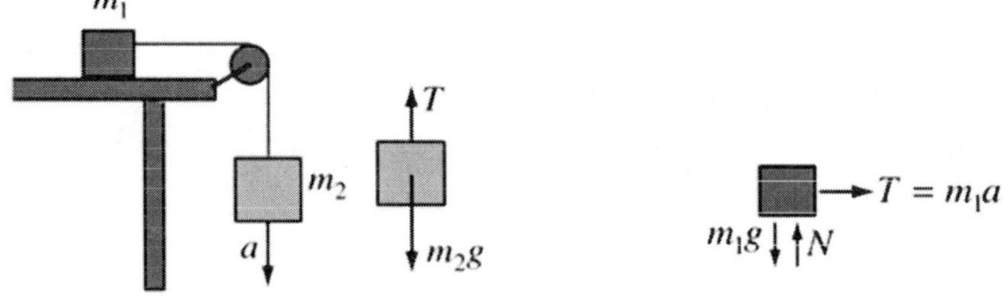

[그림 4.4.2] 실의 장력과 중력

[그림 4.4.2]는 실험 모델을 계산하기 위한 개략적인 그림이다. 질량 m_1 인 물체가 수레이고 질량 m_2 인 물체는 추다. 실험할 때 물체에 일정한 힘을 가해야 하는데 그 방법으로 중력을 이용한다. 질량 m_2 인 물체를 수레에 매달아 낙하시키면 수레에는 $m_2 g$ 만큼 일정한 힘을 가할 수 있다.

실험의 개요도는 [그림 4.4.2]와 같다. 질량 m_2 인 물체를 질량 m_1 인 수레에 매달아 떨어뜨리면 수레에는 질량 m_2 무게만큼 일정한 힘을 가할 수 있다. 이때 질량 m_2 에는 아래 방향으로 중력이 작용하지만 위 방향으로는 수레를 당기는 줄의 장력 T 가 있다. 따라서 질량 m_2 인 물체가 떨어지는 가속도를 a 라 하면 질량이 m_1 인 수레의 가속도도 a이다. 또한, 수레에 작용하는 힘은 줄의 장력 T와 같다.

수레와 추에 대한 운동방정식을 쓰면

$$m_2 g - T = m_2 a$$

$$m_2 g - m_2 a = T$$

$$m_2 (g - a) = T \qquad T = m_1 a$$

$$m_2 g - m_2 a = m_1 a$$

$$m_2 g = (m_2 + m_1) a$$

$$a = \frac{m_2}{m_2 + m_1} g \qquad (3)$$

수레의 가속도를 알면 수레에 가해진 힘을 알 수 있고

$$F = ma$$

이 힘으로 이동한 거리를 x 라 하면 힘이 수레에 한 일은 Fx 가 된다. 또한 수레의 운동 시작점(정지상태)에서 속도는 0이고, 끝점에서 속도를 v라 하면 운동에너지의 변화량은 $\frac{1}{2}mv^2$이 된다. 따라서 힘이 한 일과 운동에너지를 비교하면 일-에너지 정리를 확인할 수 있다.

3) 실험 장치

실험용 트랙, 실험용 수레, 도르래, 50g 추, 100g 추, SparkVue 위치 센서, SparkVue 프로그램

4) 실험 방법

- 먼저 트랙에 수준기를 올려놓고 모든 방향으로 트랙의 수평을 맞춘다. 트랙에 수레를 올려놓고 수레가 흐르지 않는지 확인한다. ([그림 4.4.3])

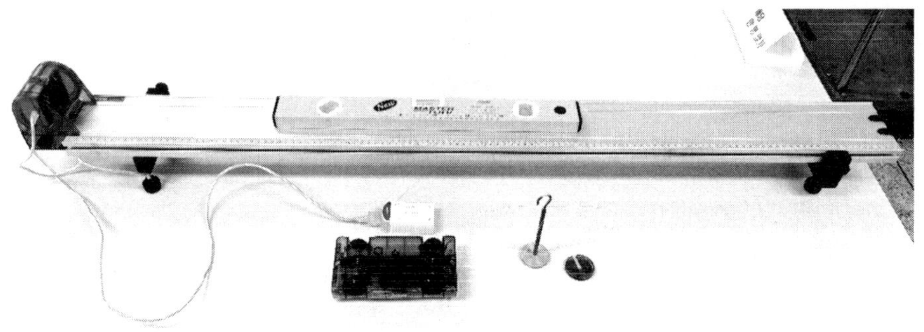

[그림 4.4.3] (a) 실험 장치 수평 조정

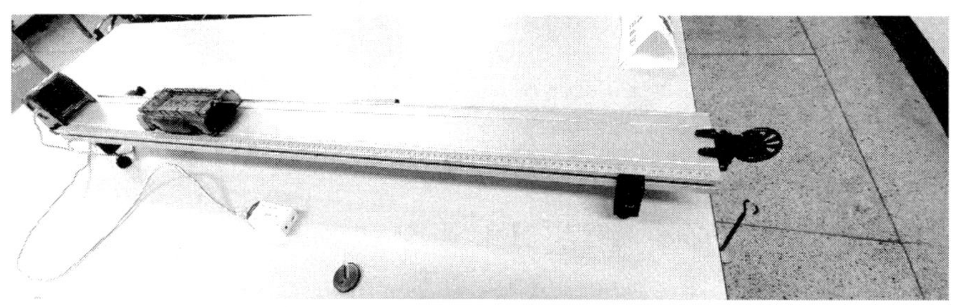

[그림 4.4.3] (b) 실험 준비

- 수레와 추의 질량을 측정한다.
- 트랙의 한쪽 끝에 위치 센서를 고정하고 센서가 수직이 되도록 조정한다.
- 추 걸이와 수레에 고정된 힘 센서를 추가 떨어지는 높이를 고려해서 줄로 묶는다.
- 수레와 추가 함께 잘 움직이고 움직임에 방해를 받는 것이 없는지 확인한다.
- SparkVue 프로그램을 실행시키고 힘 센서와 위치 센서를 프로그램과 연결한다.

- 측정주기를 100Hz로 설정한다.
- 프로그램으로 측정을 시작하고 수레를 움직여서 측정 범위에서 위치 데이터가 제대로 들어오는지 확인하고 문제가 있다면 조정한다. 힘 데이터도 확인한다.
- 문제가 없고 준비가 되었다면 50g 추를 사용하고 수레를 출발 위치에 움직이지 않도록 손으로 붙잡고 프로그램에서 측정을 시작한다.
- 처음 1~2초 정도 0점 데이터를 받고 수레를 놓아서 추가 수레를 당겨 수레가 운동하도록 한다.
- 수레를 놓을 때 어떤 다른 힘이나 영향을 받지 않도록 조심해서 놓아야 한다.
- 추가 바닥에 닿거나 수레가 측정 범위를 벗어나면 바로 수레를 손으로 잡고 측정을 멈춘다.
- 이 실험을 5번 반복하고 데이터를 이메일로 전송한다.
- 추를 100g으로 바꾸어서 같은 실험을 5번 반복한다.
- 데이터를 이메일로 전송한다.

5) 분석 및 결과

	A	B	C	D	E	F	G	H	I	J	K	L	M
1	시간(s)	위치(m)	속도(m/s)			시간(s)	위치(m)	속도(m/s)			시간(s)	위치(m)	속도(m/
2	0	0.127				0	0.123				0	0.124	
3	0.01	0.126	-0.025			0.01	0.123	0			0.01	0.124	-0.00
4	0.02	0.126	-0.054	-2.065		0.02	0.123	0	-0.005		0.02	0.124	-2.06E-0
5	0.03	0.125	-0.066	-0.378		0.03	0.123	-1.03E-04	0.183		0.03	0.124	0.00
6	0.04	0.124	-0.061	0.891		0.04	0.123	0.003	0.402		0.04	0.124	0.00
7	0.05	0.124	-0.041	1.391		0.05	0.123	0.008	1.155		0.05	0.124	0.01
8	0.06	0.124	-0.026	1.253		0.06	0.123	0.016	2.283		0.06	0.124	0.01
9	0.07	0.124	-0.018	0.952		0.07	0.124	0.056	2.633		0.07	0.124	0.0
10	0.08	0.123	-0.009	1.032		0.08	0.124	0.092	1.187		0.08	0.124	0.02
11	0.09	0.123	-7.20E-04	1.563		0.09	0.126	0.09	-1.296		0.09	0.125	0.02
12	0.1	0.123	0.019	1.979		0.1	0.126	0.053	-2.505		0.1	0.125	0.02
13	0.11	0.123	0.048	1.442		0.11	0.127	0.017	-1.951		0.11	0.125	0.02
14	0.12	0.124	0.061	-0.141		0.12	0.127	0.014	-0.836		0.12	0.125	0.02
15	0.13	0.125	0.044	-1.57		0.13	0.127	0.012	-0.17		0.13	0.126	0.0
16	0.14	0.125	0.015	-1.792		0.14	0.127	0.008	0.536		0.14	0.126	0.01
17	0.15	0.125	1.04E-04	-1.123		0.15	0.127	0.013	1.57		0.15	0.126	0.01
18	0.16	0.125	-0.003	-0.442		0.16	0.127	0.045	1.816		0.16	0.126	0.01
19	0.17	0.125	-0.006	-0.103		0.17	0.128	0.069	0.547		0.17	0.126	0.01

[그림 4.4.4] 50g 추를 사용한 실험에서 얻은 데이터

50g 추를 사용한 실험에서 얻은 데이터는 [그림 4.4.5]와 같다.

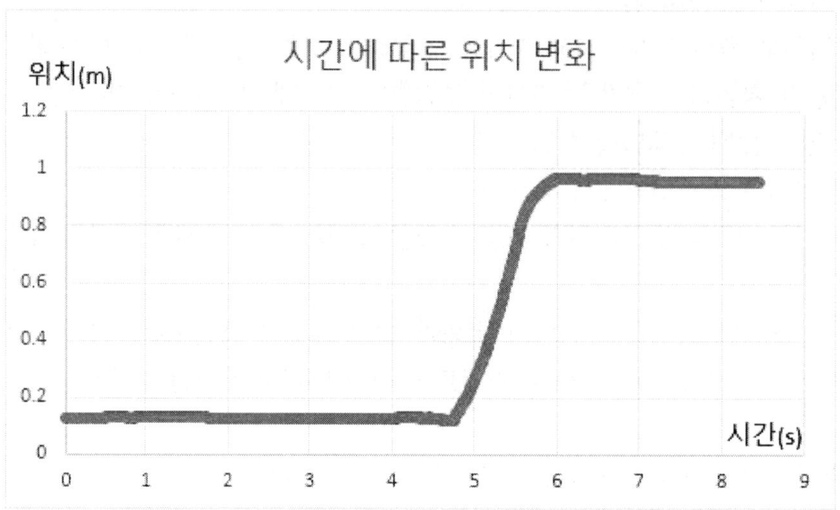

[그림 4.4.5] 시간에 따른 위치 변화 실험 그래프

이 데이터에서 시간에 따른 위치 변화를 그래프로 그려보면 [그림 4.4.5]와 같고 시간에 따른 속도의 변화는 [그림 4.4.6]과 같다.

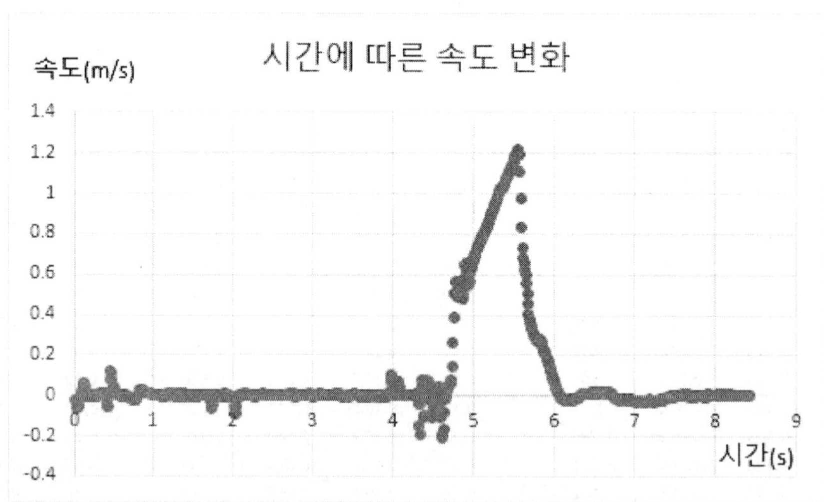

[그림 4.4.6] 시간에 따른 속도 변화 실험 그래프

[그림 4.4.5] 시간에 따른 위치 변화 그래프를 보면 이 운동은 등가속운동이므로 일정한 힘이 가해진 구간 5초에서 5.5초 사이를 보면 시간에 따른 위치 변화는 포물선 형태를 보인다.

[그림 4.4.6] 시간에 따른 속도의 변화 그래프에서 시간 구간이 대략 5초에서 5.5초 사이가 일정한 힘이 가해져서 등가속운동을 한 구간임을 알 수 있다. 이 구간 외의 데이터는 필요 없고 또한 추세선을 구하기 위해서는 사용 구간 데이터만을 이용해야 하므로 4.97초에서 5.5초까지의 데이터를 추출해서 만든 데이터는 [그림 4.4.7]에 있다.

	A	B	C	D
1	시간 (s)	위치 (m)	속도 (m/s)	
2	4.98	0.247	0.648	1.691
3	4.99	0.253	0.666	1.304
4	5	0.26	0.678	0.999
5	5.01	0.267	0.683	0.926
6	5.02	0.274	0.691	1.221
7	5.03	0.281	0.708	1.442
8	5.04	0.288	0.726	1.262
9	5.05	0.295	0.735	0.909
10	5.06	0.303	0.74	0.794
11	5.07	0.31	0.748	0.941
12	5.08	0.318	0.76	1.049
13	5.09	0.325	0.771	1.006
14	5.1	0.333	0.78	0.906
15	5.11	0.341	0.789	0.849

[그림 4.4.7] 실험에서 얻은 데이터

[그림 4.4.7] 데이터를 이용해서 시간에 따른 속도 그래프를 그리고 추세선을 구하면 [그림 4.4.8]과 같다.

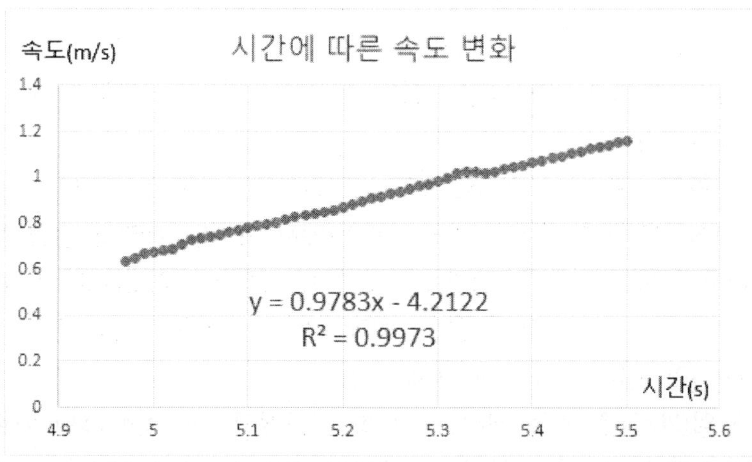

[그림 4.4.8] 시간에 따른 속도 변화 실험 그래프와 추세선 방정식

등속운동에서 시간에 따른 속도 그래프에서 기울기가 가속도가 되므로 추세선에서 구한 기울기가 수레의 가속도가 된다. 이렇게 실험으로 얻은 수레의 가속도는 0.978 m/s^2 이다.

식(3)에 수레의 질량 438g과 추의 질량 50g, 그리고 중력가속도 9.81m/s^2을 넣으면 계산으로 얻은 수레의 가속도는 1.004 m/s^2가 된다.

실험	1	2	3	4	5
m1(kg)	0.438				
m2(kg)	0.05				
추세선 a (m/s^2)	0.978				
계산값 a (m/s^2)	1.004				
a 차이 (m/s^2)	0.026				
a차이 (%)	2.6				

〈표 4.4.1〉 측정한 가속도와 식(3)으로 계산한 가속도

측정한 가속도와 식(3)으로 계산한 가속도, 그리고 그 차이를 〈표 4.4.1〉에 나타냈다. 수레의 가속도를 계산한 값과 측정값의 차이는 2.6%가 발생했다.

[그림 4.4.7]에 있는 등가속 구간 데이터를 이용해서 운동에너지와 일을 계산하자.

위치1에서 시간이 4.98초일 때 위치는 0.247m이고 속력은 0.661m/s이다. 위치2에서 시간은 5.48초이고, 위치는 0.699m, 속력은 1.150m/s이다.

두 위치에서 운동에너지를 식(1)으로 계산하면 각각 0.096J과 0.289J이 된다. 따라서 이 두 위치에서 운동에너지 차이는 0.194J이다.

이 구간에서 힘이 한 일을 계산하자. 힘이 한 일은 가해진 힘에 힘이 가해지는 동안 이동한 거리를 곱하면 된다.

이동 거리는 위치2 - 위치1로 0.669m - 0.247m = 0.452m가 된다.

힘은 질량에 가속도를 곱한 값으로 〈표 4.4.1〉에서 측정된 수레의 질량이 438g이므로 측정된 가속도에서 힘을 구하면 0.438kg x 0.978m/s^2 = 0.428N을 얻는다. 따라서 실험데이터의 등가속 구간에서 얻은 일은 힘에 이동 거리를 곱한 값으로 0.428N x 0.452m = 0.193J이 된다. (〈표 4.4.2〉에 측정)

〈표 4.4.2〉에 일(계산)은 일을 계산할 때 힘 계산에서 〈표 4.4.1〉의 가속도를 측정치가 아닌 계산치 1.004 m/s^2를 사용해서 계산한 것이다. 즉 0.438kg x 1.004m/s^2 =

0.440N이 된다. 따라서 일은 0.440N x 0.452m = 0.199J을 얻는다.

일-에너지 정리에 따라 이 차이가 그 이동 구간에서 힘이 해준 일과 같아야 한다. 그 구간에서 힘이 한 일은 0.193J이 되고, 0.001J 차이가 발생했다. 이 결과는 〈표 4.4.2〉에 있다.

실험	1	2	3	4	5
시간 t1 (s)	4.98				
시간 t2 (s)	5.48				
위치 s1(m)	0.247				
위치 s2(m)	0.699				
속도 v1 (m/s)	0.661				
속도 v2 (m/s)	1.150				
운동에너지 1 (J)	0.096				
운동에너지 2 (J)	0.289				
운동에너지 차이(J)	0.194				
이동거리(m)	0.452				
일(측정)(J)	0.193				
일(계산)(J)	0.199				
W 측정차이(%)	-0.16				
W 계산차이(%)	2.59				

〈표 4.4.2〉 운동에너지와 일 계산

6) 토의 및 결론

실험으로 측정한 자료를 이용한 일과 운동에너지 차이는 0.16%로 아주 잘 일치한다. 그러나 가속도를 이론으로 계산한 것을 이용하면 차이가 2.6% 정도로 가속도의 측정치와 계산치 차이 2.6%와 같다. 이것은 마찰과 저항 등 실제 실험에서 발생하는 에너지 손실에 해당한다고 볼 수 있다.

실험 결과로부터 일-에너지 정리가 잘 일치함을 실험을 통해서 확인했다.

결과보고서 작성 방법

(1) 제 목

(2) 목 적

(3) 결과 및 분석

■ 50g 추를 사용

시간에 따른 위치 변화 그래프([그림 4.4.5] 참조) 위에 그래프를 얻은 목적과 그래프의 의미를 설명한다. 그래프를 넣고 그래프 아래 또는 좌, 우 공간에 그래프에서 얻은 것을 기록한다.

시간에 따른 속도 변화 그래프([그림 4.4.6] 참조) 위에 그래프를 얻은 목적과 그래프의 의미를 설명한다. 그래프를 넣고 그래프 아래 또는 좌, 우 공간에 그래프에서 얻은 것을 기록하고 설명을 한다. (등가속운동 구간의 시간 t1과 t2)

시간에 따른 속도 변화 그래프에서 등가속운동 구간만을 잘라낸 그래프([그림 4.4.8] 참조)도 위에 이 그래프를 얻은 목적과 그래프의 의미를 설명한다. 추세선과 추세선 방정식을 구해서 그래프에 넣는다.

이 그래프에서 무엇을 얻었는지와 추세선 방정식에서 무엇을 얻었는지 설명한다.

5회 실험에 대해 위의 분석을 모두 작성한다. (그래프의 목적과 의미 그리고 자세한 설명은 첫 번째 실험 결과에만 넣고 나머지는 그래프에서 얻은 결과를 그래프 아래에 넣는다.

〈표 4.4.1〉과 〈표 4.4.2〉를 먼저 작성 목적을 기록하고 표를 넣고 표 아래에 5회 실험 중 하나는 계산을 어떻게 했는지 자세히 기록한다.

100g 추도 50g 추와 같은 방법으로 작성한다.

■ 결 론

목적과 결과를 보고 결론을 작성한다.

표와 그래프 작성과 설명에서 주의 사항

- 표와 그래프는 번호와 이름을 넣어야 한다.
- 그래프에는 두 축에 대한 물리량과 단위를 표시해야 한다.

➡ 그래프

- 그래프의 목적과 그래프 의미, 그리고 무엇을 얻을 수 있는지를 설명해야 한다.
- 그래프 아래에는 그래프에서 얻은 물리량을 단위와 함께 기록해야 한다.

➡ 표

- 표의 목적과 무엇을 이야기하려는지 설명해야 한다.
- 표 아래에 표 작성 방법을 설명하고, 계산했다면 필요한 수식도 설명한다. 실제 표에 계산된 것 하나는 단위를 포함해서 계산을 어떻게 했는지 기록한다.

5 1차원 충돌에서 운동량 보존

1) 개요 및 목적

물체의 운동상태를 알 수 있는 물리량으로 운동량이 있다. 운동량의 개념을 이해하고 운동량 보존법칙을 실험으로 확인한다.

2) 배경 이론

운동량은 물체의 운동상태를 나타내는 물리량이다. 운동량은 기호 P로 표기한다. 질량이 m인 물체가 속도 v로 운동을 한다면 이 물체가 갖는 운동량은 다음과 같이 정의한다.

$$P = mv$$

운동량의 단위는 kg m/s이다.

운동량에는 선형운동에 있는 선운동량과 회전운동에 존재하는 각운동량이 있는데 여기에서는 선운동량만을 다룬다.

(1) 힘과 운동량

물체의 운동상태는 운동량으로 표현되고, 물체의 운동 상태를 변화시키기 위해서는 힘이 필요하다. 따라서 운동량과 힘 사이의 관계를 살펴보면 다음과 같다.

$$F = ma, \quad a = \frac{v_2 - v_1}{\Delta t}$$

따라서 $F = ma = \frac{mv_2 - mv_1}{\Delta t} = \frac{P_2 - P_1}{\Delta t} = \frac{\Delta P}{\Delta t}$ 이다.

즉, 힘은 시간에 따른 운동량의 변화량이다.

이 식을 미분 형태로 다시 쓰면 $F = ma = m\frac{dv}{dt} = \frac{d}{dt}(mv) = \frac{dP}{dt}$, $F = \frac{dP}{dt}$ 이다.

이것은 운동량보존법칙을 나타내며 이 수식의 의미는 다음과 같다.

"만일 F = 0이면 P 는 일정하다."

즉, 외부에서 물체에 힘을 가하지 않으면 그 물체의 운동상태는 변하지 않는다.

(2) 충 돌

충돌에는 탄성충돌과 비탄성충돌 두 가지가 존재한다. 운동량은 두 경우 모두 보존되어 운동량보존법칙은 탄성충돌과 비탄성충돌 모두에서 성립한다. 그러나 에너지는 탄성충돌의 경우만 보존되어 탄성충돌의 경우 에너지 보존법칙이 성립하지만, 비탄성충돌의 경우에 에너지 보존법칙은 성립하지 않는다.

(3) 탄성충돌에서 운동량과 에너지

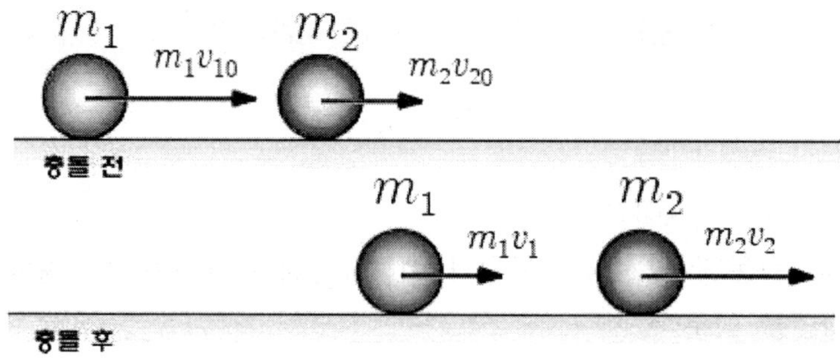

[그림 4.5.1] 일차원 충돌

충돌 전 두 물체의 속력을 각각 v_{10}, v_{20} 충돌 후 두 물체의 속력을 v_1, v_2라고, 정하자.

운동량 보존 $P = m_1v_{10} + m_2v_{20} = m_1v_1 + m_2v_2$

운동에너지 보존 $K = \frac{1}{2}m_1v_{10}^2 + \frac{1}{2}m_2v_{20}^2 = \frac{1}{2}m_1v_1^2 + \frac{1}{2}m_2v_2^2$

따라서 충돌 후 두 물체의 속력은 다음과 같다.

$$v_1 = \left(\frac{m_1 - m_2}{m_1 + m_2}\right)v_{10} + \left(\frac{2m_2}{m_1 + m_2}\right)v_{20}$$

$$v_2 = \left(\frac{2m_1}{m_1 + m_2}\right)v_{10} - \left(\frac{m_1 - m_2}{m_1 + m_2}\right)v_{20}$$

(4) 두 물체의 질량이 같은 경우

$m_1 = m_2 = m$

$v_1 = -\frac{0}{2}v_{10} = 0 \qquad v_2 = \frac{2}{2}v_{10} = v_{10}$

즉, 충돌 후 운동하던 물체는 정지하고 정지해 있던 물체는 운동하던 물체와 같은 속력으로 충돌 전 운동하던 물체가 운동하던 방향으로 운동한다.

충돌 전후의 운동량을 비교해 보면 $m_1v_{10} = m_1v_1 + m_2v_2 = m0 + m\frac{2}{2}v_{10} = mv_{10}$이다.

두 물체의 질량이 같고, 충돌 전후의 운동량이 같으므로 운동량 보존법칙이 성립한다.

(5) 앞의 물체(처음 운동을 시킨)가 정지해 있는 물체 질량의 ½인 경우

$m_1 = m, \qquad m_2 = 2m$

$v_1 = -\frac{1}{3}v_{10} \qquad v_2 = \frac{2}{3}v_{10}$

즉, 충돌 전 운동하던 물체는 그 속도의 1/3로 운동하던 방향과 반대 방향으로 튕겨 나오고 충돌 전 정지해 있던 물체는 운동하던 물체의 2/3 속력으로 충돌 전 운동하던 물체가 운동하던 방향으로 운동한다.

충돌 전후의 운동량을 비교해 보면 $m_1v_{10} = m_1v_1 + m_2v_2 = -m\frac{v_{10}}{3} + 2m\frac{2}{3}v_{10} = mv_{10}$ 이므로 운동량이 보존된다.

(6) 앞의 물체(처음 운동을 시킨)가 정지해 있는 물체 질량의 2배인 경우

$m_1 = 2m, \qquad m_2 = m$

$v_1 = \frac{1}{3}v_{10} \qquad v_2 = \frac{2}{3}v_{10}$

충돌 전 운동하던 물체는 충돌 후 운동하던 방향으로 처음 속도의 1/3의 속도로 진행하고 충돌 전 정지해 있던 물체는 충돌 후 운동하던 물체의 2/3 속력으로 충돌 전 운동하던 물체가 운동하던 방향으로 운동한다.

충돌 전후의 운동량을 비교해 보면 다음과 같다.

$$m_1 v_{10} = 2m w_{10} = m_1 v_1 + m_2 v_2 = 2m\frac{v_{10}}{3} + 2m\frac{2}{3}v_{10} = 2m w_{10}$$

따라서 운동량이 보존된다.

3) 실험 장치

충돌 실험용 트랙, 충돌 실험용 수레, SparkVue 위치 센서, SparkVue 프로그램

4) 실험방법

- 충돌 실험용 트랙의 수평을 맞춘다.
- 수레의 질량을 측정하고 수레 무게를 늘릴 나무토막을 끼우고 질량을 측정한다.

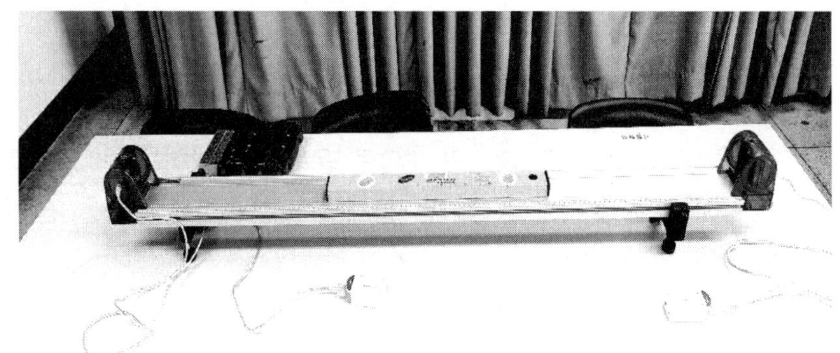

[그림 4.5.2] 충돌 트랙의 수평 조정

- 먼저 두 수레의 질량이 같은 경우에 실험하고 한번은 앞 수레에 나무토막을 끼워 앞 수레가 무겁게 해서 실험하고 마지막으로 앞 수레는 나무를 빼고 뒤 수레에 나무를 끼워서 뒤 수레를 무겁게 해서 실험을 한다.
- 위치 센서의 위치를 확인하고, 위치 센서가 정확하게 수직으로 정렬되었는지 확인한다. 만일 위치 센서가 정확하게 수직으로 놓이지 않으면 수레가 멀어지면 수레를 검출하지 못해서 데이터에 문제가 발생하므로 주의해야 한다.
- 두 수레의 좌석이 있는 쪽이 충돌하도록 방향을 잡아서 트랙 위에 놓는다.
- 위치 센서 AirLink 장치를 켜고 프로그램을 실행시켜 위치 센서 두 개를 모두 설정한다.
- 위치 센서 데이터 자릿수를 4자리까지(0.1mm) 설정한다.
- 샘플링 주기를 0.01초 즉 100Hz로 설정한다.

- 프로그램을 실행시키고 손으로 수레를 양쪽 끝까지 움직여서 수레의 위치를 제대로 읽는지 확인한다.
- 충돌 전에 정지상태에 있는 수레를 트랙의 중간 위치에 놓는다.
- 운동을 시킬 수레를 한쪽 끝에 위치시킨다.
- 측정을 시작하고 두 두레 위치 데이터를 모두 읽기 시작하면 1초 정도 자료를 수집 후 수레를 손으로 밀어서 충돌을 일으킨다. 수레를 밀 때 손으로 오래 붙들고 있으면 안 되고 트랙의 끝부분에서 살짝 손가락으로 수레를 밀어 운동시킨다.
- 충돌이 일어난 후 1~2초 정도 자료를 수집한 후에 프로그램을 정지시킨다.
- 이 실험을 5회 반복한다.
- 두 수레의 질량을 확인한다.
- 이 메일로 실험데이터를 전송한다.

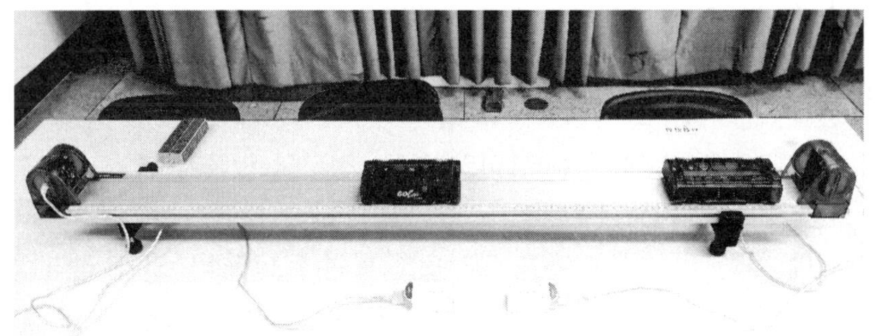

[그림 4.5.3] 질량이 같은 두 수레의 충돌

- 같은 실험을 [그림 4.5.4]의 오른쪽 수레에 나무토막을 올려서 질량을 늘려서 같은 실험을 5번 반복한다.

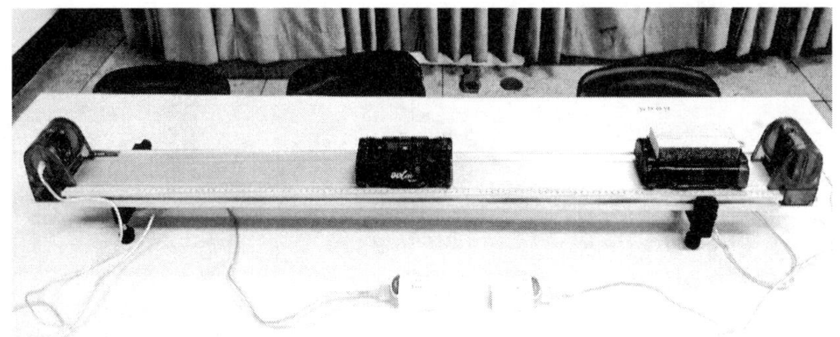

[그림 4.5.4] 질량이 다른 두 수레의 충돌

- [그림 4.5.5]와 같이 충돌 전 정지해 있는 수레의 질량을 늘려서 같은 실험을 5회 반복한다.

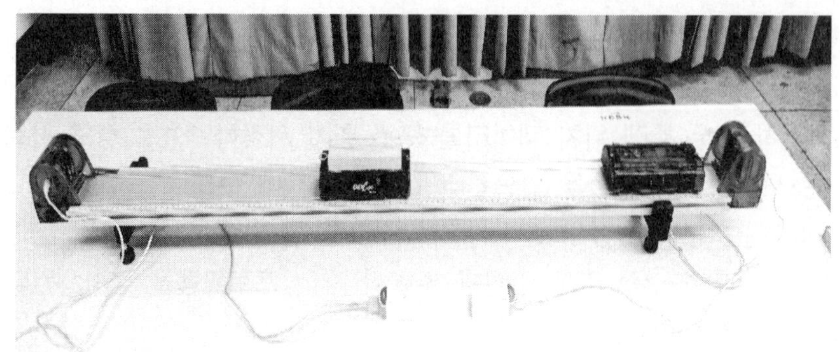

[그림 4.5.5] 질량이 다른 두 수레의 충돌

5) 데이터 분석 및 계산

(1) 질량이 같은 수레의 충돌

힘을 가해 운동을 시킨 수레를 수레1이라 하고, 정지해 있다가 충돌 후 운동상태가 변하는 수레를 수레2라고 하자.

수레1의 시간에 따른 위치와 속도의 그래프를 보면 [그림 4.5.6]과 같다. 그래프를 보면 힘을 가한 구간은 대략 1.85초에서 1.98초 사이이고 2.3초 근처에서 충돌이 일어났다.

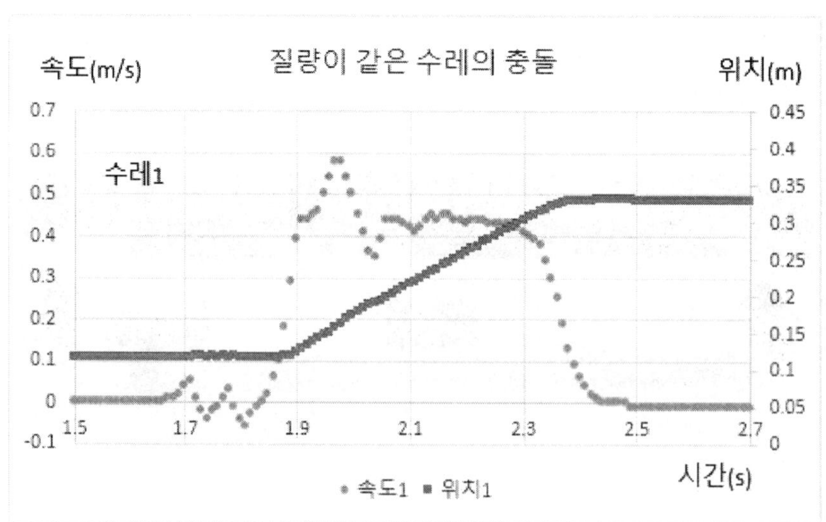

[그림 4.5.6] 수레1 시간에 따른 위치와 속도

위치는 힘을 가하기 전은 정지상태로 변화가 없다가 운동이 일어난 위치가 향상하다가 충돌 후 위치가 고정되었다. 시간에 따른 속도의 그래프를 보면 수레를 손으로 밀었기 때문에 힘을 가한 부분에 잡신호가 있다. 수레가 등속운동 상태로 충돌하므로 충돌 전 속도를 구하기 위해서 등속운동 구간인 시간이 2.14초에서 2.26초 사이의 속도 값의 평균을 구해서 수레1의 충돌 전 속도를 얻는다. 이렇게 얻은 수레1의 충돌 전 속도는 0.44m/s이다. 또한 충돌 후 수레1의 속도는 0m/s임을 알 수 있다.

수레2의 시간에 따른 위치와 속도의 그래프는 [그림 4.5.7]과 같다. 수레2의 위치는 충돌 전에는 정지상태이므로 변화가 없다가 충돌 후 위치가 변한다. 속도 또한 충돌 전에는 0m/s에서 충돌 후 속도를 갖는다. 충돌 후 속도 데이터를 보면 충돌 때문에 갑자기 어떤 속도를 갖게 되고 마찰 등 영향으로 조금씩 속도가 감소한다. 그리고 마지막에 속도가 0이 되는 부분에 심한 잡신호는 손으로 수레 2를 잡아서 정지시켰기 때문이다. 따라서 수레2의 충돌 후 속력은 데이터 테이블에서 2.5초 근처에서 최대값을 찾으면 된다.

충돌 후 수레2의 속도는 0.42m/s이다. 수레2의 속도는 -로 관측되는데 위치와 속도는 위치 센서와 수레가 멀어지면 +이고, 가까워지면 -값을 지닌다. 따라서 수레 1의 위치 센서는 왼쪽에 있어서 왼쪽에서 오른쪽으로 수레1이 운동할 때 수레1이 위치 센서와 멀어지므로 +값을 지니고 수레2의 위치 센서는 오른쪽에 있어서 수레2가 왼쪽에서 오른쪽으로 움직일 때 수레2가 위치 센서와 가까워지므로 -값을 지닌다. 따라서 수레2의 속도가 -일 때 수레1의 처음 진행 방향과 같으므로 측정된 수레2의 부호는 바뀌어야 한다.

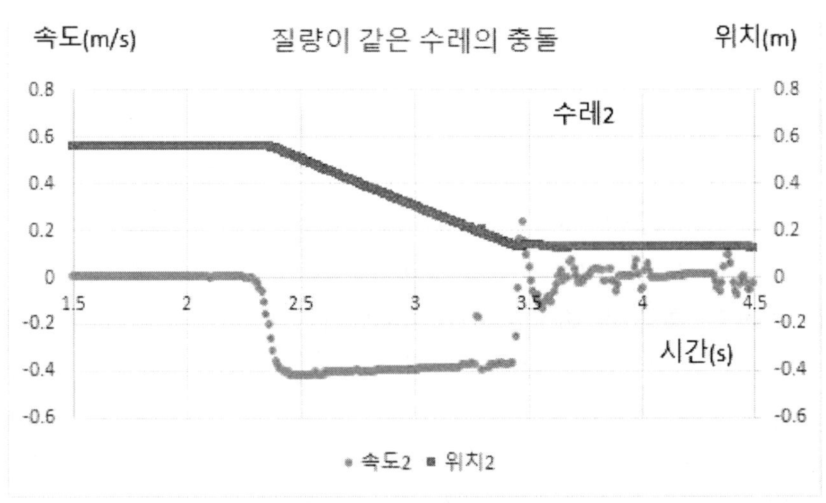

[그림 4.5.7] 수레2 시간에 따른 위치와 속도

(2) 수레2의 질량이 수레1의 질량보다 무거운 경우

수레1의 시간에 따른 위치와 속도의 그래프를 보면 [그림 4.5.8]과 같다.

수레에 힘을 가한 시간 구간은 대략 1초에서 1.1초 사이이고 충돌은 1.5초 근처에서 일어났다. 위치는 정지상태에서 수레1에 힘을 가한 시간부터 증가하다가 충돌 후 아주 천천히 감소한다. 위치가 감소하는 것은 충돌 후 수레가 튕겨 나온 것으로 수레 진행 방향이 바뀐 것이다. 수레1의 충돌 전 속도는 0.55m/s이고 충돌 후 속도가 -0.11 m/s임을 알 수 있다. 여기서 속도가 - 값을 지닌 것은 충돌 후 수레1의 운동 방향이 바뀌어서 진행 방향과 반대 방향으로 밀려난 것이다.

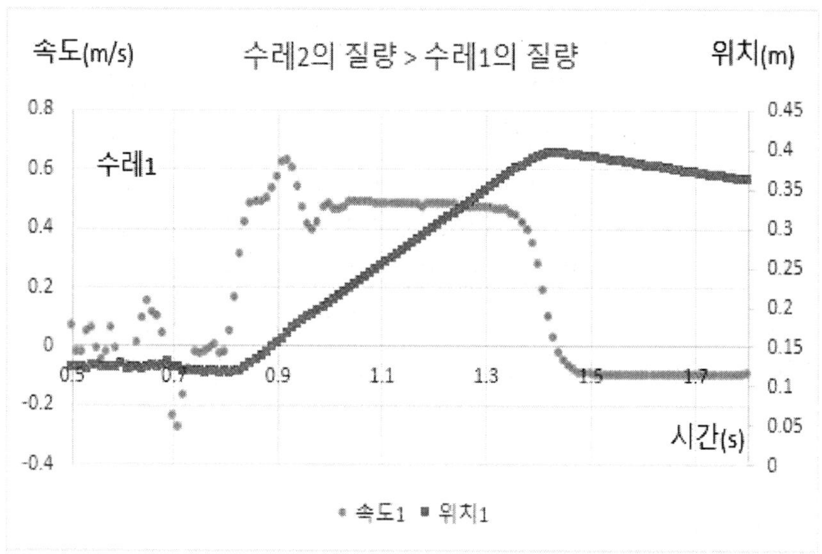

[그림 4.5.8] 수레1 시간에 따른 위치와 속도

수레2의 시간에 따른 위치와 속도의 그래프는 [그림 4.5.9]와 같다.

충돌 후 수레2의 속도는 시간이 1.8초 근처에서 최대값을 찾으면 된다. 수레2의 충돌 전 속도는 0m/s이고, 충돌 후 속도는 -0.42m/s이다. 여기서 -는 수레2의 경우 왼쪽에서 오른쪽으로 진행하는 방향이 -이므로 -는 버려야 계산이 된다.

수레1의 시간에 따른 위치와 속도의 그래프를 그림 4.5.10에 보였다. 그래프를 보면 수레1에 힘을 가한 시간 구간은 약 1.1초에서 1.2초 구간이고 충돌은 1.7초 근처에서 일어났다. 수레1의 충돌 전 속도는 시간 구간 1.4초에서 1.6초 사이의 속도 평균값으로 0.43m/s이다.

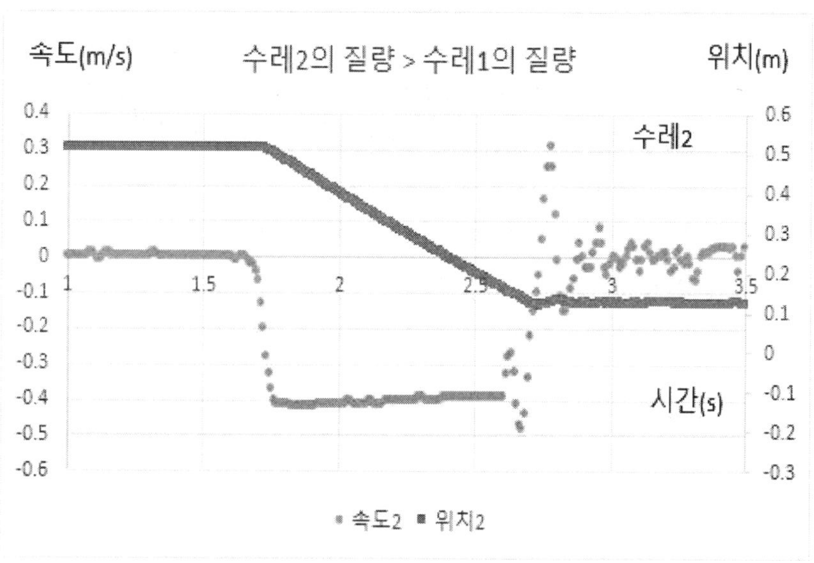

[그림 4.5.9] 수레2 시간에 따른 위치와 속도

(3) 수레2의 질량이 수레1의 질량보다 가벼운 경우

[그림 4.5.10]에서 수레 1의 충돌 후 위치 그래프는 아주 천천히 거리가 증가한다. 이것은 수레1이 충돌 후에도 진행하던 방향으로 천천히 이동하는 것을 알 수 있다.

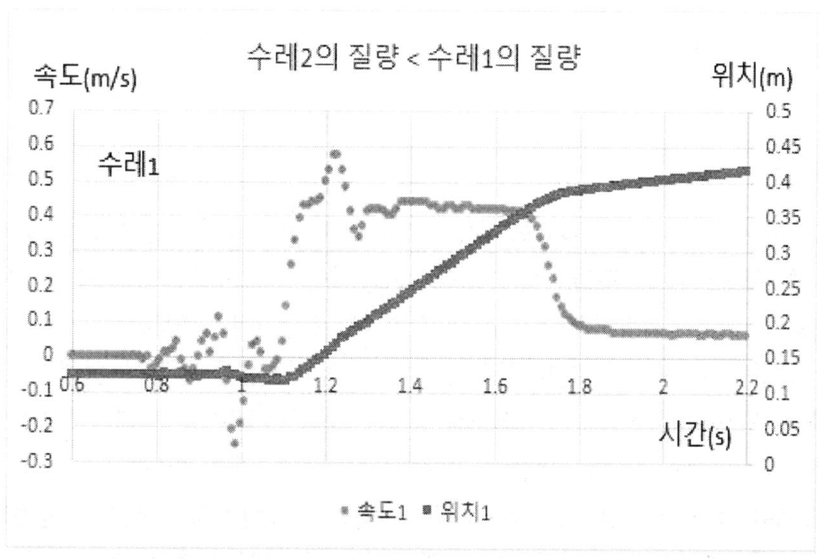

[그림 4.5.10] 수레1 시간에 따른 위치와 속도

충돌 후 수레1의 속도는 천천히 감소하므로 충돌 후 수레의 속력은 시간 구간 1.8초 근처에서 속도가 어느 정도 일정한 값을 갖는 최대값으로 0.08m/s이다.

수레2의 시간에 따른 위치와 속도의 그래프는 [그림 4.5.11]과 같다.

충돌 후 수레2의 속도는 2초 근처에서 최대값으로 -0.49m/s가 된다. 여기서 수레2는 위치가 속도가 -인 경우 왼쪽에서 오른쪽으로 이동하는 것이므로 계산을 위해서 -를 버린다. 2.7초 근처에서 속도가 0이 되며 잡신호가 생긴 것은 수레를 정지시키기 위해 수레를 손으로 잡아서 발생한 것이다.

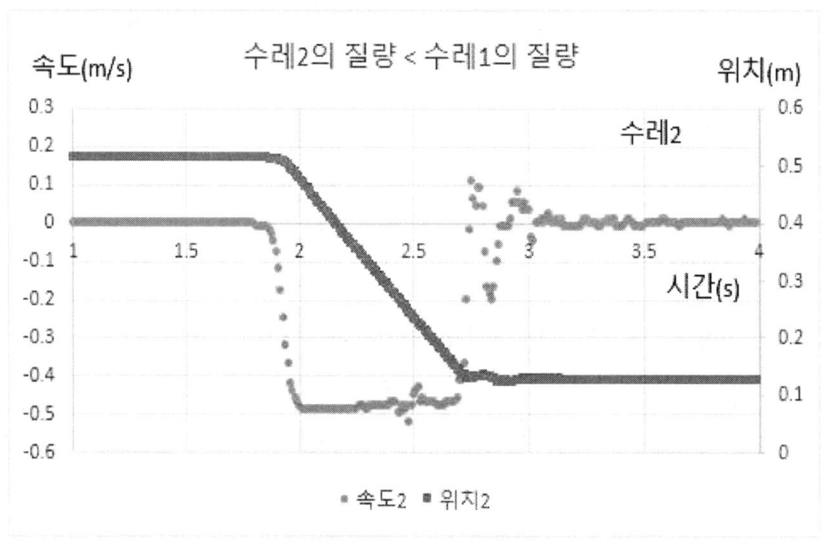

[그림 4.5.11] 수레2 시간에 따른 위치와 속도

6) 결 과

두 수레의 모두 질량이 232g으로 같은 경우 수레1의 충돌 전 속도를 v10, 충돌 후 속도를 v11로 수레2의 의 충돌 전 속도를 v20, 충돌 후 속도를 v21로 하여 충돌 전후 각각의 총운동량과 총운동량 차이를 〈표 4.5.1〉에 계산하여 넣었다.

〈표 4.5.1〉에는 첫 번째 실험한 결과만 넣었는데 여러분들은 5번 실험한 결과를 모두 계산하여 표를 완성해야 한다. 일반적으로 반복 실험의 경우 각 실험 결과를 평균 내어 최종 결과를 얻는데 이 경우는 평균을 각각 실험의 평균을 구하면 안 된다. 각 실험의 경우 손으로 수레를 밀기 때문에 수레의 미는 속도가 실험마다 달라서 운동량 값이 다르므로 각각 결과를 보고해야 합니다. 첫 번째 실험한 결과에서 충돌 전후의 운동량 차이가 약 4% 발생했다.

실험번호	1	2	3	4	5
수레1질량 m1 (kg)	0.232				
수레2질량 m2 (kg)	0.232				
v10(m/s)	0.44				
v11(m/s)	0				
v20(m/s)	0				
v21(m/s)	0.42				
충돌전 운동량 (kgm/s)	0.1019				
충돌후 운동량 (kgm/s)	0.0974				
충돌 전 후 차이 (kgm/s)	0.0045				
차이%	4.38				

[표 4.5.1] 질량이 같은 두 수레의 운동량

수레1의 질량이 232g, 수레2의 질량이 356g일 때 충돌 전후의 실험 결과와 운동량을 〈표 4.5.2〉에 넣었다. 여러분은 5회 실험에 대해 모든 결과를 넣어 〈표 4.5.2〉를 완성해야 한다.

실험번호	1	계산 1	2	계산 2	3
수레1질량 m1 (kg)	0.232	0.232			
수레2질량 m2 (kg)	0.356	0.356			
v10(m/s)	0.55	0.55			
v11(m/s)	-0.11	-0.12			
v20(m/s)	0.00	0.00			
v21(m/s)	0.42	0.43			
충돌전 운동량 (kgm/s)	0.1269	0.1269			
충돌후 운동량 (kgm/s)	0.1240	0.1269			
충돌 전 후 차이 (kgm/s)	0.0029	0.0000			
차이%	2.29	0.00			

[표 4.5.2] 수레2 질량이 수레1보다 큰 경우의 운동량

충돌 후 수레1의 속력이 -0.11m/s로 수레2의 질량이 수레1보다 큰 경우 충돌 후 수레1이 진행하던 방향과 반대 방향으로 튕겨 나왔다.

수레1의 질량이 356g, 수레2의 질량이 232g일 때 충돌 전후의 실험 결과와 운동량을 <표 4.5.3>에 기록했다. 앞에 수행한 두 실험과 마찬가지로 5회 실험에 대해 모든 결과를 넣어 <표 4.5.3>을 완성해야 한다.

실험번호	1	계산 1	2	계산 2	3
수레1질량 m1 (kg)	0.356	0.356			
수레2질량 m2 (kg)	0.232	0.232			
v10(m/s)	0.42	0.42			
v11(m/s)	0.08	0.09			
v20(m/s)	0.00	0.00			
v21(m/s)	0.49	0.51			
충돌전 운동량 (kgm/s)	0.150	0.150			
충돌후 운동량 (kgm/s)	0.142	0.150			
충돌 전 후 차이 (kgm/s)	0.007	0.000			
차이%	4.92	0.00			

[표 4.5.3] 수레1 질량이 수레2보다 큰 경우의 운동량

7) 분석 및 토의

두 수레의 질량이 같은 경우는 충돌 후 수레1은 정지하고 수레2는 수레1이 지니고 있던 속도로 운동해야 하는데 충돌 전 수레1의 속력은 0.44m/s이나 충돌 후 수레2의 속력은 0.42m/s로 0.02m/s만큼 차이가 생겼다. 즉, 충돌 후 속력은 이론값과 4.7% 정도의 차이가 발생했다.

수레2의 질량이 수레1의 질량보다 큰 경우 충돌 후 수레의 속력 v_{11}과 v_{21}을 계산하면 다음과 같다.

$$v_{11} = \left(\frac{m_1 - m_2}{m_1 + m_2}\right)v_{10} + \left(\frac{2m_2}{m_1 + m_2}\right)v_{20}$$

에서 $v_{20}=0$ 이므로

$$v_{11}=\left(\frac{m_1-m_2}{m_1+m_2}\right)v_{10}=\left(\frac{0.232kg-0.356kg}{0.232kg+0.356kg}\right)0.55\left(\frac{m}{s}\right)=-0.12m/s$$

$$v_{21}=\left(\frac{2m_1}{m_1+m_2}\right)v_{10}-\left(\frac{m_1-m_2}{m_1+m_2}\right)v_{20}$$

에서 $v_{20}=0$ 이므로

$$v_{21}=\left(\frac{2m_1}{m_1+m_2}\right)v_{10}=\left(\frac{0.464kg}{0.232kg+0.356kg}\right)0.55\left(\frac{m}{s}\right)=0.43m/s$$

충돌 전 수레1의 속력을 기준으로 충돌 후 수레1의 속력을 계산하면 -0.11535m/s로 실험값 -0.11m/s와 4.8% 정도 차이가 나고, 수레2의 속력은 0.4316m/s로 실험값 0.42m/s와 2.8% 차이가 난다.

같은 방법으로 수레1의 질량이 수레2보다 큰 경우 두 수레의 충돌 후 속력을 계산하면 다음과 같다.

$$v_{11}=\left(\frac{m_1-m_2}{m_1+m_2}\right)v_{10}=\left(\frac{0.356kg-0.232kg}{0.356kg+0.232kg}\right)0.42\left(\frac{m}{s}\right)=0.09m/s$$

$$v_{21}=\left(\frac{2m_1}{m_1+m_2}\right)v_{10}=\left(\frac{0.712kg}{0.356kg+0.232kg}\right)0.42\left(\frac{m}{s}\right)=0.5169m/s$$

충돌 전 수레1의 속력을 기준으로 충돌 후 수레1의 속력을 계산하면 0.088m/s로 실험값 0.08m/s와 9.7% 정도 차이가 나고, 수레2의 속력은 0.5085m/s로 실험값 0.49 m/s와 3.8% 차이가 난다.

8) 결 론

1차원 충돌에서 오차범위 내에서 충돌 전후 운동량이 보존됨을 확인했다.

두 수레의 질량이 같은 경우 충돌 전후의 운동량이 4.4% 정도 차이를 보였고, 수레2의 질량이 수레1보다 큰 경우 2.3% 정도 차이가 났으며 수레1의 질량이 수레2보다 큰 경우 4.9% 정도 차이를 보였다.

두 수레의 질량이 다른 경우 충돌 후 수레1의 속도 측정보다 충돌 후 수레2의 속도 측정에서 오차가 더 크게 발생했다.

결과보고서 작성 방법

(1) 제 목

(2) 목 적

(3) 결과 및 분석

■ 수레의 질량이 같은 경우

그래프를 넣기 전에 그래프의 목적과 그래프 의미, 그리고 무엇을 얻을 수 있는지를 설명해야 한다.

수레 1에 대한 시간에 따른 위치와 속도 그래프([그림 4.5.6] 참조)를 그리고 그래프 아래 또는 오른쪽 여백에 충돌 전후의 속도와 속도를 읽은 시간을 같이 기록한다.

수레 2에 대한 시간에 따른 위치와 속도 그래프([그림 4.5.7] 참조)를 그리고 그래프 아래 또는 오른쪽 여백에 충돌 전후의 속도와 속도를 읽은 시간을 같이 기록한다.

5회 실험에 대해서 수레 1과 2에 대한 분석용 그래프를 모두 작성한다.

표 앞에 표의 목적과 무엇을 이야기하려는지 설명해야 한다.

〈표 4.5.1〉을 기록하고 계산한다.

표 아래에 표 작성 방법을 설명하고 5회 실험 중 하나는 계산을 어떻게 했는지 자세히 기록한다.

■ 수레 2의 질량 > 수레 1의 질량

수레의 질량이 같은 경우와 같은 방법으로 [그림 4.5.8]과 [그림 4.5.9]를 참조해서 작성한다.

〈표 4.5.2〉를 기록하고 계산하며 표 아래에 5회 실험 중 하나는 계산을 어떻게 했는지 자세히 기록한다.

■ 수레 2의 질량 < 수레 1의 질량

수레의 질량이 같은 경우와 같은 방법으로 [그림 4.5.10]과 [그림 4.5.11]을 참조해서 작성한다.

〈표 4.5.3〉을 기록하고 계산하며 표 아래에 5회 실험 중 하나는 계산을 어떻게 했는지 자세히 기록한다.

■ 결 론

목적과 결과를 보고 결론을 작성한다.

표와 그래프 작성과 설명에서 주의 사항

- 표와 그래프는 번호와 이름을 넣어야 한다.
- 그래프에는 두 축에 대한 물리량과 단위를 표시해야 한다.

➡ 그래프

- 그래프의 목적과 그래프 의미, 그리고 무엇을 얻을 수 있는지를 설명해야 한다.
- 그래프 아래에는 그래프에서 얻은 물리량을 단위와 함께 기록해야 한다.

➡ 표

- 표의 목적과 무엇을 이야기하려는지 설명해야 한다.
- 표 아래에 표 작성 방법을 설명하고, 계산했다면 필요한 수식도 설명한다. 실제 표에 계산된 것 하나는 단위를 포함해서 계산을 어떻게 했는지 기록한다.

6 뉴턴의 냉각법칙

1) 개요 및 목적

온도는 물질이 가진 평균 운동에너지다. 온도가 높은 것은 물질의 평균 운동에너지가 큰 것이다. 온도는 높은 곳에서 낮은 곳으로 이동하며 열평형을 이루면, 즉 온도가 같아지면 더는 에너지 이동은 없다. 이때 이동하는 에너지가 '열'이다.

뉴턴의 냉각법칙은 냉각 속도 또는 냉각률에 관한 법칙이다. 이 실험에서는 냉각 속도에 영향을 주는 요소들을 알아보고 냉각률을 나타내는 비례상수를 측정한다. 그리고 구한 냉각률을 비교해서 물질에 따른 냉각률의 차이를 비교하고 그 의미를 알아본다.

2) 배경 이론

(1) 온도와 열

물질이 가진 내부에너지 중 평균 운동에너지가 물체 온도다.

물체가 지니는 내부에너지는 크게 분자의 운동에너지와 분자 상호 간의 내부 힘에 의한 위치에너지로 구분되면 분자의 운동에너지는 분자들의 진동, 병진, 회전운동에 의한 에너지로 이루어진다.

이상 기체의 경우 부피가 일정할 때 온도와 압력은 비례하며 압력이 일정할 경우 온도와 부피도 비례한다. 또한 온도가 일정할 경우는 부피와 압력은 반비례한다. 이것을 식으로 표현하면 다음과 같다.

$$pV = nRT \qquad \text{(이상 기체 상태 방정식)}$$

$$\frac{pV}{T} = \text{일정}$$

온도에는 SI 기본단위로 쓰이는 절대온도와 우리가 일반적으로 사용하는 섭씨온도 그리고 미국이나 유럽에서 사용하는 화씨온도가 있다.

온도의 기준은 물의 삼중점의 온도를 273.16K(절대온도)로 정의한다. 물의 삼중점이란 물의 세 가지 상태, 즉 기체(수증기), 액체(물), 고체(얼음)가 함께 공존하는 온도와 압력으로 물 뿐 아니라 모든 물질마다 고유한 값을 지닌다.

(2) 섭씨온도와 화씨온도

섭씨온도는 물의 어는점의 온도를 0℃로 어는 점을 기준으로 끓는점 온도를 100℃로 정했다. 물의 어는점에서 끓는점까지 100등분을 해서 1도 간격을 정한 것이 섭씨온도이고, 화씨온도는 물의 어는점을 32℉로 놓고 끓는 점을 212℉로 정하고 1도 간격을 어는 점에서 끓는 점까지 180등분을 해서 정한 온도다.

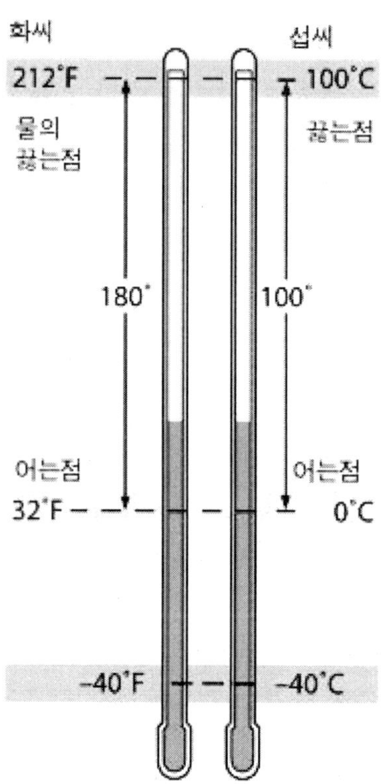

[그림 4.6.1] 섭씨온도와 화씨온도

섭씨온도와 화씨온도 사이의 관계는 x 축을 섭씨온도 y 축을 화씨온도로 놓고 물의 어는점과 끓는 점 두 점을 표시하고 그 두 점을 지나는 직선을 놓으면 [그림 4.6.2]과 같다. 이 직선의 방정식을 구하면 섭씨온도와 화씨온도 사이의 관계를 식으로 쓸 수 있다. 그림에서 기울기는 9/5이고 섭씨 0도가 화씨 32도이므로 섭씨와 화씨온도 사이의 관계는 다음과 같다.

$$F = \frac{9}{5}C + 32 \qquad C = \frac{5}{9}(F - 32)$$

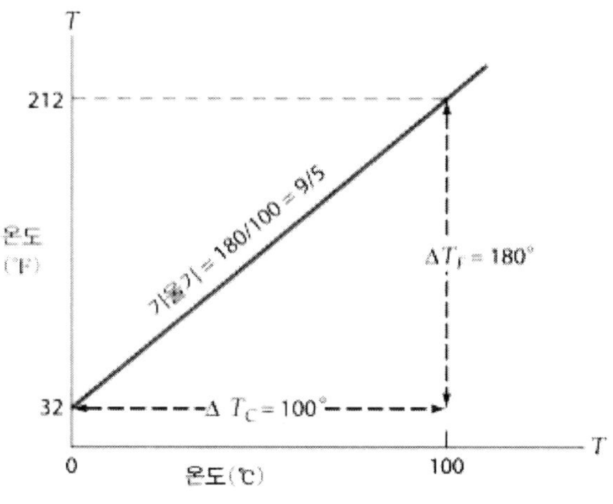

[그림 4.6.2] 섭씨온도와 화씨온도

여기에 절대온도도 같이 비교하면 [그림 4.6.3]과 같다. 섭씨온도와 절대온도는 1도 간격이 같고 물의 어는점이 섭씨온도는 0도이고, 절대온도는 273.15도이므로 둘 사이의 관계는 다음과 같다.

섭씨온도 = 절대온도 – 273.15　　　절대온도 = 섭씨온도 + 273.15

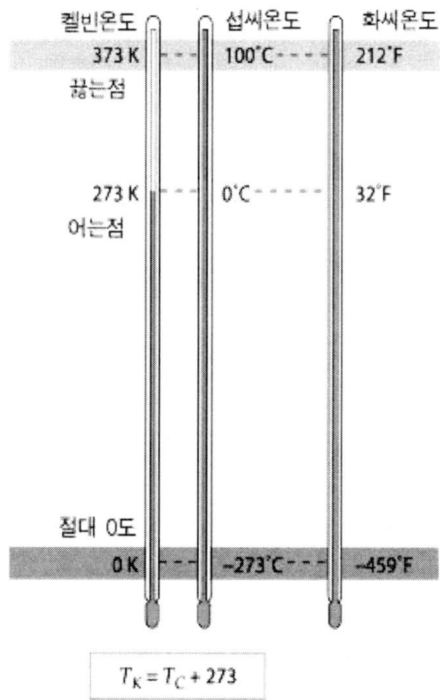

[그림 4.6.3] 섭씨온도와 화씨온도 그리고 절대온도

(3) 열역학 제0 법칙

열역학 제0 법칙은 그림 4.6.5에서 같이 A, B 두 물체가 서로 열적 평형상태에 있고 동시에 A, C 두 물체가 서로 열적 평형상태에 있다면 B, C 두 물체는 서로 열적 평형상태에 있다는 것이다.

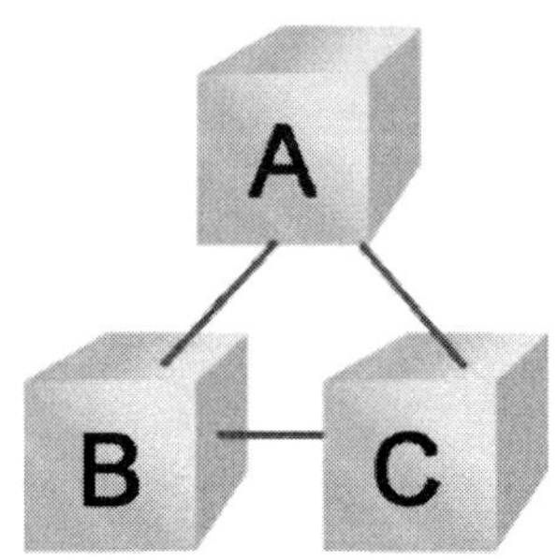

[그림 4.6.4] 열역학 제0법칙

(4) 열역학 제1 법칙

열역학 제1 법칙은 좀 더 일반화된 에너지 보존법칙으로 어떤 계의 내부에너지 변화량은 공급된 에너지에서 외부에 한 일의 양을 뺀 것과 같다.

$$\Delta U = Q - \Delta W$$

내부에너지 변화량 = 공급된 에너지 - 한 일

(5) 열역학 제2 법칙

열역학 제2 법칙은 표현 방법이 다른 몇 가지가 있다.

① 열은 고온에서 저온으로 흐르고 자발적으로 즉 외부의 에너지 공급 없이 저온에서 고온으로는 흐를 수 없다.
② 열효율이 100%인 기관은 만들 수 없다. 즉, 2종 영구기관은 불가능하다.
③ 자연계의 모든 변화는 엔트로피가 증가하는 방향으로 진행된다.

(6) 뉴턴의 냉각법칙

뉴턴의 냉각법칙은 열역학 제2 법칙을 따른 것으로 냉각 속도는 냉각되는 물체 온도와 주변 온도 차에 비례한다는 것이다.

이 관계를 식으로 표현하면 다음과 같다.

$$\frac{dT}{dt} = -k(T - T_s)$$

이 식에서 dT/dt 는 시간에 따른 온도 변화율, 즉 냉각률이고 k 는 냉각 상수로 물질마다 지니는 고윳값이다. T 는 물체의 온도 T_s 는 주변 온도이다. 물질의 냉각률을 알기 위해 이 미분 방정식을 온도에 대해 풀어보자.

먼저 온도 T 와 시간 t 를 변수 분리하면 $\frac{dT}{T - Ts} = -kdt$, 각각 미분변수로 적분을 하면

$\int \frac{dT}{T - T_s} = \int -kdt$, $\int \frac{dx}{x} = \ln|x| + C$ 이다.

정리하고 적분하면 $\ln|T - Ts| = -kt + C$, 로그를 벗겨내고 상수 e^c 를 r_o 라 하면

$T - T_s = e^c e^{-kt} = r_0 e^{-kt}$ $\qquad T - T_s = r$

$$r = r_0 e^{-kt}$$

여기서 r 은 물체와 주변의 온도 차로 상대 온도를 나타내며 r_o 는 냉각이 일어나가 전 상대 온도이다. 또한 k 는 냉각 상수이고, t 는 냉각이 시작된 후 경과된 시간이다. (상대 온도이다.)

이 식을 그래프로 나타내면 [그림 4.6.5]과 같다.

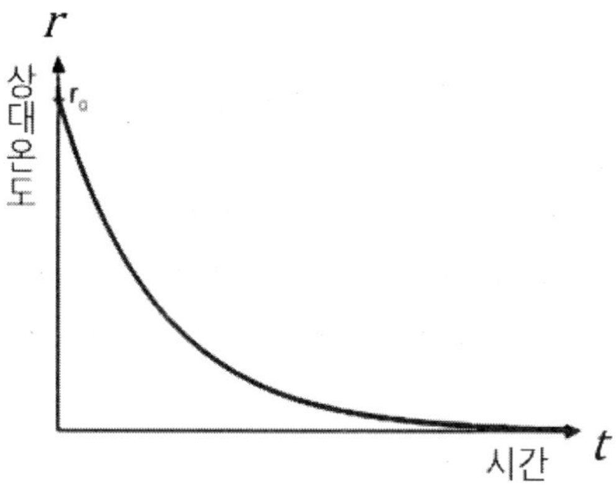

[그림 4.6.5] 냉각 곡선

k는 냉각률로 수식에서 시간 항에 곱해지는 상수다. 그래프에서 k값에 따라 상대온도가 0에 접근하는 속도가 달라진다. k가 클수록 상대온도가 0에 근접하는 속도가 빠르다. 즉 k가 크면 냉각 속도가 빠르고 작으면 냉각 속도가 느리다.

3) 실험 장치

SparkVue 온도계 2개, 단열용 스티로폼 용기, 시험관 2개, 고운 모래, 물, 커피포트

4) 실험 방법

(1) 모래의 냉각률 측정

- 시험관 하나에 SparkVue 온도계를 넣고 모래를 80%쯤 채운다.
- SparkVue 프로그램을 실행시키고 온도계를 프로그램과 연결한다. 측정 주기를 1Hz(1초에 1회 측정)로 하고 측정을 시작한다.
- 단열 용기에 끓는 물을 70%쯤 넣고 실온 측정이 10회 이상 되었으면 뜨거운 물을 넣은 단열 용기에 온도를 측정 중인 모래 시험관을 넣는다.
- 모래 온도가 뜨거운 물에 의해 올라가다가 온도가 더 오르지 않으면 모래 시험관을 빈 다른 단열 용기에 넣는다.
- 모래 온도가 실온보다 5도 정도 높을 때까지 온도측정을 하고 SparkVue 프로그램에서 측정을 멈춘다.
- 측정이 끝나면 데이터를 이메일로 전송한다.

(2) 물의 냉각률 측정

- 빈 시험관을 준비하고 SparkVue 프로그램을 실행하여 온도계를 연결한다. 측정주기를 1Hz(1초에 1회 측정)로 하고 측정을 시작한다.
- 시험관에 끓는 물을 70% 정도 넣고 빈 단열 용기에 뜨거운 물이 든 시험관을 넣는다.
- 실온 측정이 10회 이상 되었으면 온도계를 뜨거운 물이 담긴 시험관에 넣는다.
- 물의 온도가 실온보다 5도 정도 높을 때까지 온도 측정을 하고, SparkVue 프로그램에서 측정을 멈춘다.
- 측정이 끝나면 데이터를 이메일로 전송한다.

5) 실험 결과 및 분석

(1) 모래 - 냉각곡선 추세선으로 냉각 상수 구하기

실험에서 얻은 데이터를 엑셀로 열면 〈표 4.6.1〉과 같다. 행 이름은 시간과 온도로 넣고 실내 온도도 여기에 같이 기록한다.

〈표 4.6.1〉 데이터로 [그림 4.6.6]과 같이 시간에 따른 온도 그래프를 그려라.

	A	B	C
1	시간	온도	실온 25.3
2	0	25.3	
3	5	25.3	
4	10	25.3	
5	15	25.3	
6	20	25.3	
7	25	25.3	
8	30	25.5	
9	35	26.6	
0	40	28.9	
1	45	31.9	
2	50	35.3	
3	55	38.9	
4	60	42.5	
5	65	46	
6	70	49.3	
7	75	52.4	
8	80	55.3	
9	85	58	
0	90	60.6	

〈표 4.6.1〉 시간에 따른 온도 그래프

모래 온도가 최고점에서 내려가기 시작한 지점에서 약 10도 정도 낮은 위치에서 실온까지 데이터를 복사해서 [그림 4.6.8]과 같이 M, N생에 넣는다. O열의 시간을 새로 넣는데 복사를 한 데이터 시작 부분을 0초로 설정해서 시간을 표시한다. 이 경우는 300초 위치가 0초이므로 M 열에서 300초를 빼서 O열에 표시하면 된다. P열은 상대온도로 N열 온도에서 실온을 뺀 온도를 기록한다.

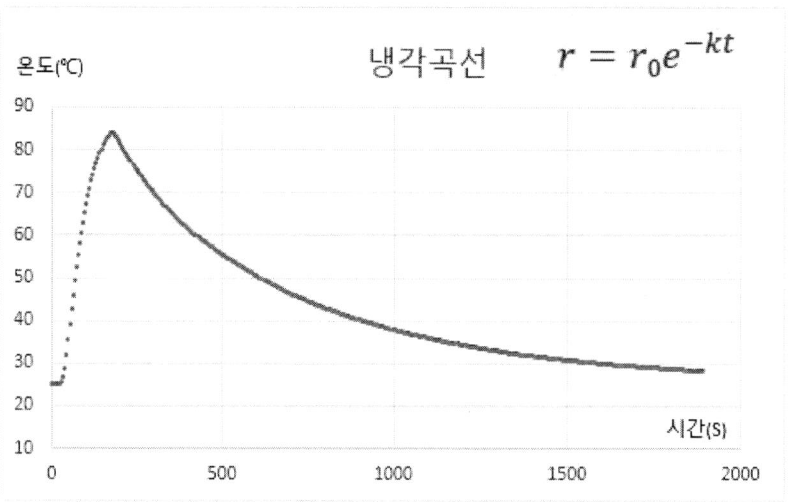

[그림 4.6.6] 측정한 시간에 따른 온도 그래프 예

〈표 4.6.2〉의 O와 P 열을 이용해서 시간대 상대온도 그래프를 그리고 추세선을 구하라.

M	N	O	P
시간	온도	시간	상대온도
300	69.8	0	44.5
305	69.3	5	44
310	68.9	10	43.6
315	68.4	15	43.1
320	68	20	42.7
325	67.5	25	42.2
330	67.1	30	41.8
335	66.7	35	41.4
340	66.2	40	40.9
345	65.8	45	40.5
350	65.4	50	40.1
355	65	55	39.7
360	64.6	60	39.3
365	64.2	65	38.9
370	63.8	70	38.5

〈표 4.6.2〉 시간에 따른 상대온도 계산

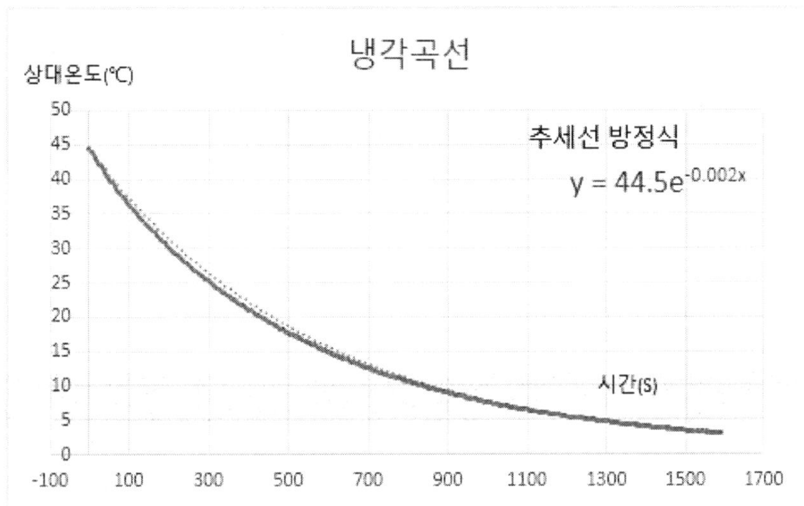

[그림 4.6.7] 상대온도 냉각곡선 예

추세선 함수는 지수함수를 택하고 절편은 보정된 시간이 0초일 때 상대온도를 넣는다. 추세선을 포함한 그래프를 [그림 4.6.7]에 표시하고 모래의 냉각 상수를 구하라.

표시된 추세선 방정식에서 x 계수가 냉각 상수다.

추세선 방정식에서 구한 냉각 상수의 오차 제곱의 합을 구하자.

오차 제곱의 합은 추세선 방정식으로 구한 냉각 상수와 0초에서 상대온도를 냉각곡선 함수에 넣고 측정된 데이터의 모든 시간에 대해 온도를 계산한다. 시간에 대한 냉각곡선 함수로 계산한 온도와 같은 시간에서 측정된 온도 차이가 편차고 이 편차를 제곱하고 전체 편차 제곱을 모두 더해서 편차 제곱의 합을 구한다.

이 계산은 데이터가 많아서 엑셀을 이용해서 계산한다. 그 방법은 다음과 같다.

〈표 4.6.3〉과 같이 S2 셀에 절편값 44.6을 넣고, 추세선으로 구한 냉각 상수 0.002는 S4 셀에 넣는다. 그리고 전체 오차 제곱의 합은 S6 셀에 넣는다.

S6 셀에 들어갈 식은 = SUM(R2:R 데이터 끝 열 번호)이다. 만일 데이터가 R2에서 R300까지 있다면 식은 =SUM(R2:R300)이 된다.

냉각 함수가 다음과 같으므로 $r = r_0 e^{-kt}$ 이다.

냉각 함수로 계산한 이론 온도는 Q열에 넣는데 Q2 셀에 냉각 함수를 표현한 다음식을 넣는다.

= $S$2*EXP(-1*$S$4*O2) 식에서 $S$2는 절편으로 식에서 r0에 해당한다. k는 $S$4이고 O2는 시간이다. S2 셀과 S4 셀에 $를 붙인 것은 Q2 셀을 아래로 복사할 때

절편과 냉각 상숫값은 고정된 셀이므로 이를 지정하는 방법이다.

R행에는 오차 제곱을 넣는데 이 값은 (측정값 - 계산값)의 제곱으로 R2에 들어가 식은 =(P2-Q2)^2이다.

이제 Q2 셀과 R2 셀 수식을 전체 데이터에 대해 복사해 넣으면 <표 4.6.3>과 같이 이론값과 편차 제곱 그리고 편차 제곱합을 구할 수 있다. 추세선으로 구한 냉각 상수에 대한 편차제곱합은 519.28이다. 이렇게 얻은 냉각 상수와 편차제곱합을 <표 4.6.3>에 기록한다.

O	P	Q	R	S
시간(s)	상대온도(°C)	계산(°C)	오차제곱(°C²)	절편(°C)
0	44.5	44.5	0	44.5
5	44	44.0572176	0.003273854	온도계수
10	43.6	43.61884096	0.000354982	0.002
15	43.1	43.18482624	0.007195491	오차제곱합(°C²)
20	42.7	42.75513004	0.003039322	519.2838945
25	42.2	42.32970939	0.016824526	
30	41.8	41.90852174	0.011776969	
35	41.4	41.49152499	0.008376823	
40	40.9	41.07867741	0.031925618	
45	40.5	40.66993774	0.028878837	
50	40.1	40.2652651	0.027312554	
55	39.7	39.86461902	0.027099422	
60	39.3	39.46795943	0.028210371	
65	38.9	39.07524668	0.030711397	
70	38.5	38.68644148	0.034760424	
75	38.2	38.30150495	0.010303255	

〈표 4.6.3〉 냉각 함수로 구한 이론값

(2) 최소 편차제곱합을 찾는 방법으로 냉각 상수 구하기

<표 4.6.3>과 같이 추세선에서 얻은 냉각 상수에 대한 편차제곱합을 구했다면 모든 준비는 된 것이다. 이제 S4 셀에 온도계수를 조금씩 변화시키면서 S6 셀에 자동 계산되는 편차제곱합을 보면서 이 값이 작아지도록 냉각 상수를 변화시켜 최적값을 찾는다.

냉각곡선의 변화를 그래프로 확인하려면 시간(O), 상대온도(P), 계산(Q) 행을 선택하고 차트 - 분산형 - 곡선이 있는 분산형으로 그래프를 그리고 [그림 4.6.8]에 표시했다.

엑셀에서는 Visual Basic을 이용해서 자동으로 편차제곱합이 최소가 되는 프로그램을 만들어서 사용해도 된다. 사용된 프로그램은 마지막에 넣었다.

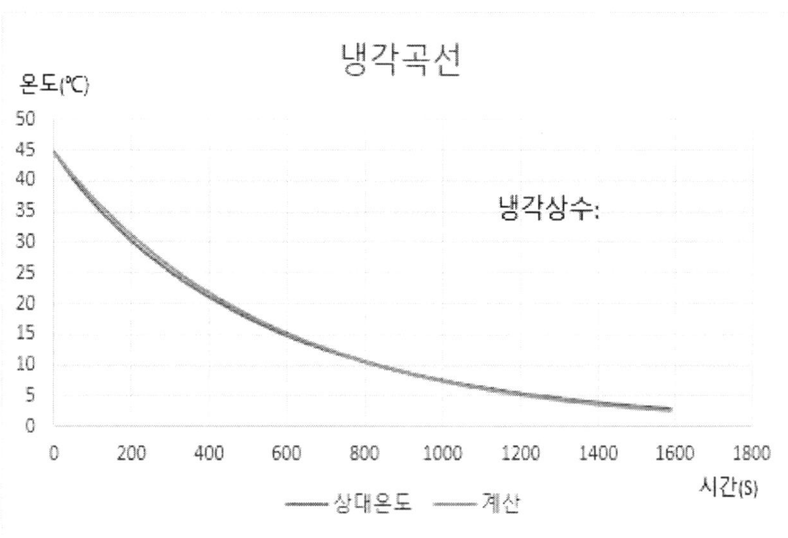

[그림 4.6.8] 실험과 계산 냉각곡선 비교 예

모래에 대해 냉각 상수를 추세선을 이용한 방법과 직접 계산하여 전체 오차 제곱의 합이 최소가 되도록 한 방법으로 구한 결과를 <표 4.6.4>에 기록하고 비교하라.

같은 방법으로 물에 대해서 결과를 작성하고 그래프와 표를 완성한다.

<표 4.6.4>을 근거로 결론에 물과 모래에서 실험으로 얻은 냉각 상수를 보고하고 선택 이유를 설명한다.

	냉각상수		오차제곱합	
	실험	계산	실험	계산
모래				
물				

<표 4.6.4> 냉각 상수 비교

(3) 편차제곱합이 최소가 되는 냉각 상수를 찾는 프로그램

```
Sub LSMDOWN()
    Cells(1, "U").Value = 0.01   'K 찾는 값
    Cells(1, "V").Value = 0.001
    dv = Cells(1, "V").Value
    rc = Cells(1, "U").Value
    Key = 0
    i = 1
    cp = 0.1
    Call SqDOWN(rc, 1)
    Do Until (cp < 0.01)
        If (i > 2) Then
            cp = Abs(Cells(i - 1, "T").Value - Cells(i, "T").Value)
        End If
        i = i + 1
        k = i - 1
        If k = 0 Then k = 1
        Cells(i, "U").Value = rc
        Cells(i, "V").Value = dv
        Cells(i, "W").Value = cp
        Cells(i, "X").Value = i
        Cells(4, "S").Value = rc

        Call SqDOWN(rc, i)
        b = (Cells(k, "U").Value - Cells(i, "U").Value)
        If (Cells(k, "T").Value < Cells(i, "T").Value) Then
            If (b > 0) Then
                rc = rc + dv
                dv = dv / 10
            Else
                rc = rc - dv
            End If
        Else
            If (b < 0) Then
                rc = rc + dv
            Else
                rc = rc - dv
            End If
        End If
    Loop
End Sub

Sub SqDOWN(rc, i)
    For x = 2 To 320
        Cells(x, "Q").Value = 44.6 * (Exp(-1 * Cells(x, "O").Value * rc))
        Cells(x, "R").Value = (Cells(x, "P").Value - Cells(x, "Q").Value) ^ 2
    Next
    Cells(i, "T").Value = Excel.WorksheetFunction.Sum(Range("R2:R320"))
End Sub
```

결과보고서 작성 방법

(1) 제 목

(2) 목 적

(3) 결과 및 분석

■ 물과 모래에 대해서 각각 다음을 작성한다.

시간에 따른 온도 그래프([그림 4.6.6] 참조) 위에 그래프를 얻은 목적과 그래프의 의미를 설명한다. 그래프를 넣고 설명을 기록한다.

상대온도 냉각곡선 그래프([그림 4.6.8])를 그리고 추세선을 넣고 추세선 방정식을 얻어서 냉각상수를 기록한다.

[그림 4.6.8]과 같이 직접 계산에서 오차제곱합이 최소가 되는 냉각상수를 구하고 그래프를 그린다. 그래프 아래에 계산 방법 등을 상세히 기록한다.

물과 모래에서 얻은 결과를 <표 4.6.3>에 하나로 작성하고 두 값을 비교 설명한다.

■ 결 론

목적과 결과를 보고 결론을 작성한다.

표와 그래프 작성과 설명에서 주의 사항

• 표와 그래프는 번호와 이름을 넣어야 한다.
• 그래프에는 두 축에 대한 물리량과 단위를 표시해야 한다.

➡ 그래프

- 그래프의 목적과 그래프 의미, 그리고 무엇을 얻을 수 있는지를 설명해야 한다.
- 그래프 아래에는 그래프에서 얻은 물리량을 단위와 함께 기록해야 한다.

➡ 표

- 표의 목적과 무엇을 이야기하려는지 설명해야 한다.
- 표 아래에 표 작성 방법을 설명하고, 계산했다면 필요한 수식도 설명한다. 실제 표에 계산된 것 하나는 단위를 포함해서 계산을 어떻게 했는지 기록한다.

7 Hare 장치를 이용한 액체의 밀도 측정

1) 개요 및 목적

밀도의 정의와 의미 그리고 밀도로 알 수 있는 것이 무엇인지 알아보자.

액체의 밀도를 측정 방법을 생각해 보자.

에탄올의 밀도에서 함량을 정확히 알기 위해서 에탄올 밀도를 어느 정도 정밀도로 측정을 해야 하는지 그 관계를 알아보자.

2) 배경 원리

밀도는 질량을 부피로 나눈 값으로 정의한다. 단위는 kg/m^3, g/cm^{3}을 사용한다.

$$\rho = \frac{M}{V}$$

금속으로 밀도가 가장 큰 금속은 오스뮴[Osmium, 원자번호 76(Os)]으로 밀도가 22.570 g/cm^{3}이고, 밀도가 가장 작은 금속은 리튬[Lithium, 원자번호 3(Li)]이고, 그 밀도는 0.534 g/cm^{3}로 알려져 있다.

밀도는 물질이 지닌 고유의 물리량으로 물질마다 고유값을 갖고 있다.

(1) 아르키메데스의 원리

물질마다 고유의 밀도를 지닌 것을 알고 있었던 아르키메데스는 왕의 금관이 순금인지를 확인하라는 명령을 받고 부력에 대한 원리 즉 아르키메데스의 원리를 발견했다.

부력은 어떤 물체를 어떤 액체에 담그면 그 물체는 물체의 잠긴 부분의 부피에 해당하는 액체의 무게만큼 물체를 액체에서 밀어내려는 힘 (뜨는 힘)을 말한다.

$$F = \rho Vg$$

아르키메데스의 원리는 어떤 물체를 유체에 넣었을 때 받는 부력의 크기가, 물체가 유체에 잠긴 부피만큼의 유체에 작용하는 무게와 같다는 것이다.

[그림 4.7.1]에서 5kg인 추를 물에 담갔더니 부력을 받아 무게가 3kg으로 줄었다. 이 경우 부력이 2kg이므로 물 2kg에 해당하는 부피와 같은 부피가 추의 부피와 같다는 것을 알 수 있다.

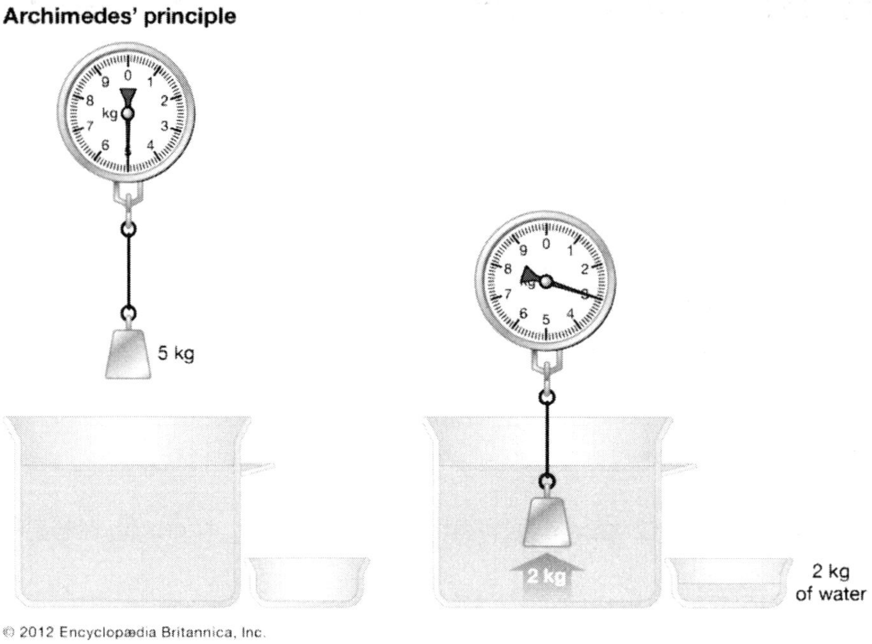
Archimedes' principle
5 kg
2 kg
2 kg
of water
© 2012 Encyclopædia Britannica, Inc.

[그림 4.7.1] 아르키메데스의 원리 (출처:https://www.britannica.com)

비중의 정의는 다음과 같다.

$$비중 = \frac{물체의\ 무게}{같은\ 부피의\ 4℃\ 물의\ 무게}$$

밀도 정의에서 무게는 밀도에 부피를 곱한 값이므로 비중은 다음과 같이 쓸 수 있다.

$$S = \frac{W_m}{W_w} = \frac{\rho_m V_m g}{\rho_w V_u g}$$

이때 물체의 부피 = 물의 부피이다.

$$S = \frac{\rho_m}{\rho_w} = \frac{물체의\ 밀도}{4℃\ 물의\ 밀도}$$

즉, 비중은 물과 물체의 밀도 비이다. 비중은 무게의 비로 단위를 지니지 않는 숫자이다. 일반적으로 비중이 물과 밀도의 비와 같으므로 비중이 1보다 크면 물에 가라앉고 1보다 작으면 물에 뜬다.

액체의 밀도 또한 액체의 질량을 액체의 부피로 나누면 된다.

$$액체의\ 밀도 = \frac{액체의\ 질량}{액체의\ 부피}$$

액체의 밀도 측정 방법을 알기 위해 유체를 다루는 데 필요한 물리량들을 먼저 살펴보자.

유체도 무게를 지니며 유체에서 무게는 압력의 형태로 나타난다. 우리가 사는 지구에는 공기가 있고 이 공기층을 대기라고 한다.

우리가 지상에서 받는 대기의 압력을 대기압이라고 한다. 대기압의 근원은 공기의 무게인데 물체의 무게는 중력이 작용하는 방향, 즉 아래 방향으로 작용하지만, 공기는 유체로 어떤 모양을 지니지 않기 때문에 중력이 아래 방향으로만 작용해도 그 무게는 모든 방향으로 작용하여 유체에서 무게에 해당하는 물리량을 압력이라고 하고 이것은 단위 면적당 가한 힘 즉 단위 면적당 무게로 정의한다.

$$P = \frac{F}{A} \quad \frac{[N]}{[m^2]} = [Pa](Pascal)$$

압력 = 단위면적당 가한 힘 [N/m^2 = Pa(파스칼)]

밀도가 ρ인 유체의 깊이 h인 곳에서 압력은 다음과 같다. (단면적이 A 높이가 h인 직육면체를 생각하고 직육면체 아래의 부분에서 압력을 계산한다.)

$$밀도 = \frac{질량}{부피}, \quad 질량 = 부피 \times 밀도$$

따라서 직육면체에 해당하는 유체의 무게는 다음과 같다.

$$w = mg = \rho Vg = \rho(Ah)g$$

압력은 무게를 면적으로 나누면 된다.

$$P = \frac{w}{A} = \frac{\rho Vg}{A} = \rho gh$$

만일 유체의 표면을 대기압 P0로 누른다면 ([그림 4.7.2]) 깊이 h인 곳에서의 압력 P는 다음과 같다.

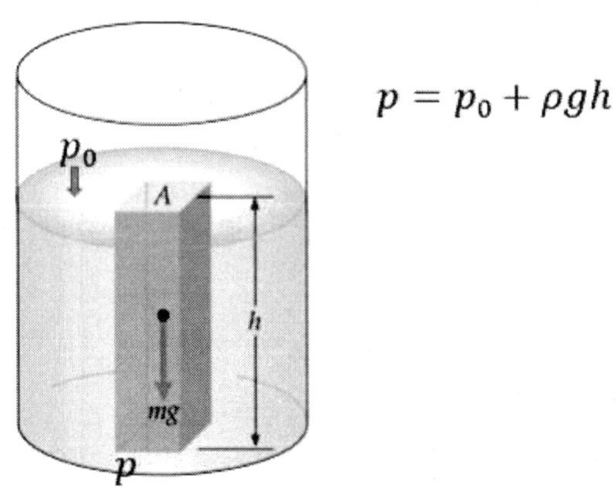

[그림 4.7.2] 깊이 h인 곳에서 압력

(2) 대기압

대기압은 공기의 무게로 인한 압력으로 대기층의 무게에 해당한다.

최초로 대기압을 측정한 사람이 이탈리아 물리학자 에반젤리스타 토리첼리이다. 그는 펌프로 물을 퍼 올릴 수 있는 깊이가 10m가 한계인 이유를 찾기 위해 연구했고 그 결과 대기압을 발견하게 되었다.

[그림 4.7.3]에 지상에서 대기압과 같은 압력을 만들기 위한 수은기둥, 물기둥의 높이 h는 물기둥의 경우 10.3m이며, 밀도가 13.5배 큰 수은이 경우 76cm가 된다.

지상에서의 기압을 1기압이라고 하며 이 값은 760mmHg를 쓰는데 이것은 수은기둥 760mm에 해당하는 압력이란 뜻으로 mmHg는 압력의 또 다른 단위인 torr와 같다.

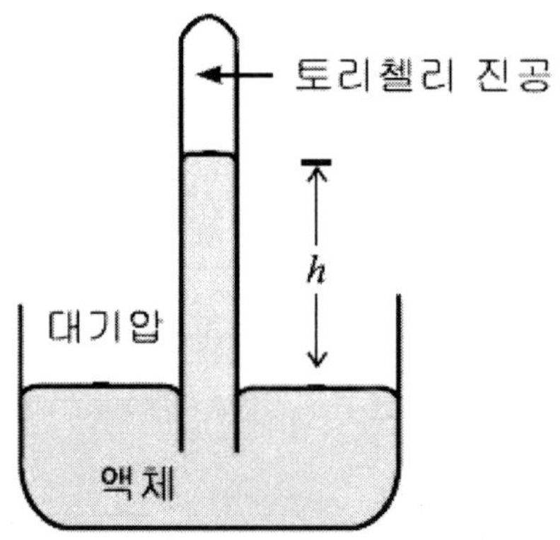

[그림 4.7.3] 대기압과 토리첼리 진공

대기압을 계산해 보면 다음과 같다.

$$1기압 = 1atm = 760 mmHg = 760 Torr$$

$$p = \rho gh = 13.5951\ g/cm^3 \times 980.665\ cm/s^2 \times 76\ cm$$

$$= 1,013,250\ g/cm \cdot s^2 = 101,325\ kg/m \cdot s^2 (Pa)$$

$$[Pa] = \frac{N}{m^2} = \frac{kgm/s^2}{m^2} = \frac{kg}{m \cdot s^2}$$

$$1Pa = 10^{-5} bar$$

따라서 1기압은 다음과 같이 쓸 수 있다.

$$1\ atm = 760\ mmHg = 760\ Torr$$

$$= 1013\ hPa = 1013\ mbar$$

(3) Hare 장치의 미지시료 밀도 측정 원리

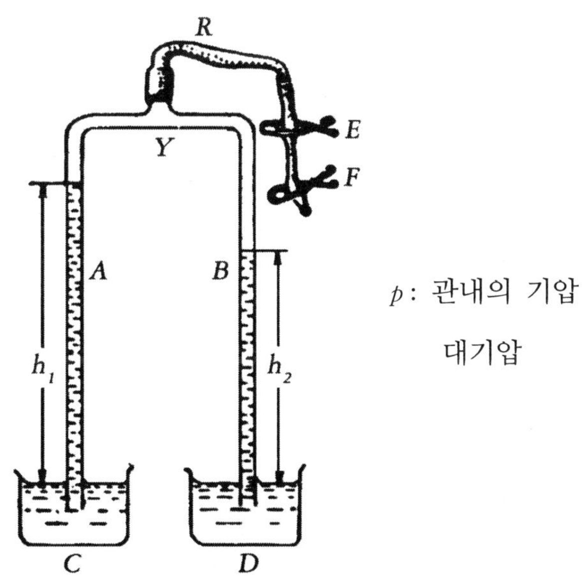

p : 관내의 기압

대기압

[그림 4.7.4] Hare 장치의 밀도 측정 원리

첫 번째 위치에서 관내의 압력

$$\rho_1 gh_1 + P = \rho_2 gh_2 + P = P_0 \qquad (1)$$

두 번째 위치에서 관내의 압력

$$\rho_1 g h_1' + P' = \rho_1 g h_2' + P' = P_0 \qquad (2)$$

식(1)-식(2)를 계산하면 $\rho_1(h_1 - h_1') = \rho_2(h_2 - h_2')$ 이다.

$$\rho_2 = \frac{h_1 - h_1'}{h_2 - h_2'}\rho_1 \qquad (3)$$

따라서, 식(1)으로부터 기준이 되는 액체의 밀도(ρ_1)를 알고 있다면 모르는 액체의 밀도(ρ_2)는 두 액체의 높이차와 아는 액체의 밀도로부터 계산할 수 있다.

액체의 밀도 측정 실험의 실험 내용은 다음과 같다.

- 소금물의 밀도를 측정한다.
- 물과 에탄올이 섞인 시료의 밀도를 구한다.
- 100%, 75%, 50%, 25% 에탄올의 밀도를 측정한다.
- 에탄올 함량에 따른 밀도 자료로부터 에탄올 함량을 모르는 시료의 에탄올 함량을 알아낸다.
- 오차 분석을 통해서 측정된 밀도의 정확도에 따른 에탄올 함량의 정밀도를 알아본다.

3) 실험 장치 및 재료

Hare 장치, 비커, 소금물, 증류수, 100% 에탄올

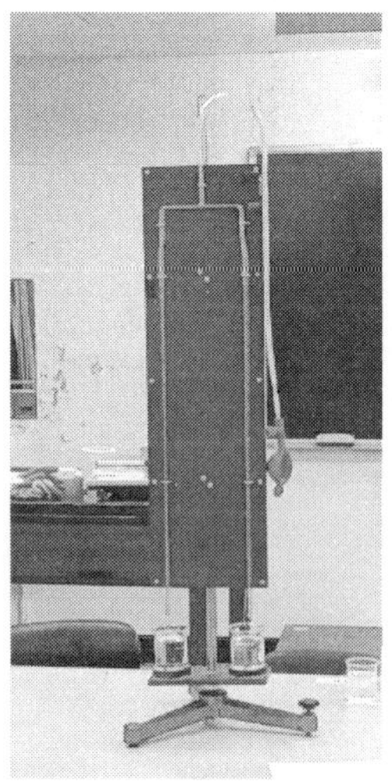

[그림 4.7.5] Hare 장치

4) 실험 방법 (그림 4.7.4 참조)

- 소금물을 준비한다. 증류수와 에탄올을 임의의 비율로 섞어서 임의의 에탄올 함량의 시료를 준비한다. 100%, 75%, 50%, 25% 에탄올 함량의 시료를 준비한다.
- 비커 C에 증류수, 비커 D에 측정하려는 액체를 넣는다.
- 클립 E, F를 열고 클립 아래에 펌프를 연결하여 두 액체를 끌어 올린다. 이때 두 액체를 너무 많이 끌어 올려 두 액체가 섞이지 않도록 주의한다. 만일 두 액체가 섞였다면 두 액체를 모두 버리고 다시 실험을 시작한다.
- 두 액체의 높이를 읽어 ⟨표 4.7.1⟩에 기록한다.
- 펌프를 떼고 클립 E를 열어 관에 공기가 조금 들어가도록 해서 액체의 높이를 낮춘다.
- 두 액체의 높이를 읽어 ⟨표 4.7.1⟩에 기록한다.
- 클립 F를 열었다가 닫아서 클립 E와 F 사이에 공기가 들어가도록 한다.
- 클립 E를 열었다가 닫아서 다시 관내에 공기가 조금 더 들어가도록 한다.
- 두 액체의 높이를 읽어 ⟨표 4.7.1⟩에 기록한다.
- 액체의 높이를 내리면서 7~8회 정도 실험방법 6번에서 9번을 반복한다.

증류수 (cm)	소금물 (cm)	증류수 높이차 (cm)	시료 높이차 (cm)	밀도 (g/cm^3)	편차	편차제곱
		x	x	x	x	x
x	x	x	x	밀도평균	x	편차제곱합

⟨표 4.7.1⟩ 소금물 밀도 측정

실험방법대로 소금물, 에탄올 함량을 모르는 시료, 100%, 75%, 50%, 25% 에탄올의 밀도를 모두 측정해서 기록한다.

실험 결과는 다음 표에 기록한다.

- 실험 모두 기준 시료는 증류수로 20℃에서 증류수의 밀도를 0.998g/cm^{3}를 사용한다. 소금물의 밀도를 측정한 결과를 〈표 4.7.1〉에 기록한다. 이때 시료와 증류수의 높이는 cm로 0.1cm(1mm)까지 측정한다.
- 편차는 밀도 - 밀도 평균이고, 편차 제곱은 편차값을 제곱해서 기록한다. 편차 제곱 합에는 편차의 제곱을 모두 합한 값을 기록한다.
- 같은 방법으로 알코올 함량을 모르는 시료의 밀도 측정 결과를 〈표 4.7.2〉에 기록한다.

증류수 (cm)	시료 (cm)	증류수 높이차 (cm)	시료 높이차 (cm)	밀도 (g/cm^3)	편차	편차제곱
		x	x	x	x	x
x	x	x	x	밀도평균	x	편차제곱합

〈표 4.7.2〉 에탄올 함량을 모르는 시료 밀도 측정

- 100% 에탄올에 대한 밀도 측정 결과를 〈표 4.7.3〉에 기록하고 밀도를 구한다.

증류수 (cm)	100% 에탄올 (cm)	증류수 높이차 (cm)	시료 높이차 (cm)	밀도 (g/cm^3)	편차	편차제곱
		x	x	x	x	x
x	x	x	x	밀도평균	x	편차제곱합

〈표 4.7.3〉 100% 에탄올 밀도 측정

- 75% 에탄올에 대한 밀도 측정 결과를 〈표 4.7.4〉에 기록하고 밀도를 구한다.

증류수 (cm)	75% 에탄올 (cm)	증류수 높이차 (cm)	시료 높이차 (cm)	밀도 (g/cm^3)	편차	편차제곱
		x	x	x	x	x
x	x	x	x	밀도평균	합	편차제곱합

〈표 4.7.4〉 75% 에탄올 밀도 측정

- 50% 에탄올에 대한 밀도 측정 결과를 <표 4.7.5>에 기록하고 밀도를 구한다.

증류수 (cm)	50% 에탄올 (cm)	증류수 높이차 (cm)	시료 높이차 (cm)	밀도 (g/cm^3)	편차	편차제곱
		x	x	x	x	x
x	x	x	x	밀도평균	x	편차제곱합

〈표 4.7.5〉 50% 에탄올 밀도 측정

- 25% 에탄올에 대한 밀도 측정 결과를 <표 4.7.6>에 기록하고 밀도를 구한다.

증류수 (cm)	25% 에탄올 (cm)	증류수 높이차 (cm)	시료 높이차 (cm)	밀도 (g/cm^3)	편차	편차제곱
		x	x	x	x	x
x	x	x	x	밀도평균	x	편차제곱합

〈표 4.7.6〉 25% 에탄올 밀도 측정

5) 분석 및 토의

(1) 오차 분석

각 측정값 하나하나에 대한 표준오차는 다음과 같이 쓸 수 있다.

$$\sigma = \sqrt{\frac{\sum \delta^2}{n-1}}$$

이 표준오차를 평균 제곱 오차 또는 표준편차라 한다. 여기서 n은 측정 횟수이고, δ는 편차로 $\sum \delta^2$은 편차제곱합이다.

각 측정값 하나하나에 대한 확률오차는 $\epsilon = 0.6745\sigma$ 이다.

확률오차는 이 값을 경계로 더 큰 오차와 작은 오차가 일어날 확률이 같게 되는 것으로 정의한다.

n회 반복 측정을 한 경우 결과의 평균값 신뢰도는 올라가고, 평균값에 대한 오차는 각 측정값의 오차보다 $1/\sqrt{n}$ 만큼 작다.

즉, 평균값에 대한 평균 제곱 오차는 $\sigma_m = \dfrac{\sigma}{\sqrt{n}}$ 이다.

평균값에 대한 확률오차는 $\epsilon_m = \dfrac{\epsilon}{\sqrt{n}}$ 이다.

이 식을 이용하여 측정한 소금물 밀도와 오차를 표시해라. 또한, 미지시료의 밀도와 오차를 표시해라.

에탄올 함량(%)	밀도(g/cm^3)	편차 제곱 합 (g^2/cm^6)	확률오차 (g/cm^3)
0	0.998		
25			
50			
75			
100			

〈표 4.7.7〉 에탄올 함량에 따른 밀도와 신뢰도

<표 4.7.3>에서 <표 4.7.6>의 결과를 이용해서 에탄올 함량에 따른 밀도를 <표 4.7.7>에 기록한다.

<표 4.7.7>에 밀도와 편차제곱합은 에탄올 함량에 따라 <표 4.7.3>에서 <표 4.7.6>의 밀도 평균값과 편차제곱합을 넣는다.

평균값에 대한 확률오차는 앞 페이지 오차 분석에 있는 식을 이용해서 계산해서 넣는다.

(2) 미지시료에 에탄올 함량 계산

<표 4.7.7>을 이용해서 에탄올 함량 대 밀도 그래프를 그리고 추세선을 얻고 추세선 방정식을 구한 예를 [그림 4.7.4]에 나타냈다.

추세선 방정식은 1차 선형 방정식으로 다음과 같은 형태를 보인다.

$$Y = aX + b$$

y 절편은 에탄올이 0%인 증류수의 밀도이므로 y 절편을 0.998을 넣어서 구한다. 즉, 위 식에서 b = 0.998이 된다.

추세선 방정식을 x에 대해서 풀면 측정한 밀도에서 에탄올 함량을 구할 수 있다.

$$X = \frac{Y}{a} - \frac{b}{a}$$

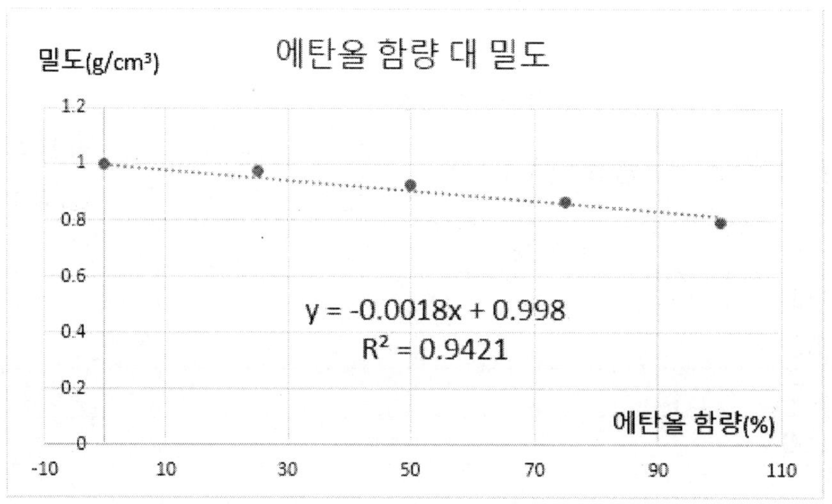

[그림 4.7.4] 에탄올 함량 대 밀도 그래프

이 경우는 a = 0.0018이고, b = 0.998이므로 Y에 미지시료 밀도를 넣으면 미지시료 에탄올 함량 X를 구할 수 있다.

$$\text{에탄올함량}(X) = \frac{\text{밀도}(Y)}{-0.0018} - \frac{0.998}{-0.0018}\ (\%)$$

에탄올 함량은 수식을 이용해서 구하게 되므로 수식에 의한 오차의 전파를 고려해야 한다.

사용한 방정식은 1차 선형 방정식이고 오차를 구하기 위해서는 방정식을 사용하면 선형 수식 계산에 따른 오차의 전파는 다음과 같다.

$$Y = aX + b,\quad \sigma = \sqrt{a^2\sigma_x^2},\quad \epsilon = \sqrt{a^2\epsilon_x^2}$$

그래프에서 얻은 추세선 방정식은 x축이 함량이므로 밀도에서 함량을 구하기 위해서는 추세선 방정식을 x에 대해서 정리하면 다음과 같다.

$$X = \frac{Y}{a} - \frac{b}{a}$$

오차는 다음과 같다.

$$\sigma = \sqrt{\left(\frac{1}{a}\right)^2\sigma_y^2}\quad \epsilon = \sqrt{\left(\frac{1}{a}\right)^2\epsilon_y^2}$$

따라서 에탄올 함량에 대한 평균값의 확률오차는 다음과 같다.

$$\epsilon = \sqrt{\left(\frac{1}{-0.0018}\right)^2(\text{미지시료 밀도의 평균값확률오차})^2}\ (\%)$$

<표 4.7.8>에 에탄올 함량을 모르는 시료의 밀도와 에탄올 함량에 대한 평균값 확률오차를 계산하고 표를 완성하라.

	미지시료	평균값 확률오차	측정값+ 평균값 확률오차	측정값 - 평균값 확률오차
밀도(g/cm^3)				
에탄올(%)				

<표 4.7.8> 미지시료의 밀도와 에탄올 함량

결과보고서 작성 방법

(1) 제 목

(2) 목 적

(3) 결과 및 분석

〈표 4.7.1〉 ~ 〈표 4.7.6〉까지 실험 결과를 작성하고 표 아래에 계산 방법을 기록한다.

〈표 4.7.7〉을 기록하고 계산 방법을 표 아래에 자세히 작성한다.

〈표 4.7.3〉 ~ 〈표 4.7.6〉을 이용하여 [그림 4.7.6]과 같은 그래프를 그리고 추세선을 구한다. 그래프 아래에 작성 방법과 그래프 분석 내용을 적는다.

추세선 방정식을 이용해서 〈표 4.7.8〉을 계산하고 모든 계산 방법을 자세히 적는다.

■ 결 론

목적과 결과를 보고 결론을 작성한다.

■ 분석 예시

에탄올 함량에 대한 수식 $Y = -0.0018X + 0.998$에서 에탄올 밀도의 계수가 -1/0.0018 = 555.5이다. 따라서 밀도가 0.01g/cm^3 차이가 나면 에탄올 함량은 5.5% 차이가 발생한다.

또한 0.001g/cm^3 밀도의 변화에 약 0.55% 차이가 발생하므로 최소한 1% 미만의 오차를 지니려면 ±0.001g/cm^3 정도의 정밀도로 밀도를 측정해야만 한다.

표와 그래프 작성과 설명에서 주의 사항

- 표와 그래프는 번호와 이름을 넣어야 한다.
- 그래프에는 두 축에 대한 물리량과 단위를 표시해야 한다.

➡ 그래프

- 그래프의 목적과 그래프 의미, 그리고 무엇을 얻을 수 있는지를 설명해야 한다.
- 그래프 아래에는 그래프에서 얻은 물리량을 단위와 함께 기록해야 한다.

➡ 표

- 표의 목적과 무엇을 이야기하려는지 설명해야 한다.
- 표 아래에 표 작성 방법을 설명하고, 계산했다면 필요한 수식도 설명한다. 실제 표에 계산된 것 하나는 단위를 포함해서 계산을 어떻게 했는지 기록한다.

실험 결과 제출

과 :　　　　　　　　학번 :　　　　　　　　이름 :

증류수 (cm)	소금물 (cm)	증류수 높이차 (cm)	시료 높이차 (cm)
		x	x
x	x	x	x

증류수 (cm)	시료 (cm)	증류수 높이차 (cm)	시료 높이차 (cm)
		x	x
x	x	x	x

증류수 (cm)	100% 에탄올 (cm)	증류수 높이차 (cm)	시료 높이차 (cm)
		x	x
x	x	x	x

증류수 (cm)	75% 에탄올 (cm)	증류수 높이차 (cm)	시료 높이차 (cm)
		x	x
x	x	x	x

증류수 (cm)	50% 에탄올 (cm)	증류수 높이차 (cm)	시료 높이차 (cm)
		x	x
x	x	x	x

증류수 (cm)	25% 에탄올 (cm)	증류수 높이차 (cm)	시료 높이차 (cm)
		x	x
x	x	x	x

8 전자부품, 저항 측정, Bread Board 사용법, 저항의 직렬 · 병렬연결

1) 개요 및 목적

우리는 전기 전자회로로 이루어진 장치들 속에서 살아가고 있다. 우리의 생활을 편리하게 만든 전기 전자회로를 제대로 사용하기 위해 전자부품과 장치들 그리고 측정기기 등의 작동 원리 및 기능을 이해하고 사용법을 배운다.

저항은 전기 전자회로에서 가장 기본 소자다. 전자회로에 사용되는 저항은 보통 색 띠로 저항값을 나타내는데 저항의 색 띠 읽는 법을 익히고 저항의 직렬과 병렬연결 회로에서 저항값이 어떻게 달라지는지 알아본다.

2) 배경 원리

(1) 전자부품 - 저항

저항은 회로에서 [그림 3.6.1]과 같이 표시하고 저항을 뜻하는 영어 resistor의 첫 글자 R로 표기한다. 회로에는 여러 개의 저항이 있어서 구분을 위해 번호를 붙여서 R1, R2 … Rn과 같이 표시한다. 실제 사용하는 저항의 모습도 [그림 3.6.2]와 같다.

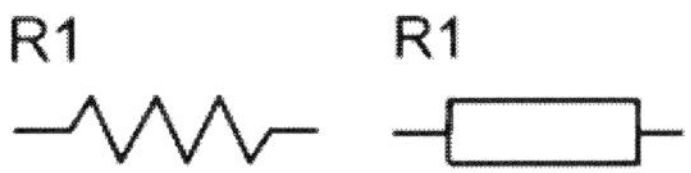

[그림 4.8.1] 저항 기호

저항은 말 그대로 회로 내에서 전기의 흐름을 방해한다. 즉 옴의 법칙에 따라 전압이 일정할 경우 큰 저항을 사용하면 상대적으로 작은 전류가 흐르고 작은 저항을 사용하면 상대적으로 큰 전류가 흐른다. 저항은 회로 내에서 전자부품에 걸리는 전류를 조절해서 전자부품을 보호하고 전자부품이 제대로 동작하도록 환경을 만들어 준다.

저항의 종류는 다양하다. 탄소 필름 저항기, 금속 필름 저항기, 가변 저항기, 서미스터, 포토리지스터와 같은 다양한 유형의 저항이 있으며, 각각의 저항은 특수한 기능을 가지고 있다. 예를 들면 전기적 잡음에 민감한 회로에는 일반적으로 금속필름 저항을 사용한다. 서미스터는 온도 변화에 따라 저항값이 변하는 물질로, 온도 감지 및 조절 용도로 많이 사용된다.

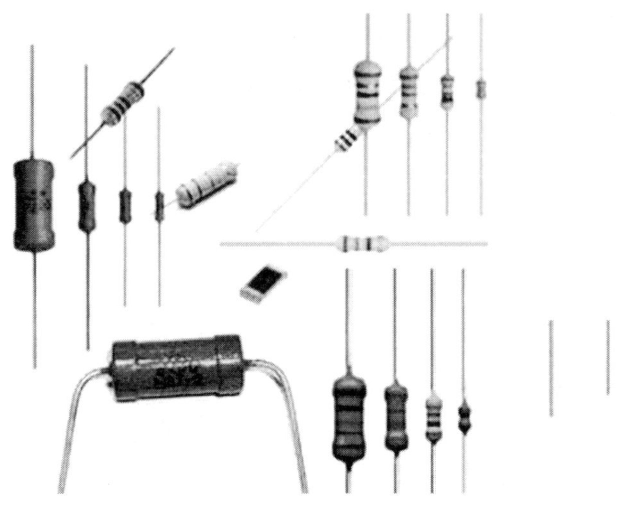

[그림 4.8.2] 저항

(2) 가변저항

가변저항은 반고정 저항이라고 하며 저항값을 일정 범위 내에서 조정할 수 있도록 만든 전자부품이다. 사용 예는 오디오의 경우 소리의 크기를(출력) 조절할 때 사용하는 다이얼이 가변저항이다. 또한, 회로를 미세하게 조정하기 위해 고정저항이 아닌 가변저항을 넣어 회로를 동작시키고 가변저항을 조절해 회로가 정확히 동작하도록 조정한다. 가변저항에는 조정 범위가 270°인 일반 가변저항과 10바퀴를 돌릴 수 있는 미세조정용 가변저항이 있다. 가변저항의 회로 내 기호와 실제 모습이 [그림 4.8.3]에 있다.

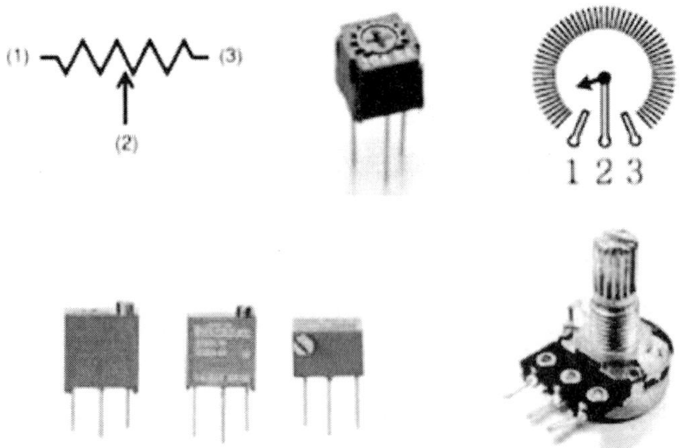

[그림 4.8.3] 가변저항

(3) 커패시터(콘덴서)

회로에서 커패시터는 영어 capacitor의 첫 글자 C로 표기한다. 커패시터는 전기를 저장하는 전자부품으로 회로 내에서 아주 작은 축전지 역할로 작은 전기를 저장한다. 커패시터는 극성이 있는 것과 극성이 없는 것 두 가지가 있다. 일반적으로 극성이 있는 커패시터는 대용량으로 만들고 쓰인다. 커패시터 기호는 [그림 4.8.4]에 실제 모습은 [그림 4.8.5]에 있다.

[그림 4.8.4] 커패시터 기호

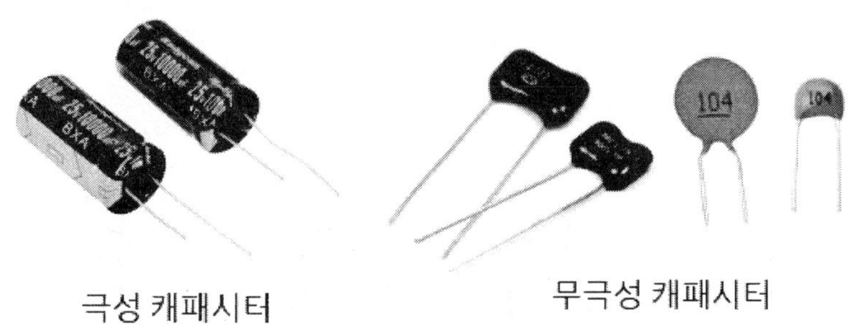

[그림 4.8.5] 콘덴서(커패시터)

콘덴서의 종류로는 전해콘덴서, 세라믹 콘덴서, 필름 콘덴서, 탄탈 콘덴서가 있으며 전해콘덴서는 극성이 있으며 일반적으로 큰 용량을 지닌다. 주로 전원 장치 회로와 필터링에 쓰인다. 세라믹 콘덴서는 극성이 없으며 소형이고 고주파 필터링, 바이패스에 쓰인다. 필름 콘덴서는 극성이 없으며 수명이 긴 특징이 있다. 잡음 필터링과 신호 처리 등에 주로 사용한다. 탄탈 콘덴서는 주파수 특성이 매우 우수한 특징을 갖고 있으나 가격이 비싸다.

(4) 트랜지스터

트랜지스터는 입력 전기적 신호에 따라서 동작하는 전기 스위치로 가장 많이 사용되며 신호 증폭 특성이 있어서 용도에 따라 그 응용 범위가 무척 넓다. 매우 작게 만들 수 있고, 반응속도가 매우 빠르며 전력 소모가 매우 작아 많은 용도로 사용할 수 있다.

대표적인 트랜지스터는 BJT (Bipolar Junction Transistor)로 BJT는 극성에 따라 NPN 형과 PNP형 두 종류가 있다. 큰 전력을 제어하는 데 쓰이는 트랜지스터는 FET(Field Effect Transistor)로 JFET(Junction Field Effect Transistor)와 MOSFET(Metal-Oxide-Semiconductor Field Effect Transistor)가 있다. FET는 모두 N채널과 P채널 두 종류가 있다. [그림 3.6.6]에 BJT 기호를 표시했고, [그림 3.6.7]에 FET 기호를 나타냈다.

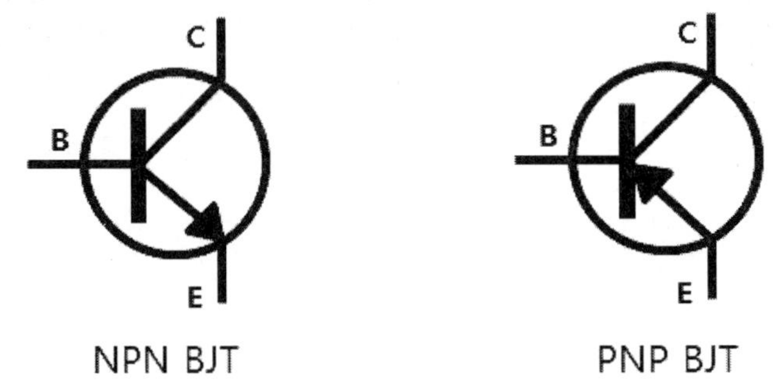

[그림 4.8.6] BJT

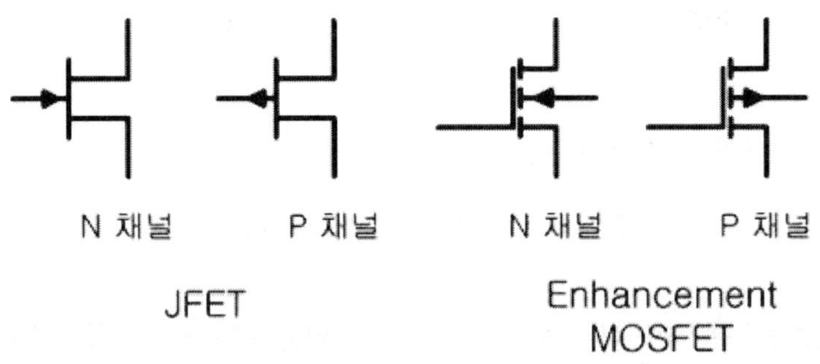

[그림 4.8.7] FET

(5) 다이오드

다이오드는 전류를 한쪽으로만 흘려주는 특징을 지닌 전자부품이다. 빛을 내는 다이오드를 발광다이오드라고 하며 LED(Light Emitting Diode)라고 한다. 빛에 따라 동작하는 다이오드는 포토다이오드이고 그 외에도 특정한 역방향전압 이상에서는 역방향으로도 전류를 흘려주는 제너다이오드, 매우 빠른 스위칭 속도를 지닌 쇼트키 다이오드, 전압에 따라 정전용량이 변하는 버랙터 다이오드, 터널링 효과를 이용해서 순방향 저전압 영역에서 전류를 잘 흐르도록 설계된 터널 다이오드 등 여러 가지 종류의 다이오드가 있다.

다이오드 종류에 따른 기호를 [그림 4.8.8]에 표시했고 실제 다이오드의 모습은 [그림 3.6.9]에 있다.

[그림 4.8.8] 다이오드 종류와 기호

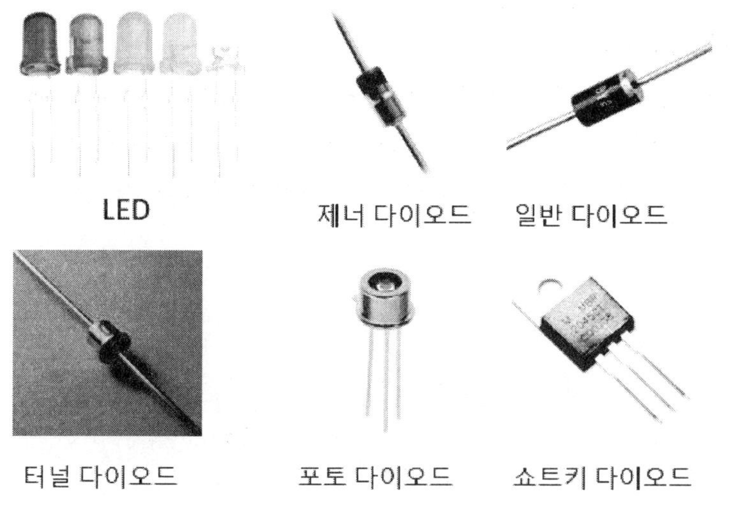

[그림 4.8.9] 다이오드

(6) 측정 장비

① DMM(디지털 멀티미터)

전기 전자회로의 측정을 위한 가장 기본이 되는 장비는 멀티미터다. 멀티미터는 저항, 전압(교류, 직류), 전류(교류, 직류) 측정과 회로가 전기적으로 연결되었는지를 볼 수 있는 도통 테스트 기능과 다이오드 특성 검사를 할 수 있는 장치다. 그 외에 온도 측정, 주파수 측정 등 특수한 기능이 첨가된 고기능 멀티미터도 있다. 간단한 측정을 할 수 있는 휴대용과 고정밀도의 조금 큰 장치도 있다. ([그림 4.8.10])

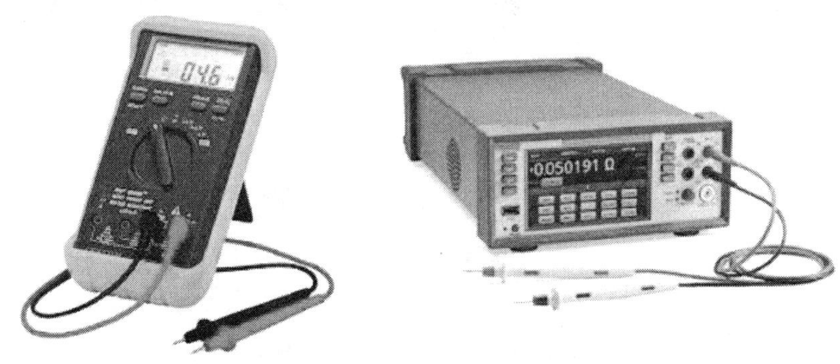

[그림 4.8.10] 멀티 미터

② 함수 발생기(Function Generator)

회로에 전기적 신호를 주어 회로의 동작 등을 확인하기 위한 목적으로 사용되는 장치이다. 시간에 따른 전압의 변화를 줄 수 있는 장치로 시간(주기)을 변화시켜서 원하는 주파수의 신호를 출력하고 진폭을 변화시켜 출력 전압을 조정할 수 있다.

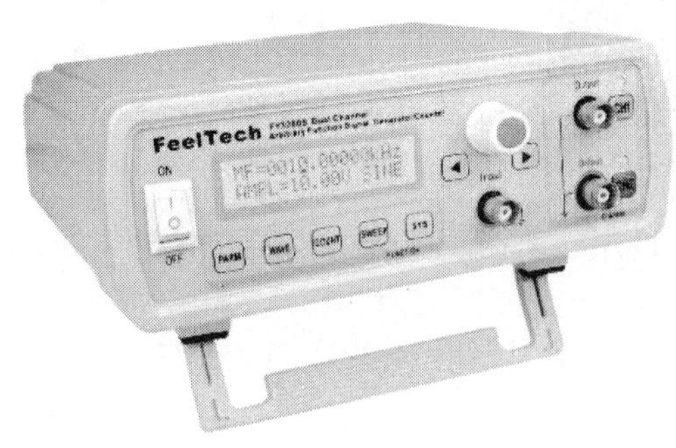

[그림 4.8.11] 함수 발생기

출력 파형은 사인파, 구형파, 톱니파를 선택할 수 있다. 용도에 따라 파형과 원하는 주파수와 진폭을 조절해서 실험할 수 있다. 신호의 기준 레벨(오프셋)을 설정하여 원하는 신호 위치로 조정할 수 있다. 사각파 및 펄스파의 경우 주기와 듀티 사이클(신호가 높은 상태를 유지하는 시간 비율)을 조절할 수 있는 기능이 있다. ([그림 4.8.11])

③ 오실로스코프

회로에서 시간에 따른 전압의 변화로 나타나는 신호를 시각적으로 보여주는 장치다. 신호를 직접 눈으로 볼 수 있으므로 회로 검사와 작동 여부 및 미세조정을 가능하게 해주는 중요한 장치이다. 지금은 오실로스코프도 디지털 기술의 발달로 사용이 편한 디지털 스토리지 오실로스코프를 많이 사용한다. ([그림 4.8.12]) 오실로스코프는 가격이 비싼 단점이 있는데 요즘에는 PC에 오실로스코프 모듈을 연결하고 소프트웨어로 모듈을 구동해서 사용하는 오실로스코프도 있다. 가격이 1/10 정도인 장점이 있다. ([그림 4.8.13])

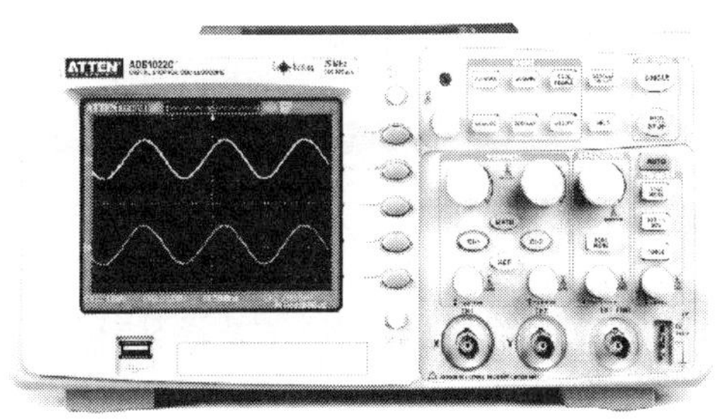

[그림 4.8.12] 디지털 오실로스코프

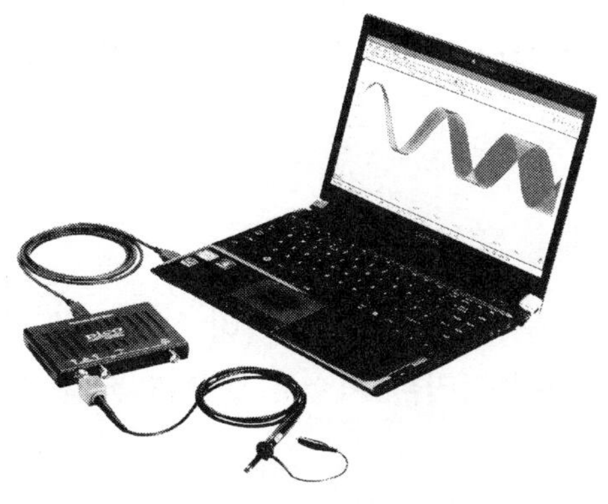

[그림 4.8.13] PC용 오실로스코프

④ 직류 전원 장치(DC Power Supply)

전기 전자회로가 동작하려면 전원이 필요하다. 회로에 전원을 공급하는 장치로 0V에서 30V 정도까지 변화시킬 수 있는 장치가 가장 많이 쓰인다. 또한, 대부분 전원 장치는 디지털 실험을 위해서 고정 5V 정전압이 공급된다.

OP 앰프실험 등 양 전원이 필요한 경우는 이중 채널 전원공급장치를 사용한다. 양 전원 사용법은 한 채널의 -와 다른 한 채널의 +를 연결해서 이것을 공통 단자(GND)로 잡으면 공통 선을 제외한 -단자에서 -전원이 공급되고 +단자에서는 +전원이 공급된다. ([그림 4.8.14])

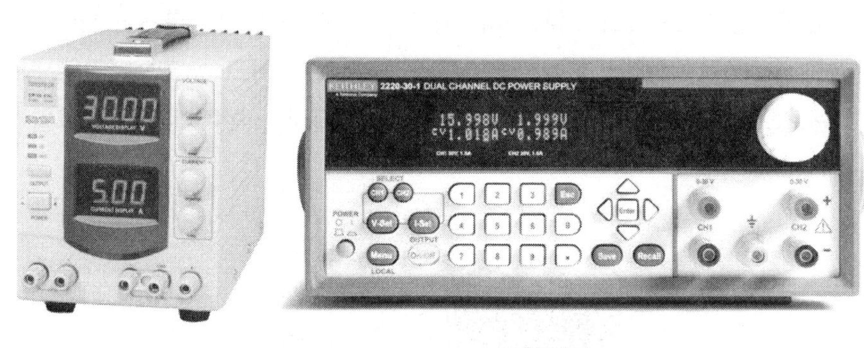

[그림 4.8.14] 전원 공급장치

(7) 저항 색 코드 읽는 법

저항에는 색 띠로 저항값을 표시한다. 종류는 모두 4종류로 일반저항은 베지색 바탕에 3, 4색 띠를 갖고 정밀저항은 하늘색 바탕에 5, 6색 띠를 갖고 있다. 정밀저항은 일반저항보다 저항값이 한자리 더 표시된다. 예를 들면 일반저항은 4.7kΩ이면 정밀저항은 4.70kΩ을 표시한다.

(8) 3, 4색 띠 저항 색을 읽는 방법

색은 왼쪽에서 오른쪽으로 순서대로 읽어 나가며 색 띠 간격이 좁은 쪽이 왼쪽이다. 왼쪽 두 자리는 숫자로 읽고 셋째 자리는 지수로 읽으면 된다. 네 번째 색 띠는 오차를 의미한다.

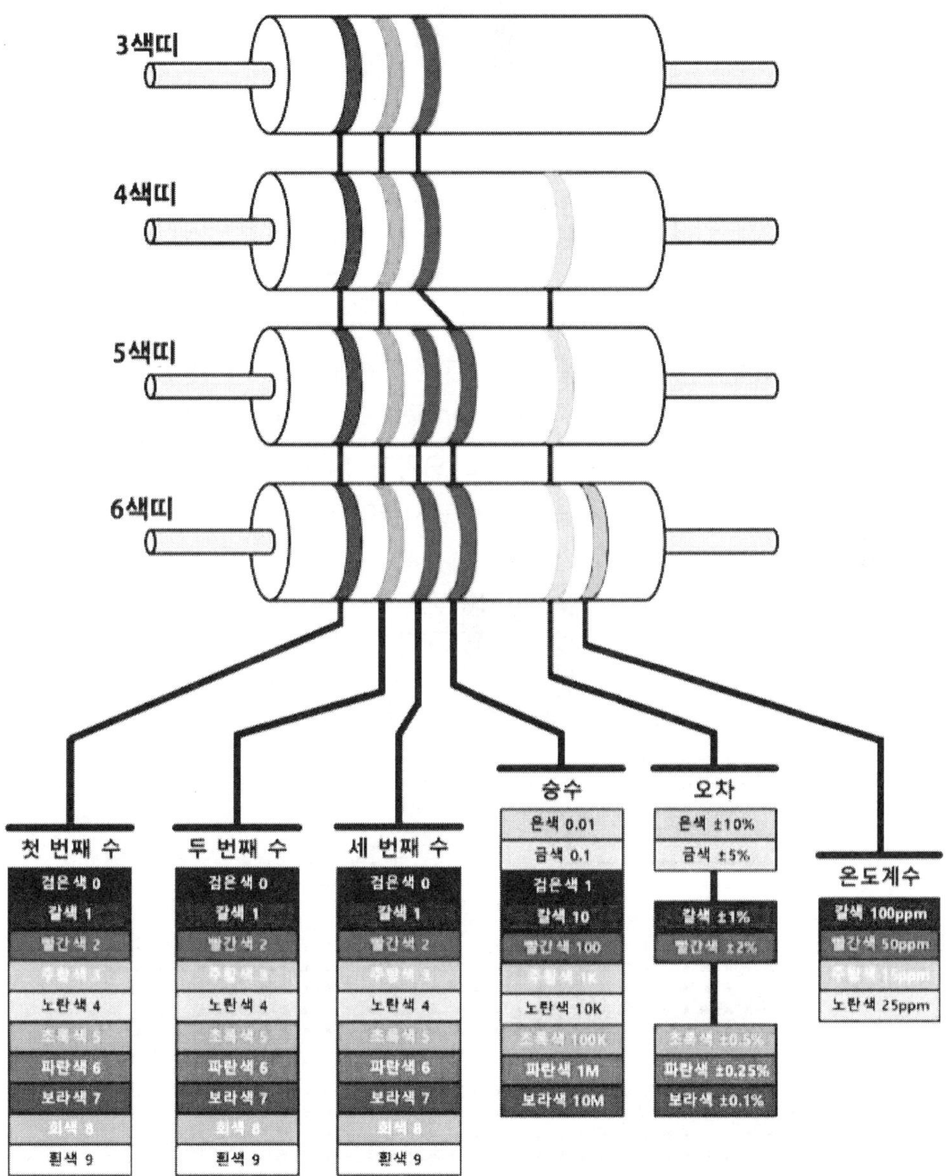

[그림 4.8.15] 저항 색 띠

첫째 띠는 주황색으로 3, 둘째 띠는 검정으로 0, 셋째 띠는 빨강으로 2인데 셋째 띠는 지수이므로 102 = 100이다. 따라서 30 × 102 = 3,000Ω = 3kΩ이다. 그리고 마지막 넷째 자리는 오차로 금색은 ±5%를 의미한다. 3색 띠 저항은 4색 띠와 같고 마지막 오차 표시만 없다.

(9) 5, 6색 띠 정밀저항 색을 읽는 방법

색은 왼쪽에서 오른쪽으로 순서대로 읽어 나가며 색 띠 간격이 좁은 쪽이 왼쪽이다. 왼쪽 세 자리는 숫자로 읽고 넷째 자라는 지수로 읽으면 된다. 다섯 번째 색 띠는 오차이고 여섯 번째 색 띠는 온도계수이다.

첫째 띠는 빨강으로 2, 둘째 띠는 파랑으로 6, 셋째 띠는 검정으로 0, 넷째 띠는 주황으로 3인데 넷째 띠는 지수이므로 103 = 1000이다. 따라서 260 × 103 = 260,000Ω = 260kΩ이 된다. 다섯 번째 띠는 은색으로 오차가 ±10%를 의미한다. 6색 띠는 여기에 여섯 번째 띠가 더 있고 이것은 온도계수를 표시한다.

(10) 브레드보드 사용법

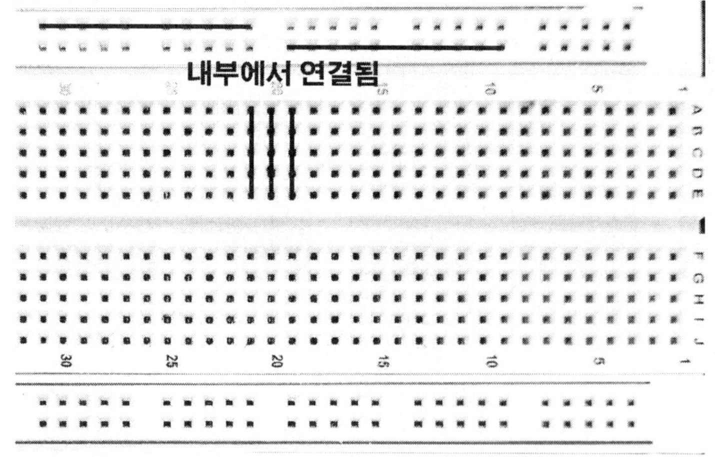

[그림 4.8.16] 브레드보드

브레드보드는 전자부품으로 회로를 연결하는데 아주 편리한 장치다. 브레드보드 내부 연결에 따라 전자부품의 연결선을 그대로 꽂아서 회로를 구성하면 된다.

[그림 4.8.16]과 같이 브레드보드 내부 연결은 + - 표시가 있는 두 줄짜리 전원부는 가로로 연결되어 있고, 5줄짜리 부품 부는 세로로 다섯 칸이 연결되어 있다. 따라서 부품을 연결할 때는 방향에 따라 연결할 수 있는 방향과 연결하면 안 되는 방향이 있다.

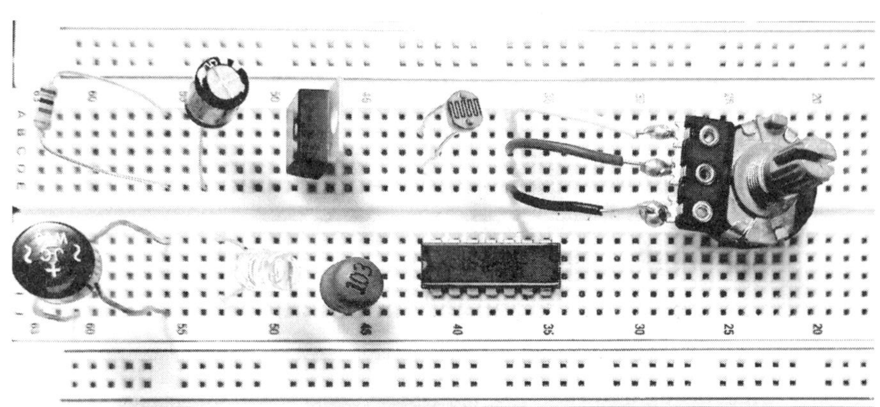

[그림 4.8.17] (a) 잘못된 연결

[그림 4.8.17] (b) 잘된 연결

[그림 4.8.17] (a)는 부품을 브레드보드 내부가 연결된 곳에 꽂아서 쓸 수 없는 상태이고, [그림 4.8.1b] (b)는 제대로 부품을 꽂은 상태이다.

실제 LED 회로를 브레드보드에 사용한 예를 보자.

[그림 3.6.18]은 LED, 저항 전지를 연결해서 LED에 불이 켜지도록 만든 회로 회로이고 이 회로를 브레드보드에 연결한 것은 [그림 4.8.19]에 있다.

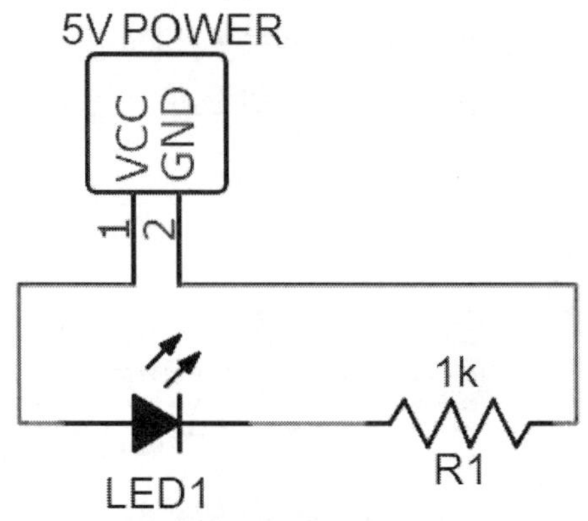

[그림 4.8.18] 발광다이오드 점등 회로

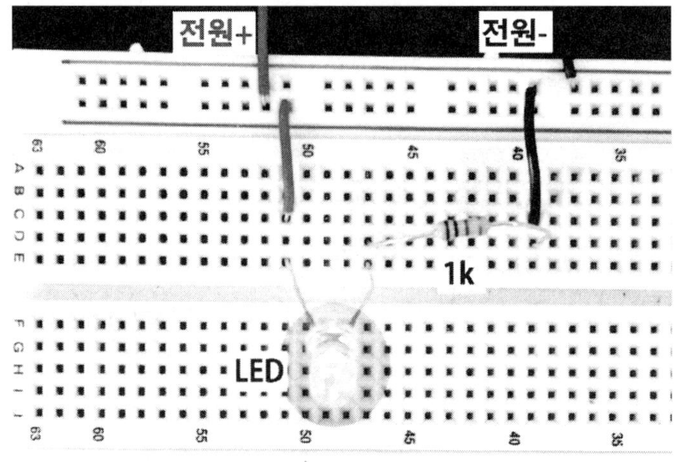

[그림 4.8.19] 발광다이오드 점등 회로

전원을 브레드보드 전원부 +, - 에 연결했고 저항 두 선이 서로 연결되지 않게 브레드보드에 꽂았다. 전원부 - 에 저항의 한쪽을 연결했고 LED를 저항의 다른 한쪽과 연결이 되도록 꽂았다. 저항에 - 전원이 연결되었기 때문에 LED의 저항에 연결된 쪽이 - 가 되도록 꽂았다. 마지막으로 LED + 쪽을 전원부 + 와 연결해서 하나의 회로가 완성되었다.

(11) 저항의 직렬연결

저항을 직렬 연결하면 합성저항은 연결된 저항의 합과 같다. 즉 전체 저항은 증가한다. 이것은 직렬연결에서 전체 저항에 걸린 전압은 V 이고 각 저항에는 V_1, V_2, V_3 로 전체 전압이 저항값에 비례해서 분배된다.

$$V = V_1 + V_2 + V_3$$

따라서 $V = V_1 + V_2 + V_3 = IR_1 + IR_2 + IR_3$

$$= I(R_1 + R_2 + R_3) = IR_s$$

$$V = IR_s \qquad R_s = \frac{V}{I} = R_1 + R_2 + R_3$$

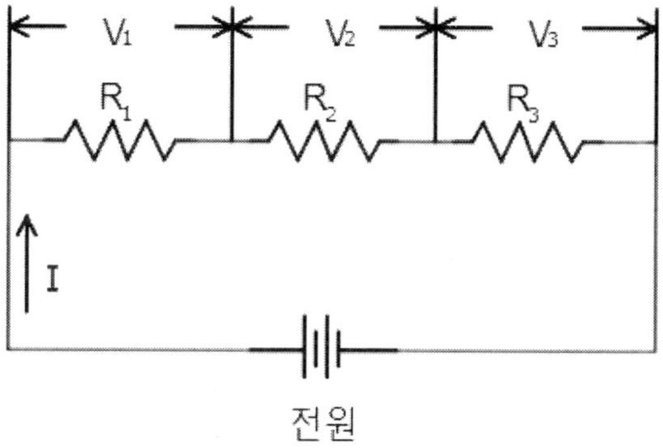

[그림 4.8.20] 저항의 직렬연결

직렬연결의 경우 회로는 하나이므로 이 회로에 흐르는 전류도 하나로 일정하다. 전압은 저항값에 비례해서 분배되어 각 저항에 걸리는 전압은 저항값에 따라 다르다.

(12) 저항의 병렬연결

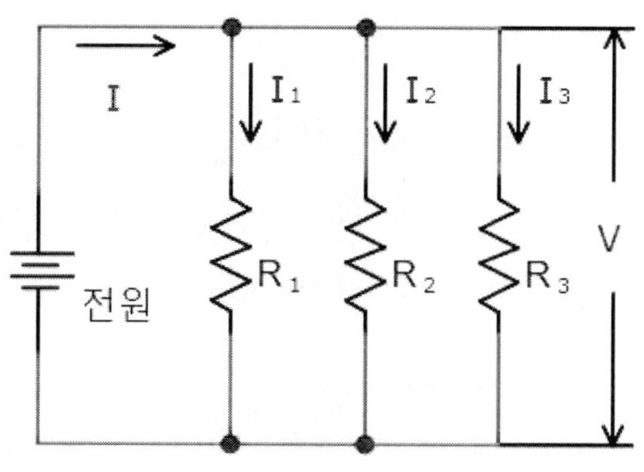

[그림 4.8.21] 저항의 병렬연결

저항을 [그림 4.8.21]과 같이 병렬 연결하면 전류가 흐르는 경로가 늘어나서 더 많은 전류가 흐를 수 있고 합성된 전체 저항은 작아진다.

병렬연결이므로 회로는 병렬 연결한 저항 개수만큼 늘어난다. 그림에서는 3개 저항을 병렬 연결해서 3개의 회로가 형성되고 각 회로에 흐르는 전류는 각 회로의 저항에 반비례한다. 이것을 수식으로 표현하면 다음과 같다.

$$I = I_1 + I_2 + I_3 = \frac{V}{R_1} + \frac{V}{R_2} + \frac{V}{R_3}$$

$$\frac{V}{R_p} = V\left(\frac{1}{R_p}\right) = V\left(\frac{1}{R_1} + \frac{1}{R_2} + \frac{1}{R_3}\right)$$

$$\frac{1}{R_p} = \frac{1}{R_1} + \frac{1}{R_2} + \frac{1}{R_3}$$

$$\frac{1}{R_p} = \frac{1}{R_1} + \frac{1}{R_2} + \frac{1}{R_3} + \dots \frac{1}{R_n} = \sum_i^n \left(\frac{1}{R_i}\right)$$

병렬연결에서는 병렬 연결된 각 회로에 같은 전압이 걸리기 때문에 전압은 일정하고 전류는 각 회로의 저항에 반비례한다.

3) 실험 장치

DMM(Digital Multi-Meter), 브레드보드, 저항, LED, 직류전원장치

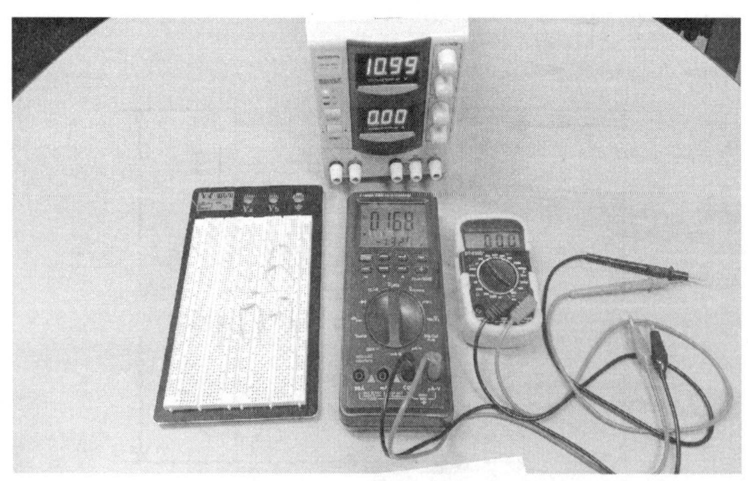

[그림 4.8.22] 실험장치

4) 실험 방법

- 주어진 15개 저항에서 저항 색 띠로 저항값을 읽어서 <표 4.8.1>에 기록하라.
- 저항을 모두 읽어 기록한 후 저항을 DMM으로 측정하여 <표 4.8.1>에 기록한다. 표의 오차(색)는 색 띠에 해당하는 오차이고, 측정값 오른쪽의 오차는 색 때로 읽은 저항값과 측정한 저항값 차이를 색 띠로 읽은 저항값으로 나누고 100을 곱해서 백분율로 나타낸다.

(1) 저항의 직렬 병렬연결

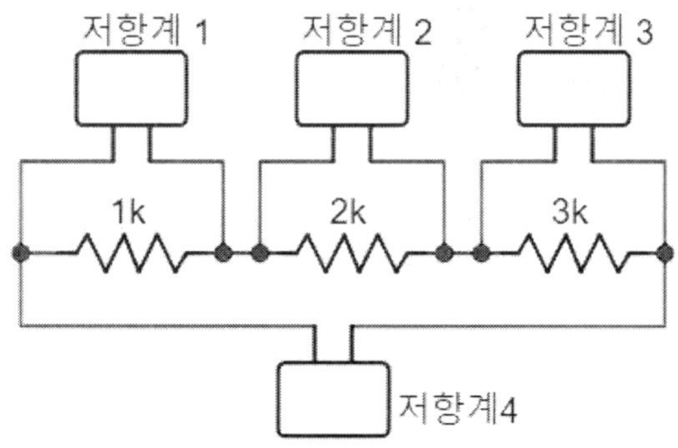

[그림 4.8.23] 직렬연결 저항 측정 회로

DMM으로 저항을 측정할 때 빨간색 연결선은 DMM에 저항을 측정하는 단자에 연결한다. 일반적으로 저항, 전압, 전류(큰 전류측정 제외)를 측정하는 단자는 같고 연결선을 연결하는 곳에 표시되어 있다) 검은색 연결선은 공통(COM) 단자에 연결한다. 측정 선택 스위치를, 저항을 측정하는 곳에 놓고 측정한다.

DMM 종류에 따라 측정 범위가 자동으로 선택되는 것과 수동으로 선택하는 것이 있는데 측정 선택 스위치에서 저항을 측정하는 곳이 하나이면 자동 선택이고 kΩ, MΩ 등 몇 가지 선택을 할 수 있는 것은 수동 선택형이다. 따라서 수동 선택형은 측정된 값을 보고 적절한 측정 범위를 선택해서 측정해야 한다.

먼저 [그림 4.8.24] (a), (b), (c)와 같이 세 개의 각 저항을 DMM으로 측정해서 표 4.8.2에 기록한다. [그림 4.8.24] (d)와 같이 측정한 저항을 직렬로 연결하고 합성저항을 측정해서 결과를 <표 4.8.2>에 기록한다.

[그림 4.8.25]와 같이 저항을 병렬로 연결하고 합성저항을 측정하고 그 결과를 <표 4.8.3>에 기록한다.

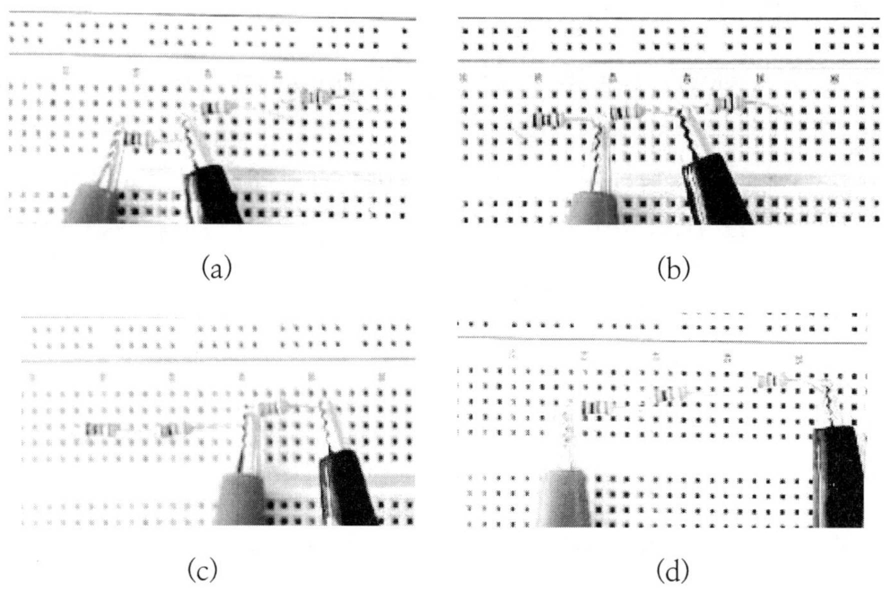

(a) (b)

(c) (d)

[그림 4.8.24] 직렬연결 저항 측정 방법

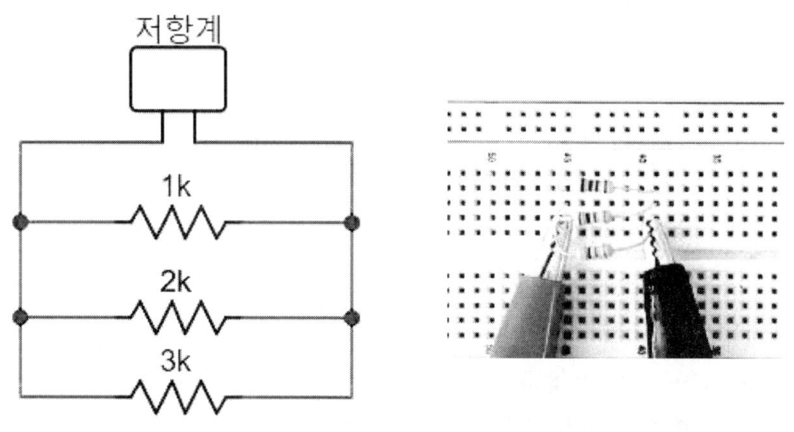

[그림 4.8.25] 병렬연결 저항 측정 방법

(2) 브레드보드 사용법과 LED 점등

회로에 저항을 연결하지 않고 LED만 전원에 연결하면 LED로 너무 많은 전류가 흘러 LED가 타서 고장난다.

[그림 4.8.18] 회로를 [그림 4.8.19]와 같이 브레드보드에 연결하고 5V 전원으로 LED를 점등한다. LED 방향을 반대로 연결해서 점등되는지 확인한다.

5) 결 과

(1) 저항 색 띠와 측정

저항 색 띠와 저항값을 <표 4.8.1>에 기록하라. 저항을 DMM으로 측정해서 <표 4.8.1>에 기록하고 오차도 계산하여 기록한다. 오차는 아래 표시된 식으로 계산한다.

$$\text{오차} = \frac{\text{읽은 저항값} - \text{측정 저항값}}{\text{읽은 저항값}} \times 100\,(\%)$$

(2) 저항 직렬연결

번호	저항색	저항값	오차(색)	측정값	오차
예시	갈흑흑금	10Ω	±5%		
1					
2					
3					
4					
5					
6					
7					
8					
9					
10					
11					
12					
13					
14					
15					

〈표 4.8.1〉 저항 측정

3개 저항을 색 띠로 읽은 저항값을 <표 4.8.2> B2, B3, B4에 기록한다. 같은 저항을 DMM으로 측정하고 측정된 저항값을 <표 4.8.2> C2, C3, C4에 기록한다. 저항값을 측정한 저항 3개를 직렬로 연결하고 저항을 측정해서 <표 4.8.2> D7에 기록한다.

	저항 (kΩ)	측정저항 (kΩ)	직렬연결 (kΩ)	오차(%)
R1	B2	C2	-----	E2
R2	B3	C3	-----	E3
R3	B4	C4	-----	E4
저항 색띠로 계산 (kΩ)			D5	E5
저항 측정값으로 계산 (kΩ)			D6	E6
측정 (kΩ)			D7	-----

〈표 4.8.2〉 직렬연결 저항 측정

오차 E2, E3, E4는 색 띠 저항값과 측정한 저항 사이의 오차로 앞 오차 계산 방법과 같이 계산해서 넣는다.

D5는 색 띠로 읽은 저항값 B2, B3, B4를 저항 직렬연결 합성저항 계산법으로 계산해서 넣는다.

D6도 색 띠로 읽은 저항값 C2, C3, C4를 저항 직렬연결 합성저항 계산법으로 계산해서 넣는다.

E5는 합성저항 오차인데, 색 띠로 계산한 값(D5)과 측정값(D7) 사이의 오차로 앞 계산식을 이용해서 계산한다.

E5 = (D5-D7)/D5 X 100

(3) 저항 병렬연결

병렬연결은 <표 4.8.2>에 사용한 저항을 그대로 사용한다. 따라서 B2에서 E4까지는 <표 4.8.2>와 같다.

3개 저항을 병렬로 연결하고 저항을 측정해서 <표 4.8.3> D7에 기록한다.

D5는 색 띠로 읽은 저항값 B2, B3, B4를 저항 병렬연결 합성저항 계산법으로 계산해서 넣는다.

D6도 색 띠로 읽은 저항값 C2, C3, C4를 저항 병렬연결 합성저항 계산법으로 계산해서 넣는다.

E5는 합성저항 오차인데, 색 띠로 계산한 값(D5)과 측정값(D7) 사이의 오차로 앞 계산식을 이용해서 계산한다.

E5 = (D5-D7)/D5 X 100

분석 및 토의 결론을, 결과표를 이용하여 작성하라.

	저항(kΩ)	측정저항 (kΩ)	병렬연결 (kΩ)	오차(%)
R1	B2	C2	-----	E2
R2	B3	C3	-----	E3
R3	B4	C4	-----	E4
저항 색띠로 계산 (kΩ)			D5	E5
저항 측정값으로 계산 (kΩ)			D6	E6
측정 (kΩ)			D7	-----

〈표 4.8.3〉 병렬연결 저항 측정

결과보고서 작성 방법

(1) 제 목

(2) 목 적

(3) 결과 및 분석

<표 4.8.1>의 작성 목적과 의미를 기록한다. <표 4.8.1>을 작성한다. 표 아래에 오차 계산 방법을 설명하고 실제 계산 하나는 자세히 기록한다.

<표 4.8.2>의 작성 목적과 의미를 기록한다. <표 4.8.2>를 작성하고 합성저항 계산 방법과 실제 계산을 모두 기록한다.

<표 4.8.3>의 작성 목적과 의미를 기록한다. <표 4.8.3>을 작성하고 합성저항 계산 방법과 실제 계산을 모두 기록한다.

LED 점등에 대해 기록한다.

■ 결 론

목적과 결과를 보고 결론을 작성한다.

표와 그래프 작성과 설명에서 주의 사항

- 표와 그래프는 번호와 이름을 넣어야 한다.
- 그래프에는 두 축에 대한 물리량과 단위를 표시해야 한다.

➡ 그래프

- 그래프의 목적과 그래프 의미, 그리고 무엇을 얻을 수 있는지를 설명해야 한다.
- 그래프 아래에는 그래프에서 얻은 물리량을 단위와 함께 기록해야 한다.

➡ 표

- 표의 목적과 무엇을 이야기하려는지 설명해야 한다.
- 표 아래에 표 작성 방법을 설명하고, 계산했다면 필요한 수식도 설명한다. 실제 표에 계산된 것 하나는 단위를 포함해서 계산을 어떻게 했는지 기록한다.

실험 결과 제출

과 :　　　　　　　학번 :　　　　　　　이름 :

번호	저항색	저항값	오차(색)	측정값	오차
예시	갈흑흑금	10Ω	±5%		
1					
2					
3					
4					
5					
6					
7					
8					
9					
10					
11					
12					
13					
14					
15					

	저항(kΩ)	측정저항 (kΩ)	직렬연결 (kΩ)	오차(%)
R1			x	
R2			x	
R3			x	
저항 색띠로 계산				
저항 측정값으로 계산				
측정				x

	저항(kΩ)	측정저항 (kΩ)	병렬연결 (kΩ)	오차(%)
R1			x	
R2			x	
R3			x	
저항 색띠로 계산				
저항 측정값으로 계산				
측정				x

9 옴의 법칙

1) 개요 및 목적

전자회로를 시험 및 저압 전류 등을 측정하기 위해 가장 많이 사용하는 측정 장비인 DMM(Digital Multi-Meter)의 사용법을 배우고 이를 이용한 전류와 전압을 측정하는 방법과 원리를 이해한다.

직렬회로와 병렬회로에서 각 회로에 흐르는 전류와 각 소자에 걸리는 전압이 어떻게 나타나는지 이해하고 측정법을 배우고, 실험으로 얻은 측정 결과로 각 회로에서 옴의 법칙이 성립하는지를 확인한다.

2) 배경 원리

(1) 옴의 법칙

하나의 회로에 어떤 전압을 걸었을 때 그 회로에 흐르는 전류는 그 회로의 저항에 반비례한다는 것이 옴의 법칙이다. 수식으로 표현하면 다음과 같다.

$$V = IR, \qquad I = \frac{V}{R}, \qquad R = \frac{V}{I}$$

[그림 4.9.3]은 회로에서 전압과 전류 사이의 관계를 나타낸 그림이다. 전류와 전압 그래프에서 직선의 기울기는 저항이 된다.

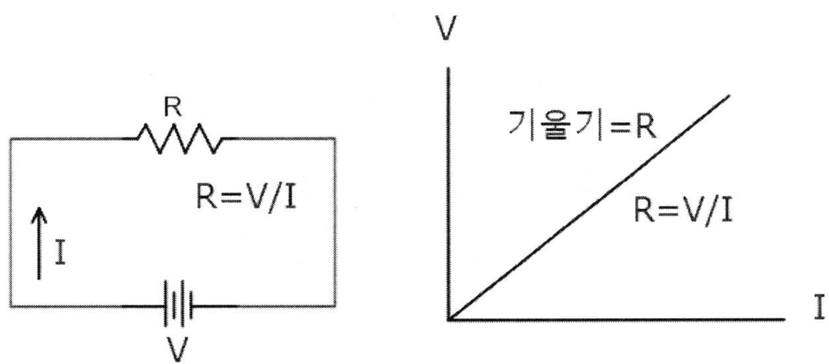

[그림 4.9.3] 옴의 법칙

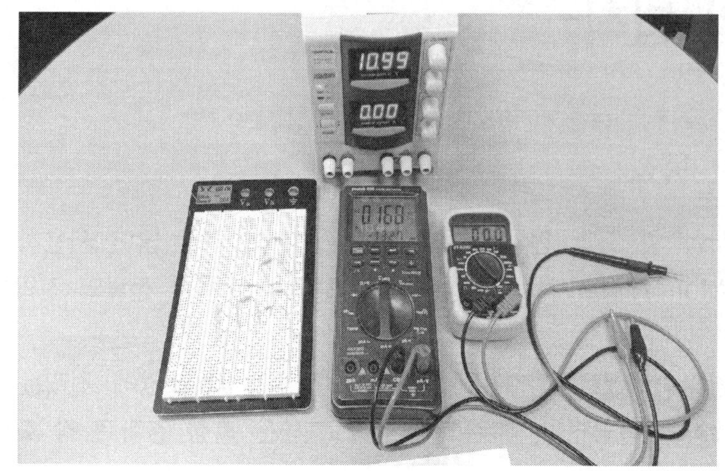

[그림 4.9.5] 실험 장치

3) 실험 장치

DMM, 브레드보드, 저항, 전압조정이 가능한 직류 전원 장치

4) 실험 방법

(1) 옴의 법칙

- 옴의 법칙을 확인하기 위해 [그림 4.9.6] (a)와 같이 회로를 연결한다. 전압계는 저항에 병렬로 연결하고 전류계는 회로에 직렬로 연결한다.

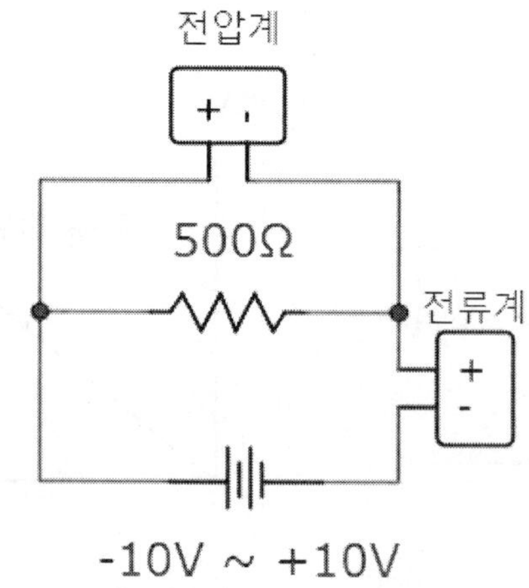

[그림 4.9.6] (a) 옴의 법칙 실험

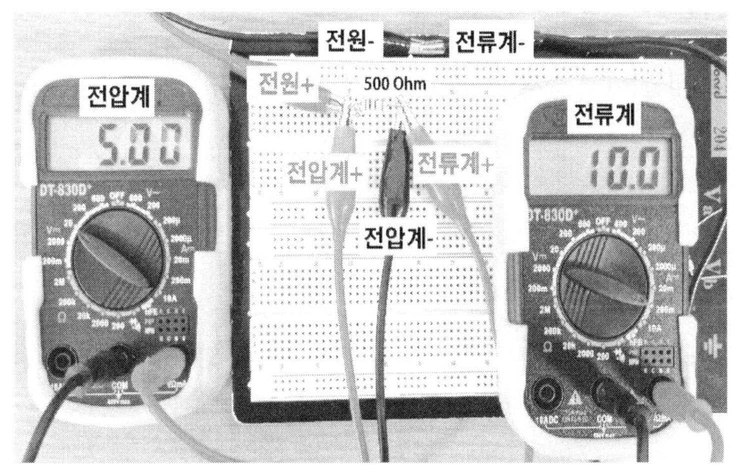

[그림 4.9.6] (b) 옴의 법칙 실험

- 전압을 -10V에서 +10V까지 변화시키면서 전압과 전류를 측정하려고 한다. 따라서 전압계는 10V 이상 측정할 수 있도록 측정 선택 스위치를 선택한다. 이 경우는 20V까지 측정할 수 있는 선택을 했다. 저항이 500Ω이고 최대 전압이 10V이므로 전류는 최대 20mA가 흐른다. 따라서 전류계의 측정 선택 스위치를 20mA 이상 측정할 수 있도록 선택한다. 이 경우에 20mA 선택 위치가 있으나 실제 저항이 조금 작을 수 있고 전압을 조정할 때 10V가 넘어갈 수 있으므로 한 단계 위 200mA를 선택했다.
- 먼저 전압을 0V에서 10V까지 1V씩 변화시키며 측정된 전압과 전류를 〈표 4.9.1〉에 기록한다. 0V에서 -10V는 전원의 +, -를 서로 바꾸어서 연결하고 측정하면 된다. 이 측정 결과도 〈표 4.9.1〉에 같이 기록한다.
- 저항을 200Ω으로 바꾸고 같은 실험을 반복해서 〈표 4.9.2〉에 기록한다.
- 저항이 200Ω인 경우는 최대 전압이 10V이므로 최대 전류가 50mA이므로 전류 선택 스위치를 200mA에서 그대로 측정해도 된다.

5) 결과 및 분석

500Ω 저항을 DMM으로 측정하고 측정값을 〈표 4.9.1〉에 기록한다.

전압을 -10V에서 10V까지 1V씩 변화시키며 전압과 전류를 측정해서 〈표 4.9.1〉에 기록한다.

〈표 4.9.1〉을 이용해서 전류(x축) 대 전압(y축) 그래프를 [그림 4.9.7]에 그리고 추세선을 구한다. 추세선을 구할 때 전압이 0이면 전류도 0이므로 절편을 0으로 넣고 추세선을 구한다.

측정저항 Ω

전류(mA)	전압(V)	저항(Ω)(V/I)	전류(mA)	전압(V)	저항(Ω)(V/I)
	-10			1	
	-9			2	
	-8			3	
	-7			4	
	-6			5	
	-5			6	
	-4			7	
	-3			8	
	-2			9	
	-1			10	
0	0	-			

〈표 4.9.1〉 전압에 따른 전류의 변화 측정 (500Ω)

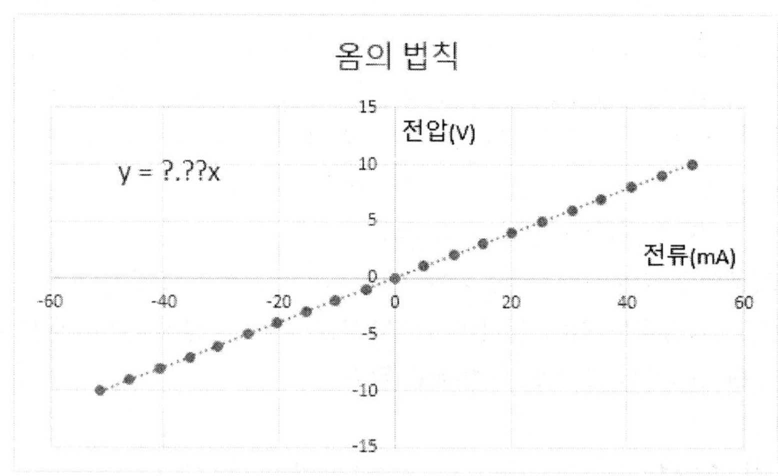

[그림 4.9.7] I-V 그래프

이때 구한 추세선의 기울기가 저항값이 된다. (이유를 분석 및 토론에 설명하라) 200Ω 저항을 DMM으로 측정하고 측정값을 〈표 4.9.2〉에 기록한다.

전압을 -10V에서 10V까지 변화시키며 전류를 측정해서 〈표 4.9.2〉에 기록한다.

〈표 4.9.2〉를 이용해서 전류(x축) 대 전압(y축) 그래프를 [그림 4.9.8]에 그리고 추세선을 구한다. 추세선을 구할 때 전류가 0이면 전압도 0이므로 절편을 0으로 넣고 추세선

을 구한다.

표와 그래프 등 결과를 이용해서 분석 및 토의 결론을 작성한다.

실험이 끝나면 측정 결과를 실험 결과표에 기록해서 제출하고 결과보고서는 보고서 작성 방법대로 작성해서 보고서 제출 사이트에 제출한다.

측정저항 Ω

전류(mA)	전압(V)	저항(Ω)(V/I)	전류(mA)	전압(V)	저항(Ω)(V/I)
	-10			1	
	-9			2	
	-8			3	
	-7			4	
	-6			5	
	-5			6	
	-4			7	
	-3			8	
	-2			9	
	-1			10	
0	0	-			

〈표 4.9.2〉 전압에 따른 전류의 변화 측정 (200Ω)

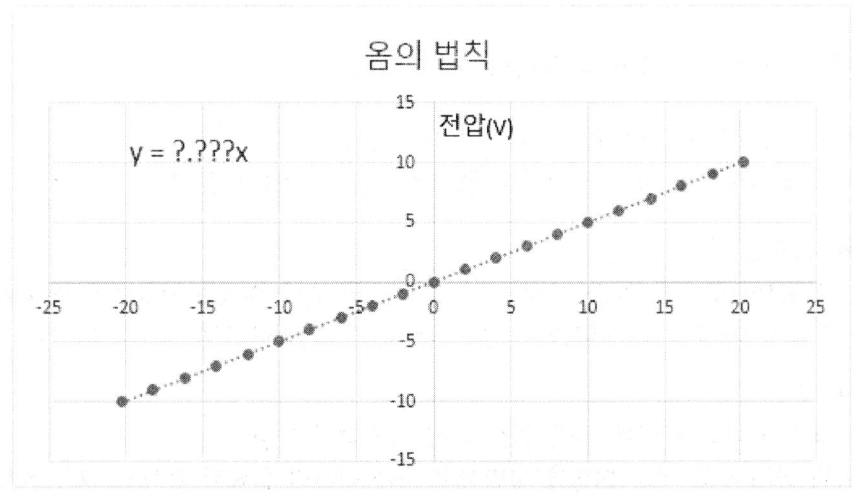

[그림 4.9.8] I-V 그래프

결과보고서 작성 방법

(1) 제 목

(2) 목 적

(3) 결과 및 분석

■ 500Ω 저항

500Ω 저항을 측정해서 측정값을 기록한다.
〈표 4.9.1〉 작성 목적과 의미를 기록한다.
〈표 4.9.1〉에 저항을 DMM으로 측정해서 위에 기록하고 표를 작성한다.
그래프의 작성 목적과 의미를 기록한다.
[그림 4.9.6]과 같은 그래프를 〈표 4.9.1〉을 이용하여 그리고 추세선을 넣는다. 이때 추세선의 y 절편은 0으로 잡는다.
표와 그래프 작성 방법을 설명하고 그래프에 대한 분석을 적는다.
200Ω 저항도 같은 방법으로 작성한다.

■ 결 론

목적과 결과를 보고 결론을 작성한다.

표와 그래프 작성과 설명에서 주의 사항

- 표와 그래프는 번호와 이름을 넣어야 한다.
- 그래프에는 두 축에 대한 물리량과 단위를 표시해야 한다.

➡ 그래프

- 그래프의 목적과 그래프 의미, 그리고 무엇을 얻을 수 있는지를 설명해야 한다.
- 그래프 아래에는 그래프에서 얻은 물리량을 단위와 함께 기록해야 한다.

➡ 표

- 표의 목적과 무엇을 이야기하려는지 설명해야 한다.
- 표 아래에 표 작성 방법을 설명하고, 계산했다면 필요한 수식도 설명한다. 실제 표에 계산된 것 하나는 단위를 포함해서 계산을 어떻게 했는지 기록한다.

실험 결과 제출

과 : 학번 : 이름 :

[500Ω 저항]

측정저항	Ω
전류(mA)	전압(V)
	-10
	-9
	-8
	-7
	-6
	-5
	-4
	-3
	-2
	-1
0	0
	1
	2
	3
	4
	5
	6
	7
	8
	9
	10

[200Ω 저항]

측정저항	Ω
전류(mA)	전압(V)
	-10
	-9
	-8
	-7
	-6
	-5
	-4
	-3
	-2
	-1
0	0
	1
	2
	3
	4
	5
	6
	7
	8
	9
	10

10 휘스톤 브리지

1) 개요 및 목적

저항선의 비저항과 길이가 저항선의 저항과 어떤 관계에 있는지 이해하고 이를 이용한 저항 측정 방법을 알아본다.

전기 전자회로에서 저항은 중요한 기본 소자다. 지금은 디지털 장비들이 발달하여 측정할 때 몇 가지 주의만 한다면 정확한 저항을 측정할 수 있다. 그러나 디지털 장비가 지금처럼 일반화되지 않았을 때 정확한 저항을 측정하는 것은 쉬운 일이 아니었다. 저항을 정밀하게 측정하는 하나의 방법으로 휘스톤 브리지를 이용한 방법이 있다. 이를 이용한 저항 측정을 통해 저항 측정의 원리와 개념을 이해한다.

2) 배경 이론

(1) 비저항

일반적으로 도체는 실온에서 모두 전기 저항을 지닌다. 즉 전기가 그 물질을 통해서 흐를 때 전기의 흐름을 방해하는 여러 가지 요소가 존재한다. 이를 전기 저항이라 한다.

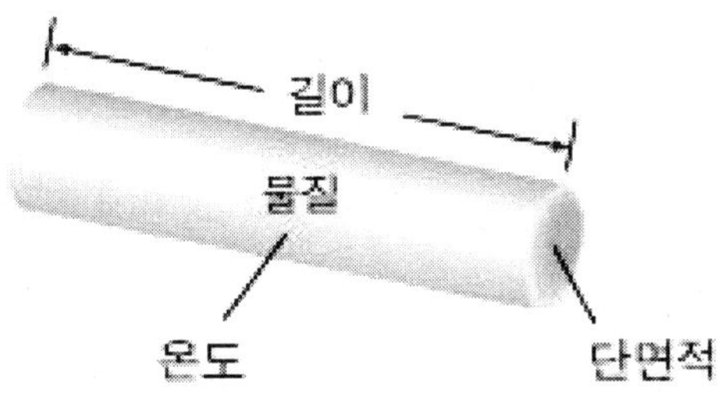

[그림 4.10.1] 저항인자

길이가 l 단면적이 A인 물질의 저항은 다음과 같이 쓸 수 있다.

$$R = \rho\frac{l}{A}$$

여기서 ρ는 물질의 비저항으로 물질마다 고유값을 갖고 단위는 Ωm이다. 물체의 저항은 길이에 비례하고 단면적에 반비례한다.

(2) 휘스톤 브리지 원리

휘스톤 브리지는 측정하려는 미지저항, 표준저항, 그리고 길이에 따라 저항을 바꿀 수 있는 저항선, 전원, 검류계 등으로 구성되어 있다. [그림 4.10.2]는 휘스톤 브리지 개념도이다. 이 그림에서 R_b 는 표준저항으로 저항값을 정확히 아는 저항이고 R_x 는 측정하려는 미지저항이다.

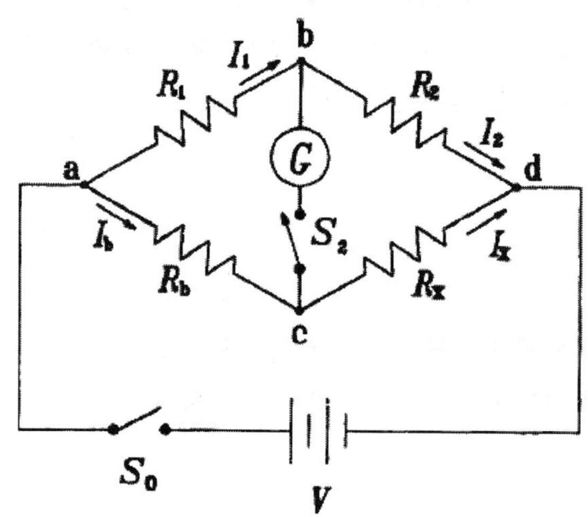

[그림 4.10.2] 휘스톤 브리지 원리

R_1 과 R_2 는 길이 1m 정도의 저항선으로 저항선 중간에 선택한 b 점에 따라 저항 R_1 과 R_2 가 결정된다. 만일 b 점을 검류계 G에 전류가 흐르지 않는 곳으로 선택했다면 b 점과 c 점 사이에 전류가 흐르지 않는 것으로 b 점과 c 점의 전위는 같다. 즉 a 점과 d 점에는 걸어준 전압 V가 걸려있으므로 점 a와 b 사이의 전위차는 점 a와 c 사이의 전위차와 같고, 점 b 와 d 사이의 전위차는 점 c 와 d 사이의 전위차와 같다.

이 관계를 식으로 표현하면 다음과 같다.

$$V_b = V_c$$

$$V_{ab} = V_{ac} \qquad (1)$$

$$V_{bd} = V_{cd} \qquad (2)$$

저항 R_1에 흐르는 전류를 I_1, 저항 R_2에 흐르는 전류를 I_2라 하고, 표준저항 R_b에 흐르는 전류를 I_b, 미지저항 R_x에 흐르는 전류를 I_x라 하면 $V_{ab}=I_1R_1$ 이고, $V_{ac}=I_bR_b$ 이다. 또한 $V_{bd}=I_2R_2$ 이고, $V_{cd}=I_xR_x$이다.

따라서 다음과 같이 식을 정리할 수 있다.

$$I_1R_1=I_bR_b \qquad (3)$$

$$I_2R_2=I_xR_x \qquad (4)$$

이때 $V_b=V_c$ 이므로 검류계 G 를 통해서 흐르는 전류가 0이 되어 $I_1=I_2$ 이고, $I_b=I_x$가 된다. 식(3)과 (4)의 비를 취하면 다음과 같이 된다.

$$\frac{R_1}{R_2}=\frac{R_b}{R_x} \qquad (5)$$

식(5)에서 미지의 저항 R_x를 구하면 다음과 같이 된다.

$$R_x=\frac{R_2}{R_1}R_b \qquad (6)$$

b점과 c점의 전위가 같다면, 즉 검류계 G 에 전류가 흐르지 않는 점 b를 찾아 회로를 연결했을 때 저항 R_1과 R_2의 비를 알면 미지저항 R_x을 구할 수 있다.

휘스톤 브리지의 저항 R_1과 R_2는 하나의 저항선이고, 같은 저항선에서 저항은 길이에 비례한다.

저항선의 단면적을 A, 길이를 l, 비저항을 ρ, 저항을 R 이라 하면 저항선의 저항은 다음 식으로 표현된다.

$$R=\rho\frac{l}{A}$$

따라서 $\dfrac{R_1}{R_2}=\dfrac{\rho\frac{l_1}{A}}{\rho\frac{l_2}{A}}=\dfrac{l_1}{l_2}$ 이다.

이 식을 식(6)에 대입하면 $R_x = \frac{l_2}{l_1} R_b$ 를 얻는다.

따라서 검류계 G 에 전류가 흐르지 않는 점 b를 찾아 점 ab 사이의 길이와 점 bc 사이의 저항선 길이를 측정해서 비를 구하고 여기에 표준저항을 곱하면 미지저항을 알 수 있다.

3) 실험 장치

휘스톤 브리지, DMM, 저항, 브레드보드, 직류전원 장치

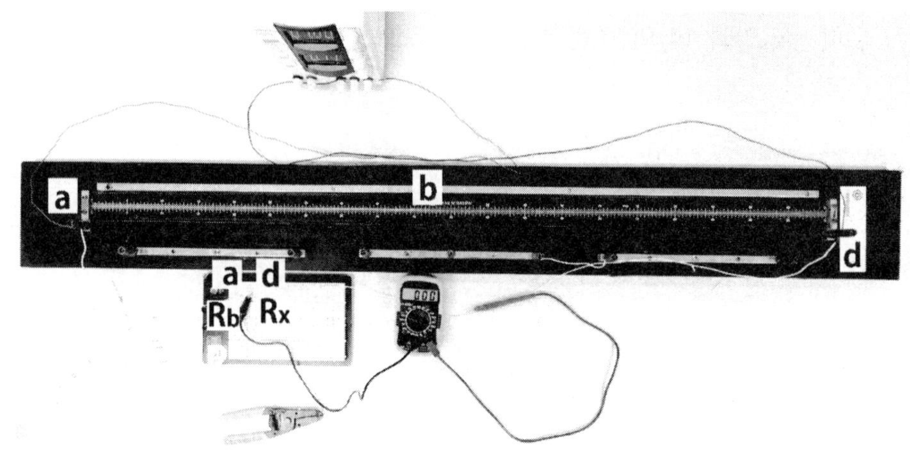

[그림 4.10.3] 실험 장치

4) 실험 방법

- [그림 4.10.3]과 같이 장치를 연결한다. 휘스톤 브리지 a 점에 전원 +를 연결하고 d 점에는 전원 -를 연결한다.
- 휘스톤 브리지 a 점과 브레드보드 저항 연결부의 a 점을 전선으로 연결한다. 휘스톤 브리지 a 점과 브레드보드 저항 연결부의 a 점은 [그림 4.10.2]의 a 점과 전기적으로 같은 점이다. 휘스톤 브리지 d 점과 브레드보드 저항 연결부의 d 점을 전선으로 연결한다.
- 실험할 때는 [그림 4.10.5]와 같이 검류계 대신 DMM의 mV 단위의 전압 측정기로 전압이 0이 되는 부분을 찾는다. 두 지점의 전위차가 0이면 전류도 0이기 때문에 mV 정

도에서 0V를 찾으면 검류계를 사용하는 것과 같은 정밀도로 위치 측정이 가능하다. DMM의 전류계를 이용해도 되나 전류계는 a와 d 점 사이에서 위치에 따라 과전류가 흐를 수 있어 퓨즈가 쉽게 끊어질 수 있고 측정에 많은 어려움이 있을 수 있다. 그러나 전압계를 이용하면 전위차가 크게 나더라도 전류를 측정하는 것이 아니어서 과전류가 흐르지 않아 안전하다.

[그림 4.10.4] 휘스톤 브리지 저항 연결 부분

- 1kΩ 저항을 표준저항 R_b로 선택하고 DMM으로 저항값을 측정하여 <표 4.10.1> 표준저항 칸에 기록하고 [그림 4.10.4]와 같이 브레드보드에 연결한다.
- 미지의 저항 R_x를 [그림 4.10.4]와 같이 브레드보드에 연결한다. DMM의 선택 단자를 mV 측정을 선택하고 DMM의 - 리드선을 c 점(그림 4.10.4 표준저항 R_b와 미지저항 Rx 연결 부분)에 연결한다.
- 직류전원장치 전압을 1V로 설정하고 전원을 넣는다. 만일 전원 장치에 CC(current cut) 단자에 불이 들어오면 전류공급을 늘려서 CC 불이 꺼지도록 조정한다. 이때 만일 전류가 수백mA 흐른다면 장치연결에 문제가 있으므로 처음부터 장치연결을 확인해야 한다. 저항선의 길이가 1m이고 저항선의 전체 저항이 10Ω 정도이며 연결한 표준저항과 미지저항은 kΩ 단위이므로 연결 저항으로 흐르는 전류는 저항선으로 흐르는 전류의 1/100에서 1/수백 정도로 작으므로 전체 전류는 0.1A + 0.001A 보다 작은 전류가 흘러야 한다.

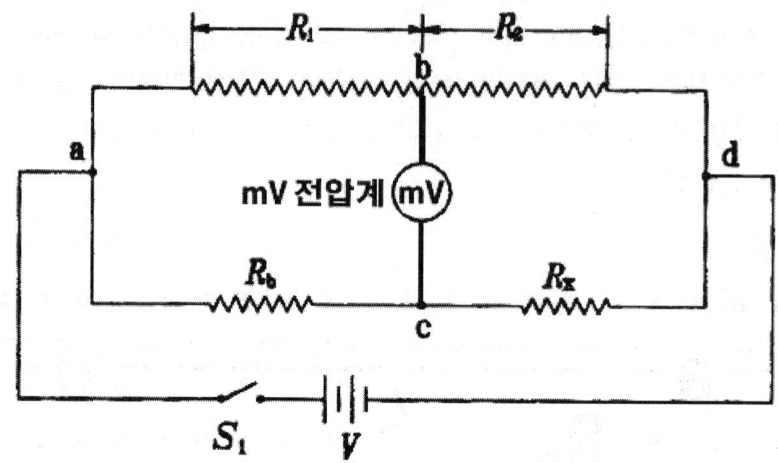

[그림 4.10.5] 실험 장치 개념도

- 미지저항을 연결하고 DMM의 + 리드선에 연결된 탐침을 [그림 4.10.1]에서 휘스톤 브리지 점 a와 d 사이의 저항선 위에 연결해서 좌우로 이동시킨다. 이때 DMM의 전압을 보면서 전압이 감소하는 방향으로 이동시켜 전압이 0V가 되는 지점을 찾아 위치를 cm로 〈표 4.10.1〉에 기록한다.
- 이때 먼저 DMM의 최대 측정전압을 2V로 선택해서 0V 위치를 알아 놓고 다시 DMM의 최대 측정전압을 200mV로 낮추어서 위치를 mm 단위로 정밀하게 측정한다.
- 표준저항을 1kΩ으로 하고, 미지저항을 1kΩ, 2kΩ, 3kΩ, 4.7kΩ, 5.6kΩ, 8.2kΩ 등으로 바꾸어서 실험을 반복한다.
- 표준저항을 4.7kΩ으로 바꾸고 미지저항을 1kΩ, 2kΩ, 3kΩ, 4.7kΩ, 5.6kΩ, 8.2kΩ 등으로 바꾸어서 같은 실험을 반복한다.

5) 결 과

1kΩ 표준저항을 DMM으로 측정하여 〈표 4.10.1〉에 기록한다.

〈표 4.10.1〉을 이용해 저항선 길이의 비 대 측정 저항 그래프를 [그림 4.10.6]에 그리고 추세선을 구한다. 이때 y 절편은 0으로 잡는다.

[그림 4.10.6]의 추세선의 기울기가 표준 저항값이 된다. (이유를 분석 및 토의에 설명하라)

측정표준저항:　　　　　　　　　　　kΩ

미지저항 색띠(kΩ)	1	2	3	4.7	5.6	8.2
길이 l1 (cm)						
길이 l2 (cm)						
길이비(l2/l1)						
미지저항 측정(kΩ)						
DMM측정(kΩ)						

〈표 4.10.1〉 길이에 따른 저항의 변화

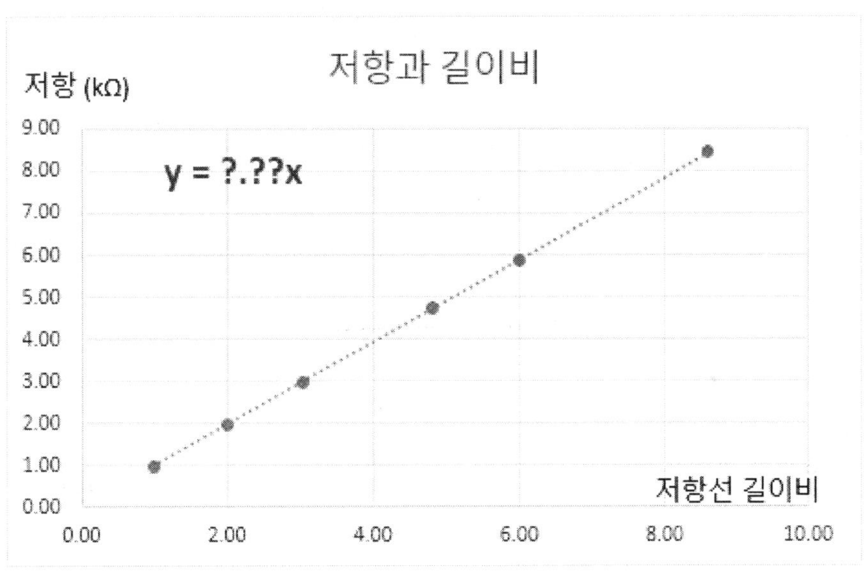

[그림 4.10.6] 저항과 저항선 길이 비

4.7kΩ 표준저항을 DMM으로 측정하여 〈표 4.10.2〉에 기록한다.

〈표 4.10.2〉을 이용해 저항선 길이의 비 대 측정 저항 그래프를 [그림 4.10.7]에 그리고 추세선을 구한다. 이때 y 절편은 0으로 잡는다.

실험이 끝나면 측정 결과를 실험 결과표에 기록해서 제출하고 결과보고서는 보고서 작성 방법대로 작성해서 보고서 제출 사이트에 제출한다.

측정표준저항: kΩ

미지저항 색띠(kΩ)	1	2	3	4.7	5.6	8.2
길이 l1 (cm)						
길이 l2 (cm)						
길이비(l2/l1)						
미지저항 측정(kΩ)						
DMM측정(kΩ)						

〈표 4.10.2〉 길이에 따른 저항의 변화

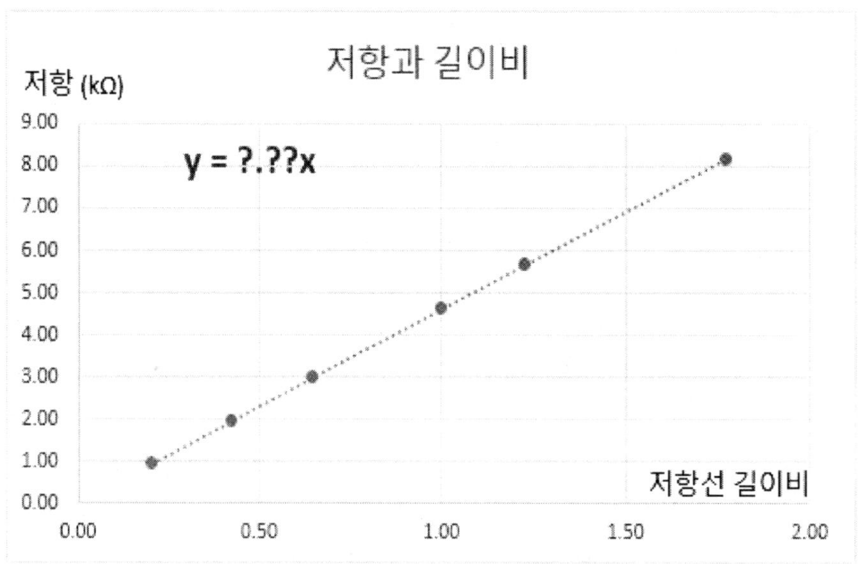

[그림 4.10.7] 저항과 저항선 길이 비

결과보고서 작성 방법

(1) 제 목

(2) 목 적

(3) 결과 및 분석

■ 1kΩ 표준저항

<표 4.10.1>의 목적과 의미를 설명한다. 표준저항을 DMM으로 측정해서 표 위에 기록하고 측정 결과로 표를 작성한다.

[그림 4.10.6]과 같은 그래프를 <표 4.10.1> 결과를 이용해서 그리고 추세선도 구해서 넣는다. 이때 구한 추세선 방정식에서 y 절편은 0으로 넣고 구해야 한다.

표와 그래프 작성 방법과 그래프의 의미를 설명하고 분석 결과를 적는다.

3kΩ 표준저항에 대해서도 같은 방법으로 작성한다.

■ 결 론

목적과 결과를 보고 결론을 작성한다.

표와 그래프 작성과 설명에서 주의 사항

- 표와 그래프는 번호와 이름을 넣어야 한다.
- 그래프에는 두 축에 대한 물리량과 단위를 표시해야 한다.

➡ 그래프

- 그래프의 목적과 그래프 의미, 그리고 무엇을 얻을 수 있는지를 설명해야 한다.
- 그래프 아래에는 그래프에서 얻은 물리량을 단위와 함께 기록해야 한다.

➡ 표

- 표의 목적과 무엇을 이야기하려는지 설명해야 한다.
- 표 아래에 표 작성 방법을 설명하고, 계산했다면 필요한 수식도 설명한다. 실제 표에 계산된 것 하나는 단위를 포함해서 계산을 어떻게 했는지 기록한다.

실험 결과 제출

과 : 학번 : 이름 :

[1kΩ 표준저항]

측정표준저항: kΩ

미지저항 색띠(kΩ)						
길이 l1 (cm)						
길이 l2 (cm)						
길이비(l2/l1)						

[4.7kΩ 표준저항]

측정표준저항: kΩ

미지저항 색띠(kΩ)						
길이 l1 (cm)						
길이 l2 (cm)						
길이비(l2/l1)						

11 최대 전력 전달

1) 개요 및 목적

전기장치는 용도에 따라 매우 다양하고 그 용도에 따라 부하가 모두 다르다. 일반적으로 부하에 전달되는 전력 효율은 부하의 임피던스와 전력을 공급하는 회로의 임피던스에 의해 결정된다.

이 실험에서는 간단한 DC 전력공급 회로의 내부저항과 부하저항에 따라 전달되는 전력이 어떻게 달라지는지 실험을 통해서 알아보고 최대 전력 전달 조건을 찾고 그 원리를 공부한다.

2) 배경 이론

전원 공급장치에서 전압 V가 부하저항 RL에 걸려서 전류 I가 흐를 때 부하저항이 소비하는 전력은 다음과 같다.

$$P = VI = I^2 R = \frac{V^2}{R}$$

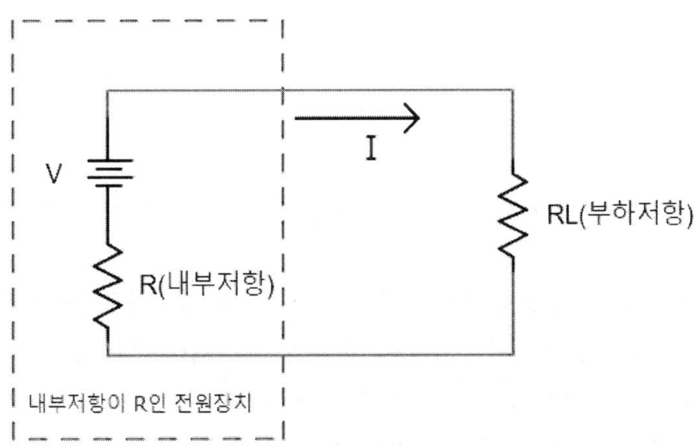

[그림 4.11.1] 장치 개념도

실제로 모든 전기장치 또는 전기회로는 내부저항이 있어서 [그림 4.11.1]과 같은 전원장치도 내부저항이 있고, 그 내부저항을 R이라 하면 회로에 흐르는 전류는 다음과 같다.

$$I = \frac{V}{R + R_L}$$

회로의 전체전력은 다음과 같다.

$$P = I^2 R = \left(\frac{V}{R + R_L}\right)^2 R_L = \frac{V^2 R_L}{(R + R_L)^2} \qquad (1)$$

이 식에서 전압 V와 내부저항 R이 일정하다면 부하저항이 소비하는 전력은 부하저항 RL에 의해 결정되는 것을 알 수 있다.

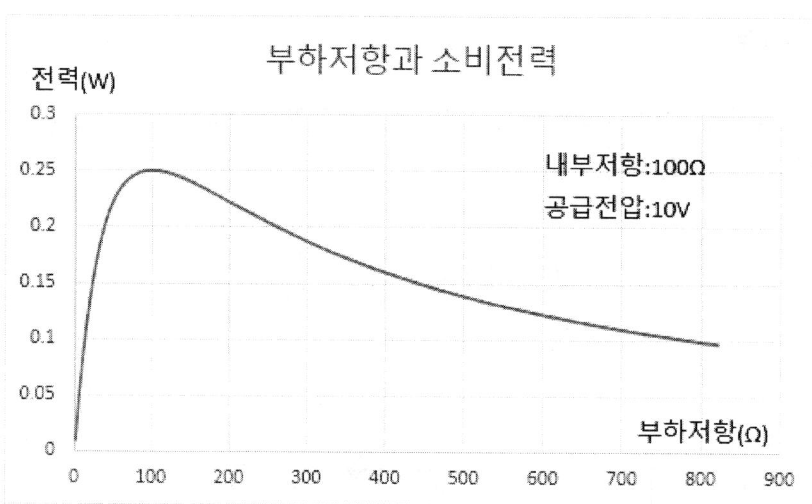

[그림 4.11.2] 부하저항에 따른 소비전력 변화 (내부저항 100Ω)

[그림 4.11.2]에서 같이 공급전압과 내부저항에 따라 그래프의 최대 전력 위치는 차이가 있지만, 부하저항과 공급전압이 고정된 일반적인 전기장치에서는 부하저항에 따라 소비전력이 변하게 된다. 따라서 전기장치를 설계할 때 내부저항과 부하저항을 적절히 조정해서 최대 전력이 전달되도록 회로를 설계할 수 있다.

최대 전력이 전달되는 피크의 위치는 부하저항의 변화에 따른 전력변화가 0이 되는 지점 즉 [그림 4.11.2]와 같은 그래프에서 각 접선의 기울기가 +에서 -로 넘어가는 위치가 된다. 이 조건을 식으로 표현하면 다음과 같다.

$$\frac{dP}{dR_L} = 0$$

따라서 미분 값이 0이 되는 부하저항을 구하면 최대 전력 전달 위치를 찾을 수 있다. 전력에 대한 식(1)을 부하저항 RL에 대해 미분하면 다음과 같다.

$$\frac{dP}{dR_L} = \frac{V^2(R+R_L) - 2V^2R_L}{(R+R_L)^3}$$

$$V^2(R+R_L) - 2V^2R_L = 0$$

즉 내부저항과 부하저항이 같을 때 최대 전력이 전달된다.

[그림 4.11.2]는 공급전압이 10V이고, 내부저항이 100Ω일 때 부하저항에 따른 소비전력의 변화를 계산해서 그래프로 나타냈는데 계산 결과와 같이 부하저항 = 내부저항일 때, 즉 부하저항이 100Ω일 때 최대 전력이 전달됨을 알 수 있다.

오디오 앰프에서 임피던스 매칭 변압기를 통한 실제 최대 전력 전달을 이용한 경우를 보자. 임피던스 매칭 변압기는 1차 코일과 2차 코일의 임피던스는 권선비에 의해 결정된다. 1차 코일 임피던스를 Z_1이라 하고 2차 코일 임피던스를 Z_2라 하면 다음과 같다.

$$Z_1 = \left(\frac{N_1}{N_2}\right)^2 Z_2$$

따라서 1차 코일 임피던스를 Z_1을 오디오 앰프의 출력 임피던스에 맞추고 2차 코일 임피던스를 Z_2를 스피커 임피던스에 맞추면 오디오 출력을 최대로 스피커에 전달할 수 있다.

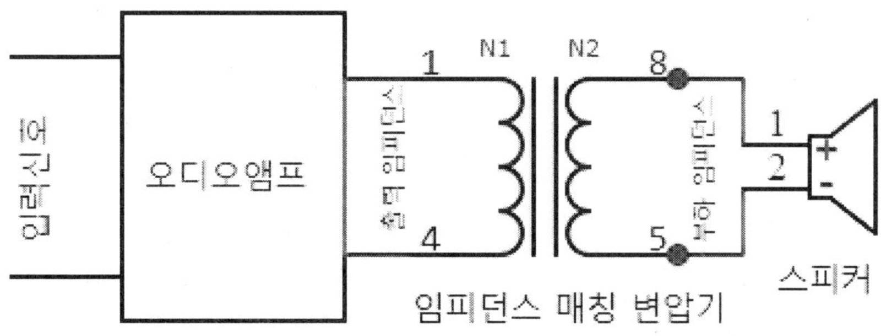

[그림 4.11.3] 오디오에서 임피던스 매칭

만일 스피커가 8Ω이고 오디오 앰프 출력 임피던스가 1kΩ(1000Ω)이라면 임피던스 매칭 변압기의 권선비는 다음과 같이 계산할 수 있다.

$$Z_1 = \left(\frac{N_1}{N_2}\right)^2 Z_2$$

$$\frac{Z_1}{Z_2} = \left(\frac{N_1}{N_2}\right)^2 \qquad \frac{1000}{8} = \left(\frac{N_1}{N_2}\right)^2 = 125$$

$$\frac{N_1}{N_2} = \sqrt{125} = 11.18$$

1차 코일과 2차 코일의 권선비가 11.18:1이면 오디오 앰프에서 스피커로 전력손실을 최소로 할 수 있다.

3) 실험 장치

직류전원장치, 브레드보드, DMM, 저항 1kΩ, 3kΩ, 가변저항 10kΩ

4) 실험 방법

- [그림 4.11.4] (a) 회로를 이용하여 [그림 4.11.4] (b)같이 회로를 연결한다. 이때 내부저항은 1kΩ을 사용하고 부하저항은 10kΩ 가변저항을 사용한다. 가변저항 사용 방법은 가변저항의 3개 단자 중 가운데 단자와 양쪽 두 단자 중 어느 것이든 하나를 사용하면 된다. [그림 4.11.4.] (c)같이 스위치는 스위치 장치를 사용하지 않고 브레드보드에 부하저항의 한 선을 연결했다가 끊었다 하면서 사용하면 된다.
- [그림 4.11.4] (c)와 같이 스위치용 선을 끊고 전압계 1로 직류전원의 전압을 10V로 조정한다. 부하저항을 조정과 측정하기 위해서도 스위치용 선을 끊고 저항계를 부하저항 양단에 연결하고 저항 손잡이를 돌려 목표 저항값에 맞추면 된다. 이때 저항값을 꼭 정확한 목표 저항값에 맞출 필요는 없다. 10Ω 이하의 차이로 맞추고 측정된 부하 저항값은 <표 4.11.1>에 정확히 기록해야 한다.
- DMM의 스위치를 저항계에서 전압계로 바꾸고 [그림 4.11.4] (d)같이 스위치용 선을 회로에 연결하고 회로에 연결하고 전압계 2를 이용해서 부하저항에 걸린 전압을 측정하여 <표 4.11.1>에 기록한다.

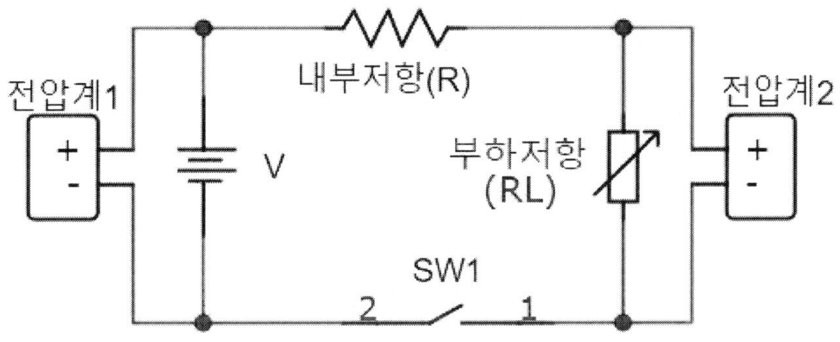

[그림 4.11.4] (a) 실험 회로

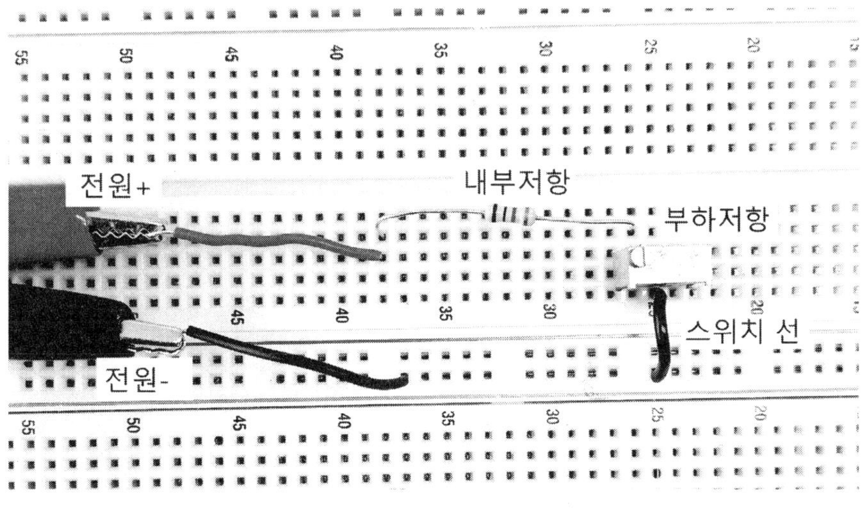

[그림 4.11.4] (b) 실험 회로 연결

- 부하저항에 연결되는 스위치용 선을 끊고 <표 4.11.1>에 기록된 것과 같이 부하저항을 목표값에 순서대로 맞추면서 부하 저항값을 기록하고 회로에 연결해서 부하저항에 걸린 전압을 측정해서 기록한다. 이 과정을 <표 4.11.1>에 있는 모든 저항값에 대해 부하저항과 부하 전압을 반복 측정하고 기록한다.
- 부하저항을 3kΩ으로 바꾸어서 <표 4.11.2>를 이용해서 같은 실험을 반복하고 그 결과를 기록한다.

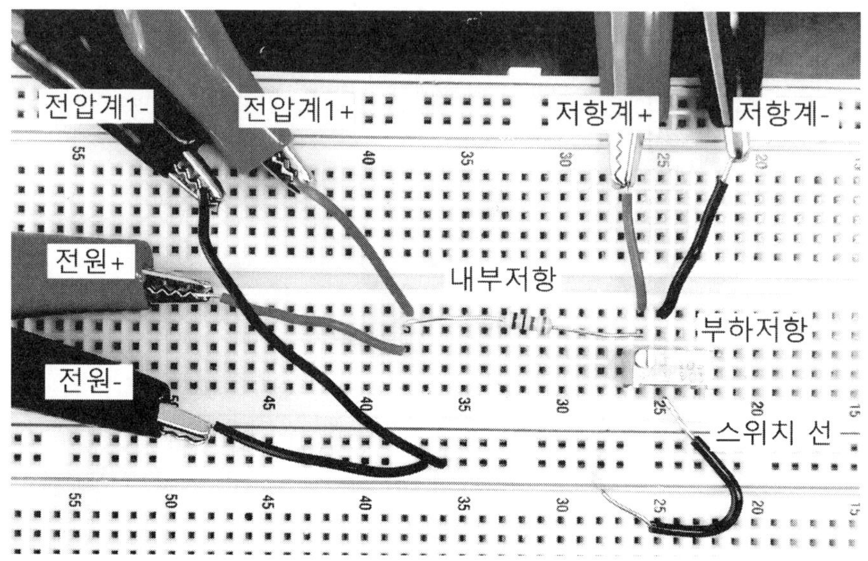

[그림 4.11.4] (c) 부하저항 조정과 측정

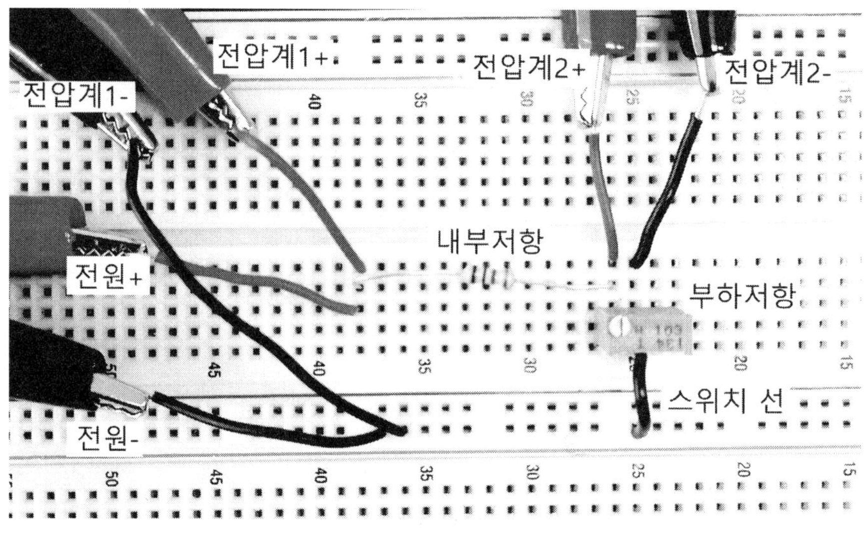

[그림 4.11.4] (d) 부하저항에 걸린 전압 측정

5) 결 과

내부저항 1kΩ을 DMM으로 측정하여 〈표 4.11.1〉에 기록한다.

가변저항을 〈표 4.11.1〉의 RL 목표값에 DMM에 연결하여 맞추고 그 값을 RL 칸에 기록한다. 측정 후 〈표 4.11.1〉을 계산하여 완성한다.

<표 4.11.1>에서 PL(부하저항에서 소비전력)은 부하저항에 걸린 전압(VL)의 제곱을 부하저항(RL)로 나누면 된다.

내부저항측정 ( )Ω					
RL 목표(Ω)	RL(Ω)	VL(V)	R+RL(Ω)	PL(mW)	PT(mW)
100					
200					
400					
600					
800					
900					
1000					
1100					
1200					
1300					
1400					
1500					
1700					
2000					
3000					
5000					
8000					

〈표 4.11.1〉 부하저항 변화에 따른 소비전력 변화 (1kΩ)

PT(전체 소비전력)는 전체 전압(10V)의 제곱을 전체 저항(R+RL)으로 나누면 된다.

<표 4.11.1>의 결과로부터 부하저항(RL) 대 소비전력(PL) 그래프를 그려서 [그림 4.11.5]에 표시한다.

<표 4.11.1>의 결과로부터 부하저항(RL) 대 소비전력(PL) 그래프를 그려서 [그림 4.11.5]에 표시한다.

엑셀을 이용해서 내부저항을 <표 4.11.1>에 측정한 내부저항으로 하고 부하저항을 100Ω에서 8000Ω까지 10Ω씩 증가시키며 부하저항에 따른 소비전력을 계산하라.

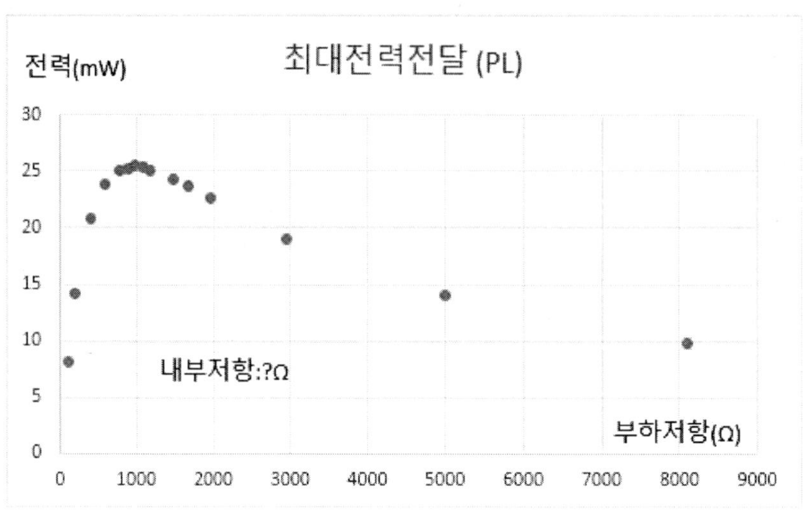

[그림 4.11.5] 부하저항에 따른 측정된 소비전력을 나타낸 그래프

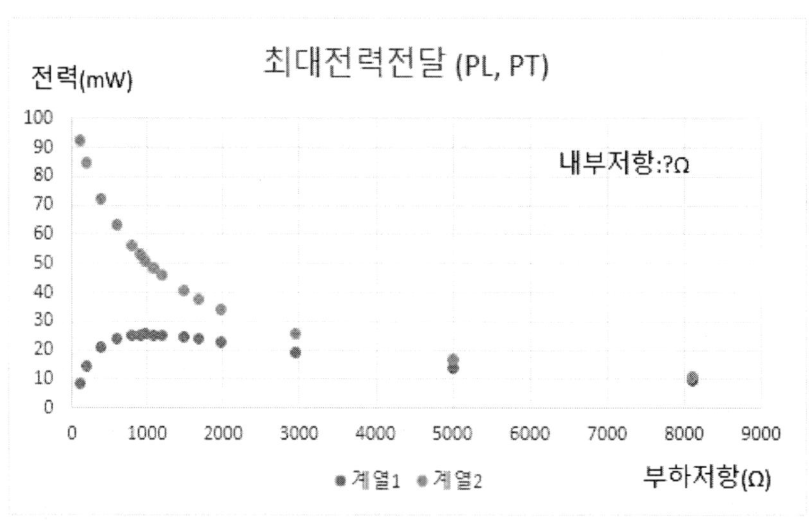

[그림 4.11.6] 부하저항에 따른 전체 소비전력과 부하저항의 소비전력을 나타낸 그래프

이 계산된 데이터를 이용해서 부하저항 대 소비전력을 [그림 4.11.7] 그래프로 나타내고 최대 소비전력이 되는 부하 저항값을 찾아서 실험데이터와 비교해라. 이때 계산으로 얻은 그래프에 <표 4.11.1>의 측정점을 같이 표시하여 실험의 정확성을 검증하라.

[그림 4.11.7]예시를 보면 실선은 계산된 데이터이고 동그라미로 표시된 곳은 측정 데이터이다.

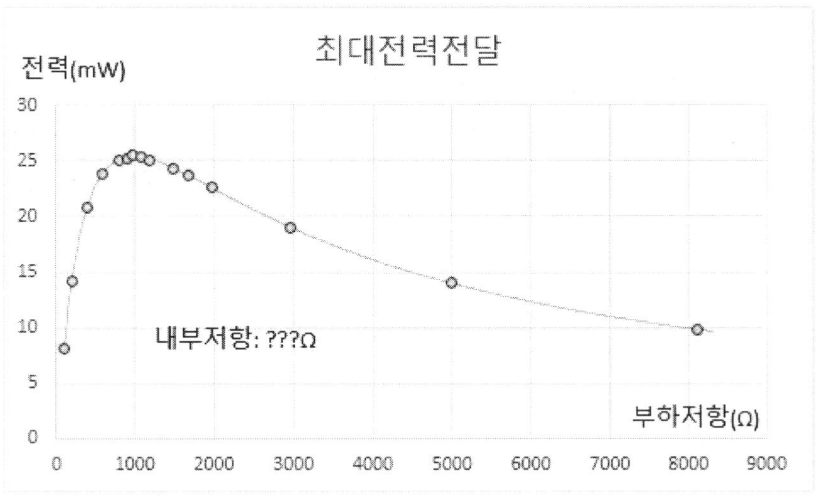

[그림 4.11.7] 측정값과 계산값 비교를 위한 그래프

[그림 4.11.7]에서 측정된 데이터와 계산값이 잘 일치함을 알 수 있다. 그러나 측정된 내부저항 근처에서 소비전력을 모두 측정한 것이 아니므로 내부저항이 부하저항과 일치할 때 최대 전력이 전달된다는 것을 확인할 필요가 있다. 따라서 부하저항이 내부저항 근처값에서 소비전력을 계산으로 확인하자.

RL(Ω)	I(A)	VL(V)	PL(mW)
내부저항-5			
내부저항-4			
내부저항-3			
내부저항-2			
내부저항-1			
내부저항			
내부저항+1			
내부저항+2			
내부저항+3			
내부저항+4			
내부저항+5			

〈표 4.11.2〉 부하저항이 내부저항 근처값에서 소비전력 계산

부하저항이 측정된 내부저항과 +5옴, -5옴 범위에서 소비전력을 계산해서 <표 4.11.2>에 나타낸다.

같은 방법으로 내부저항이 3kΩ인 경우도 표와 그래프를 만든다.

내부저항이 3kΩ인 경우 부하저항의 범위가 다르므로 <표 4.11.3>을 사용한다.

실험이 끝나면 측정 결과를 실험 결과표에 기록해서 제출하고 결과보고서는 보고서 작성 방법대로 작성해서 보고서 제출 사이트에 제출한다.

내부저항측정 ( )Ω					
RL 목표(Ω)	RL(Ω)	VL(V)	R+RL(Ω)	PL(mW)	PT(mW)
500					
1000					
2000					
2500					
2600					
2700					
2800					
2900					
3000					
3100					
3200					
3300					
3400					
3500					
4000					
5000					
8000					

<표 4.11.3> 부하저항 변화에 따른 소비전력 변화 (3kΩ)

결과보고서 작성 방법

(1) 제 목

(2) 목 적

(3) 결과 및 분석

■ 내부저항 1kΩ

- 〈표 4.11.1〉 목적과 의미를 작성하고 실험 결과를 기록한다. 계산 방법은 수식으로 설명하고 단위를 넣어서 하나는 자세히 기록해야 한다.
- [그림 4.11.5]와 [그림 4.11.6] 그래프의 목적과 의미를 적는다. 그래프를 그려서 넣고 그래프 분석을 적는다.
- [그림 4.11.7] 그래프의 목적과 의미를 적는다. 그래프를 그려 넣고 계산 방법과 그래프 작성 방법 그리고 그래프 분석 결과를 적는다.
- 〈표 4.11.2〉의 목적과 의미를 설명하고 계산을 해서 표를 만든다.
- 내부저항 3kΩ에 대해서도 같은 방법으로 결론 및 분석 결과를 적는다.

■ 결 론

- 목적과 결과를 보고 결론을 작성한다.

표와 그래프 작성과 설명에서 주의 사항

- 표와 그래프는 번호와 이름을 넣어야 한다.
- 그래프에는 두 축에 대한 물리량과 단위를 표시해야 한다.

➡ 그래프

- 그래프의 목적과 그래프 의미, 그리고 무엇을 얻을 수 있는지를 설명해야 한다.
- 그래프 아래에는 그래프에서 얻은 물리량을 단위와 함께 기록해야 한다.

➡ 표

- 표의 목적과 무엇을 이야기하려는지 설명해야 한다.
- 표 아래에 표 작성 방법을 설명하고, 계산했다면 필요한 수식도 설명한다. 실제 표에 계산된 것 하나는 단위를 포함해서 계산을 어떻게 했는지 기록한다.

실험 결과 제출

과 : 학번 : 이름 :

내부저항측정 ( )Ω		
RL 목표(Ω)	RL(Ω)	VL(V)
100		
200		
400		
600		
800		
900		
1000		
1100		
1200		
1300		
1400		
1500		
1700		
2000		
3000		
5000		
8000		

내부저항측정 ( )Ω		
RL 목표(Ω)	RL(Ω)	VL(V)
500		
1000		
2000		
2500		
2600		
2700		
2800		
2900		
3000		
3100		
3200		
3300		
3400		
3500		
4000		
5000		
8000		

12 축전기 충전 및 방전 실험

1) 개요 및 목적

축전기의 충전과 방전 과정을 실험으로 관찰하고 회로에서 시간상수의 의미를 이해한다. 실제 회로에서 시간상수를 측정하고 데이터 분석 방법에 따라 얻은 시간상수를 비교해서 분석 방법의 타당성을 검사한다.

2) 배경 이론

(1) 축전기와 전기용량

축전기는 전기를 저장하는 회로 내의 아주 작은 전지로 볼 수 있다. 축전기는 전기를 저장하는 장치로 전기를 저장하는 양과 전압에 따라 규격이 정해지고 전기를 저장할 수 있는 전기량을 전기용량이라 한다.

축전기의 전기용량은 다음과 같이 정의된다.

$$C = \frac{Q}{V}$$

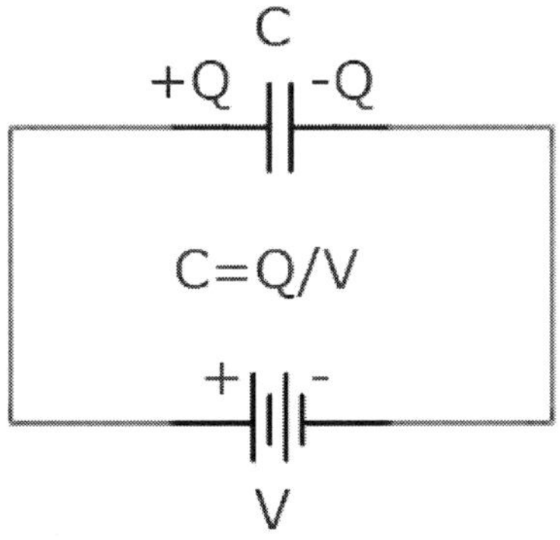

C

+Q -Q

C=Q/V

+ -

V

[그림 4.12.1]

C는 전기용량으로 축전기에 저장할 수 있는 전기량을 나타낸다. C는 단위 전압당 축전기에 저장된 전하량을 표시한다. 단위는 쿨롱/볼트로 이것은 패럿(F, Farad)으로 정의된다. 1 패럿은 축전기에 1 쿨롱의 전하를 담고 이 전하에 의해 발생한 전위차가 1 볼트일 때 전기용량을 말한다. 이 값은 매우 큰 값으로 일반적으로 이보다 훨씬 작은 마이크로 패럿 (μF, 10-6F) 또는 피코 패럿(pF, 10-12F)을 사용한다. 전기회로에 들어가는 축전기는 [그림 4.12.2]와 같다.

[그림 4.12.2]

(2) 축전기 충전

[그림 4.12.3]은 축전기의 충전을 시작해서 완전히 충전될 때까지를 나타낸 그림이다. 처음 충전이 안 된 상태에서 스위치를 넣으면 전류가 저항을 통해 축전지로 흘러 들어가고 축전지에 전하가 다 차면 축전지 전위가 공급 전원의 전위와 같아져서 더는 전류가 흐르지 못한다.

이 과정을 수식으로 표현해 보자.

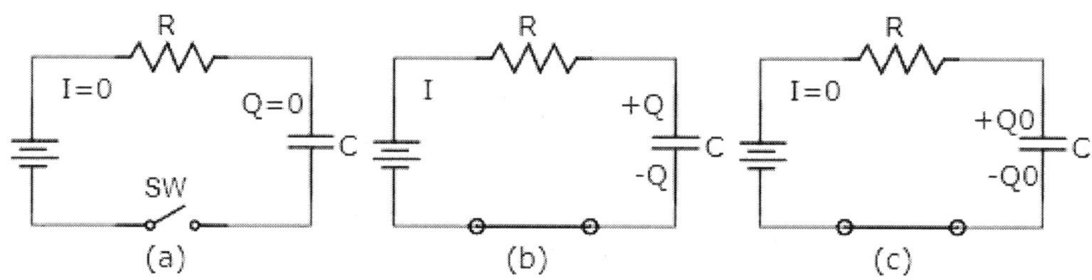

[그림 4.12.3] 축전기 충전

축전기의 전하량, 전압, 정전용량의 관계는 $Q = CV$ 이다.

$$V_0 - iR - \frac{Q}{C} = 0$$

$$i = \frac{dQ}{dt},\ R\frac{dQ}{dt} + \frac{Q}{C} = V_0$$

$t = 0$ 일 때, $Q = 0$ 이므로

$$Q = A(1 - e^{at})$$

$$\frac{dQ}{dt} = -Aae^{at} \qquad -ARae^{at} + \frac{A(1-e^{at})}{C} = V_0$$

$$Ae^{at}\left(-ARa - \frac{A}{C}\right) + \frac{A}{C} = V_0$$

$$-ARa - \frac{A}{C} = 0, \quad \frac{A}{C} = V_0 \quad -ARa = \frac{A}{C} \quad a = -\frac{1}{RC}$$

$$Q = CV_0(1 - e^{-\frac{t}{RC}})$$

양변을 C로 나누면 RC 회로에서 축전기의 시간에 따른 축전기 전압은 다음과 같다.

$$V = V_0(1 - e^{-\frac{t}{RC}})$$

이때 회로에 흐르는 전류는 다음과 같다.

$$i = \frac{dQ}{dt} = \frac{d(CV)}{dt}, \quad V = V_0(1 - e^{-\frac{t}{RC}})$$

따라서

$$i = C\frac{d}{dt}\left(V_0\left(1 - e^{-\frac{t}{RC}}\right)\right) = C\frac{dV_0}{dt} - C\frac{dV_0 e^{-\frac{t}{RC}}}{dt} = \frac{V_0}{R}e^{-\frac{t}{RC}}$$

$$i = i_0 e^{-\frac{t}{RC}}$$

축전지의 충전 과정을 나타내면 전압과 전류의 충전 시간에 대한 변화는 [그림 4.12.4]와 같다.

회로의 저항과 콘덴서를 곱한 값 RC가 시간상수이다. 충전 시 시간상수는 처음 63%가 충전될 때까지의 시간이고, 시간상수의 2배 시간이 되었을 때 86% 충전, 3 시간상수는 95%, 4 시간상수는 98%이며, 시간상수의 5배, 즉 5 시간상수가 되었을 때 99% 충전 상태를 나타낸다. 충전 시 시간상수는 충전에 필요한 시간을 알 수 있는 중요한 척도가 된다.

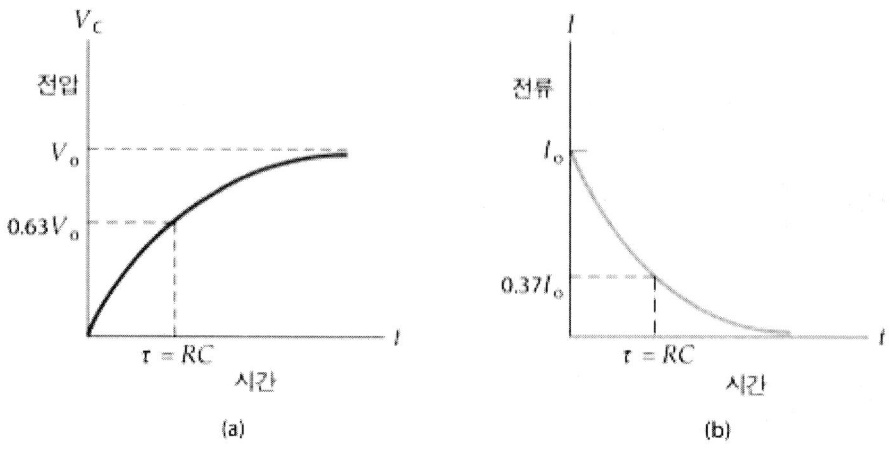

[그림 4.12.4] 축전기 충전 (a) 전압, (b) 전류

시간상수의 단위를 확인하자.

$$RC = \frac{V}{I}\frac{Q}{V} = \frac{Q}{I} = \frac{[C]}{\frac{[C]}{[S]}} = [s]$$

저항과 축전기 용량을 곱한 값이 시간의 단위를 지닌다.

(3) 축전기 방전

[그림 4.12.5]는 축전기 방전 회로이다. 방전의 경우 충전의 경우와 전류는 반대 방향으로 흐르게 된다.

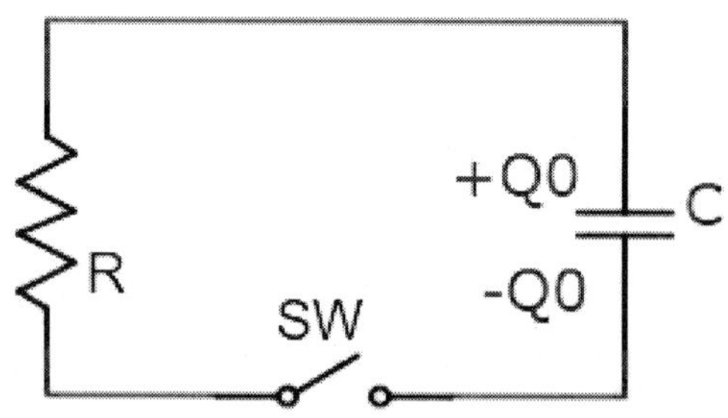

[그림 4.12.5] 축전기 방전 회로

방전 과정을 식으로 나타내면

$$\frac{Q}{C}+iR=0 \qquad \frac{Q}{C}+\frac{dQ}{dt}R=0$$

회로에 대한 미분 방정식을 풀기 위해 Q에 대해 미분한 값과 Q를 더한 것이 0이 되어야 한다.

$Q=Ae^{at}$ 로 놓으면 $i=\frac{dQ}{dt}=Aae^{at}$ $\qquad \frac{Ae^{at}}{C}+RAae^{at}=0$,

$Ae^{at}(\frac{A}{C}+RAa)=0$

$\frac{A}{C}+RAa=0$, 따라서 $a=-\frac{1}{RC}$이고

$Q=Q_0e^{-\frac{t}{RC}}$ $\quad V=\frac{Q}{C}$, $\quad V_0=\frac{Q_0}{C}$ 이므로

$$V=V_0e^{-\frac{t}{RC}}$$

$i=\frac{dQ}{dt}=-\frac{Q_0}{RC}e^{-\frac{t}{RC}}=-\frac{V_0}{R}e^{-\frac{t}{RC}}$ 가 된다. 따라서

$$i=-i_0e^{-\frac{t}{RC}}$$

여기서 전류의 -는 충전과 전류가 반대 방향으로 흐르는 것을 의미한다.

축전기 방전에서 전압을 시간에 따라 나타내면 [그림 4.12.6]과 같다.

방전의 경우도 시간상수는 RC값으로 방전 시간을 알 수 있는 중요한 지표다. 방전 후 시간상수만큼 시간이 지나면 전압은 37% 정도 남게 된다. 즉 전기용량의 63%가 방전되고 37%만 남은 상태가 된다. 2 시간상수가 지나면 14%가 남고, 3 시간상수가 지나면 5%, 4 시간상수가 지나면 1.8%, 그리고 5 시간상수가 지나면 0.7%가 남게 되어 5 시간상수 시간이면 거의 완전히 방전된 것으로 본다.

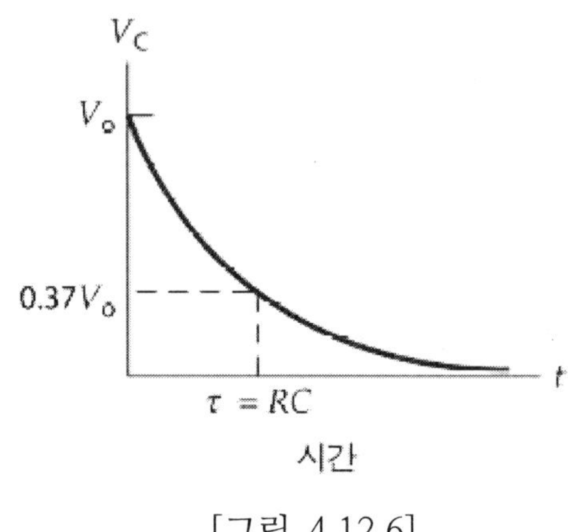

[그림 4.12.6]

3) 실험 장치

직류전원 장치, 브레드보드, SparkVue 전압 측정장치, 100μF 16V와 220μF 16V 콘덴서, 10kΩ 저항

4) 실험 방법

(1) 충전 실험

- [그림 4.12.7] (a) 회로를 보고 충전 회로를 연결한다. 콘덴서는 +, - 극성을 주의한다.
- 스위치는 -에 연결된 상태로 놓는다.
- 회로에 100μF 16V 콘덴서와 10kΩ 저항을 연결한다.
- 직류전원 전압은 5V로 맞춘다.

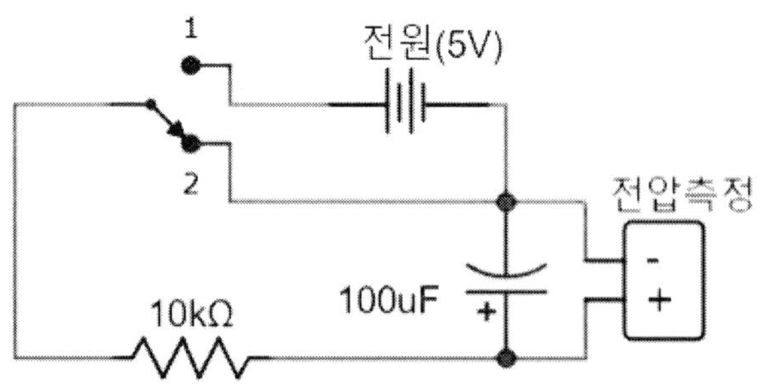

[그림 4.12.7] (a) 충전 실험 회로도

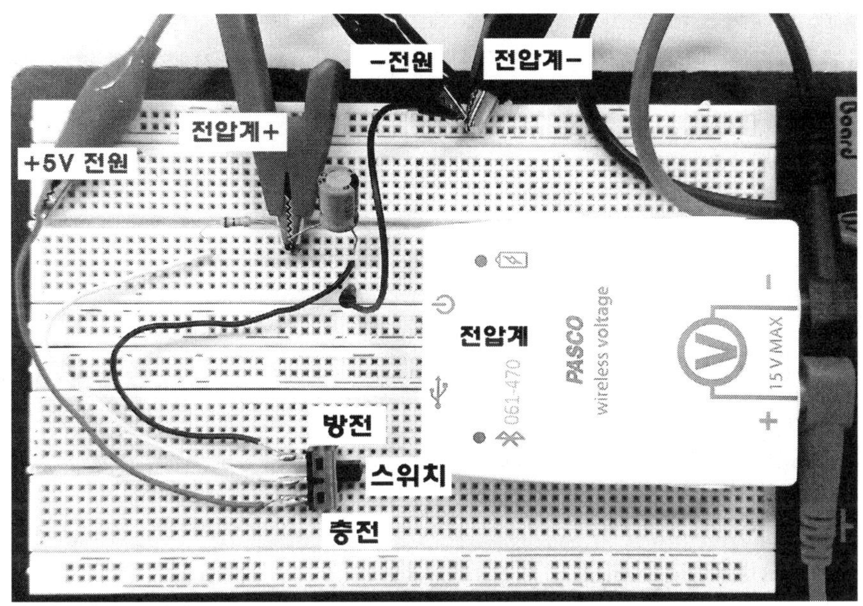

[그림 4.12.7] (b) 충전 실험 준비 회로 연결 사진

- SparkVue 프로그램을 실행하고 voltage 센서를 연결한다. ([그림 4.12.8])

[그림 4.12.8] SparkVue voltage 센서 연결

- 측정률을 50Hz로 하고 시작 버튼을 눌러 측정을 시작한다.
- 0점 데이터가 들어오면 2~3초 후에 스위치를 +전원과 연결되도록 넣는다. SparkVue

프로그램에서 측정 전압이 증가하는 것을 볼 수 있다.

- 스위치를 넣고 30~40초 후에 측정을 끝낸다. 스위치는 + 전원에 연결된 상태로 그대로 둔다.
- 데이터를 이메일 또는 카톡으로 전송한다.
- 콘덴서는 이미 충전이 되었으므로 방전 실험을 바로 이어서 한다.

(2) 방전 실험

- 충전 실험이 끝나면 회로는 [그림 4.12.9] (a)와 같이 스위치는 + 전원에 연결된 상태다.
- 측정률도 50Hz를 확인하고, 이 상태에서 시작 버튼을 눌러서 측정을 시작한다.

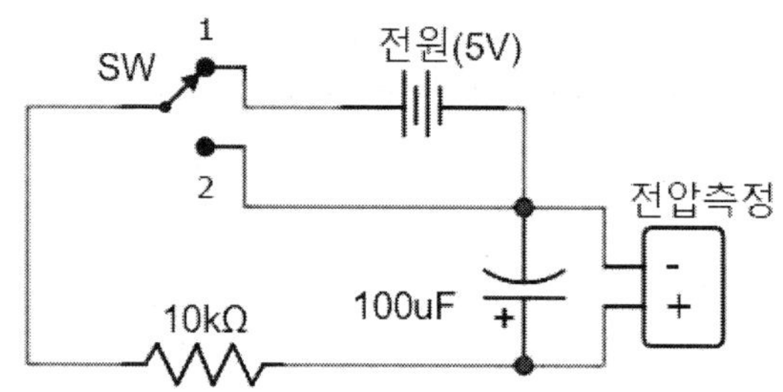

[그림 4.12.9] (a) 방전 실험 회로도

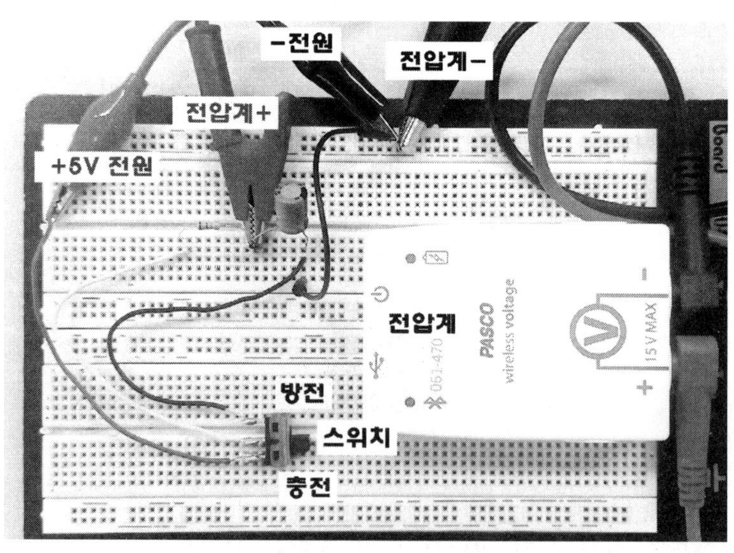

[그림 4.12.9] (b) 방전 실험 준비 회로 연결 사진

- 0점 데이터로 5V 전압이 측정되면 2~3초 후에 스위치를 - 전원과 연결되도록 끈다.
- SparkVue 프로그램에서 측정 전압이 떨어지는 것을 볼 수 있다.
- 이 실험을 5회 반복한다. 같은 방법으로 220μF 콘덴서와 10kΩ 저항으로 실험한다.

5) 결 과

220μF 콘덴서와 10kΩ 저항 충전과 방전 실험

측정한 실험데이터를 엑셀로 읽으면 〈표 4.12.1〉 같이 시간에 따른 전압 데이터를 볼 수 있다. 〈표 4.12.1〉 시간대 전압 그래프를 그려서 [그림 4.12.10] (a)와 (b)에 표시하라.

	A	B	C	D	E
1	충전실험			방전실험	
2	시간(s)	전압(V)		시간(s)	전압(V)
3	0	0.002		0	5.009
4	0.05	0.003		0.05	5.01
5	0.1	0.002		0.1	5.01
6	0.15	0.002		0.15	5.01
7	0.2	0.003		0.2	5.01
8	0.25	0.002		0.25	5.009
9	0.3	0.002		0.3	5.009
10	0.35	0.002		0.35	5.01
11	0.4	0.002		0.4	5.009

〈표 4.12.1〉 충전과 방전 실험자료

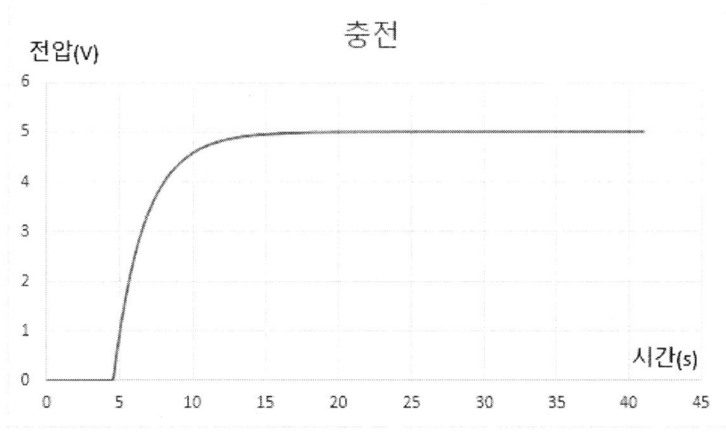

[그림 4.12.10] (a) 충전할 때 시간에 따른 전압 변화

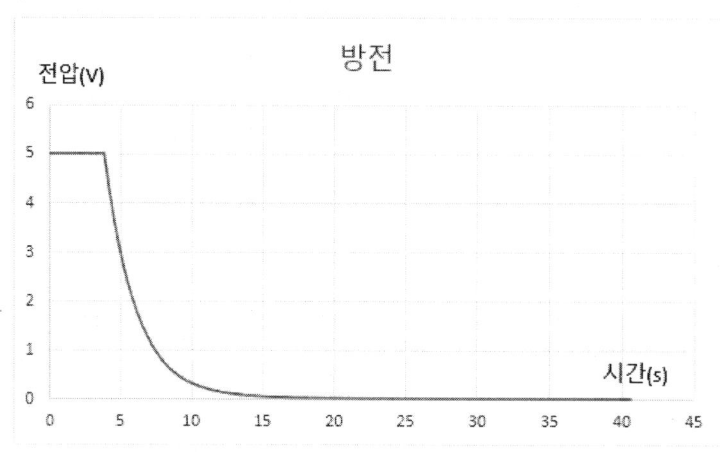

[그림 4.12.10] (b) 방전할 때 시간에 따른 전압 변화

(1) 시간 보정

시간상수를 구하기 위해 전압을 걸어준 시간을 0초로 잡아야 한다. 즉 전압이 급격히 올라가는 시간 바로 앞을 0초로 조정한다. 이렇게 보정한 데이터가 <표 3.8.2> (a) (충전)와 <표 3.8.2> (b) (방전)에 G, H 행에 있다. (예 : <표 3.8.1>에서 4.55초일 때 0.014 V로 이점을 0초로 잡는다. 즉 시간은 G열에 기록된 시간(D열)에서 4.55초를 빼서 넣고 H열 전압은 E열에서 그대로 복사해 온다.

보정된 데이터로 시간대 전압 그래프를 그려서 [그림 4.12.11] (a)와 (b)에 표시한다.

	A	B	C	D	E	F	G	H
1	실험데이터			0점 위치			0점 위치 보정	
2	시간 (s)	전압(V)		시간 (s)	전압(V)		시간 (s)	실험값 (V)
3	0	0.002		4.55	0.014		0	0.014
4	0.05	0.003		4.6	0.072		0.05	0.072
5	0.1	0.002		4.65	0.187		0.1	0.187
6	0.15	0.002		4.7	0.299		0.15	0.299
7	0.2	0.003		4.75	0.407		0.2	0.407
8	0.25	0.002		4.8	0.513		0.25	0.513
9	0.3	0.002		4.85	0.617		0.3	0.617
10	0.35	0.002		4.9	0.721		0.35	0.721

<표 4.12.2> (a) 시간을 조정한 데이터 (충전)

	A	B	C	D	E	F	G	H
1	실험데이터			0점 위치			0점 위치 보정	
2	시간 (s)	전압(V)		시간 (s)	전압(V)		시간 (s)	실험값 (V)
3	0	5.009		3.85	5.01		0	5.01
4	0.05	5.01		3.9	4.965		0.05	4.965
5	0.1	5.01		3.95	4.856		0.1	4.856
6	0.15	5.01		4	4.751		0.15	4.751
7	0.2	5.01		4.05	4.645		0.2	4.645
8	0.25	5.009		4.1	4.537		0.25	4.537
9	0.3	5.009		4.15	4.432		0.3	4.432
10	0.35	5.01		4.2	4.329		0.35	4.329
11	0.4	5.009		4.25	4.231		0.4	4.231

〈표 4.12.2〉 (b) 시간을 조정한 데이터 (방전)

〈표 4.12.2〉 (a)와 (b)에 표시한 엑셀 데이터에서 G, H 열이 보정된 데이터이므로 여기서 시간상수 배수에 따른 충전율의 전압을 찾아 전압과 시간을 〈표 4.12.3〉 (a)와 (b)에 기록한다. 〈표 4.12.3〉 (a)와 (b)의 전압은 충전율 x 충전 전압이 된다. 예를 들면 충전 시 완전히 충전된 전압은 표 〈표 4.12.2〉 (a)에 기록된 엑셀 데이터에서 마지막에 기록된 전압이 된다. 만일 이값이 5V라면 1 시간상수에서 전압은 $5\,V \times 0.63 = 3.15\,V$ 가 된다. 따라서 이 전압에 해당하는 시간을 H 행에서 찾아 찾아서 G 행에 기록된 시간을 〈표 4.12.3〉 (a)에 기록한다. 같은 방법으로 〈표 4.12.3〉 (b)도 작성한다.

〈표 4.12.3〉 (a)와 (b)의 시간상수 배수 대 시간을 그래프로 [그림 4.12.12] (a)와 (b)에 나타내라.

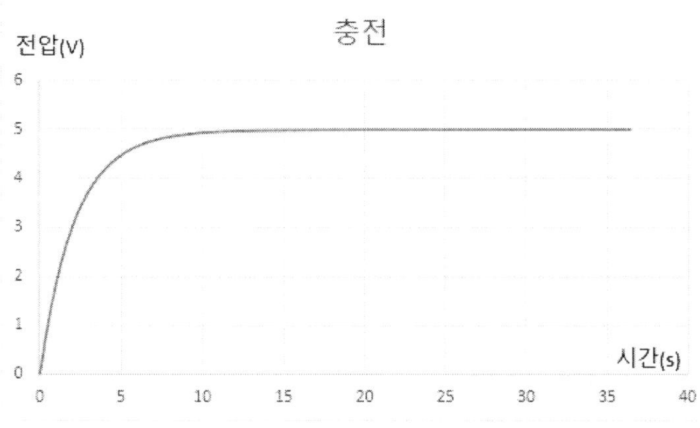

[그림 4.12.11] (a) 보정된 시간에 따른 충전된 전압 변화

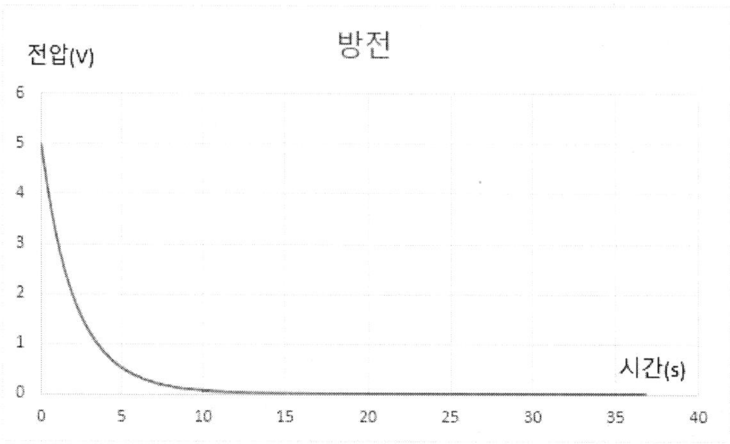

[그림 4.12.11] (b) 보정된 시간에 따른 충전된 전압 변화

시간상수 배수	충전율(%)	전압(V)	시간(s)
1	63		
2	86		
3	95		
4	98.2		
5	99.3		

〈표 4.12.3〉 (a) 충전 실험

시간상수 배수	충전율(%)	전압(V)	시간(s)
1	37		
2	14		
3	5		
4	1.8		
5	0.7		

〈표 4.12.3〉 (b) 방전 실험

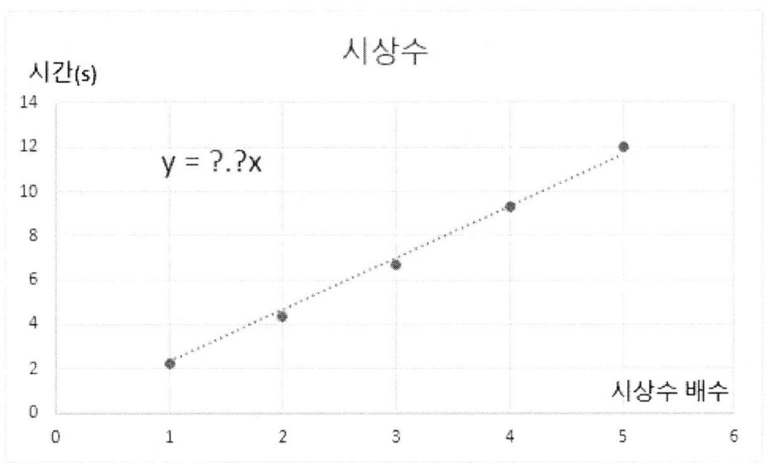

[그림 4.12.12] (a) 충전할 때 시간상수 배수 대 시간(예)

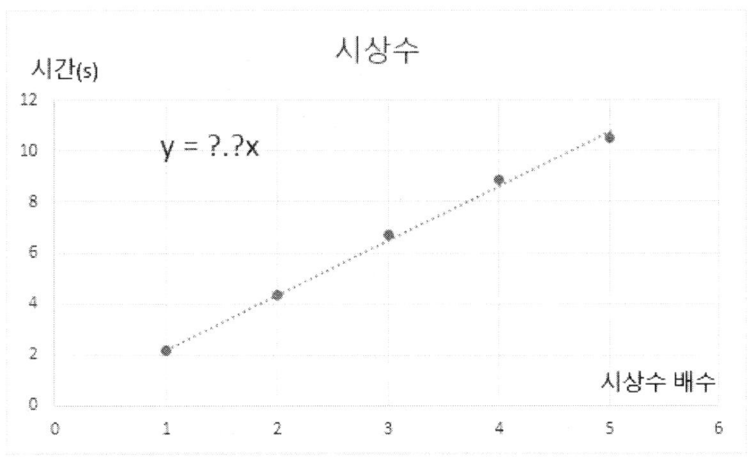

[그림 4.12.12] (b) 방전할 때 시간상수 배수 대 시간(예)

[그림 4.12.12] (a)와 (b) 그래프의 추세선을 구한다. 이때 0초일 때 0V이므로 y 절편을 0으로 잡는다. 이렇게 해서 얻은 기울기가 시간상수가 된다. (이유를 분석 및 토의에 설명하라)

좀 더 정확한 시간상수를 얻는 방법으로 수식을 엑셀에 넣어서 시간별 전압을 계산하고 시간상수 값을 변화시키면서 계산된 전압과 실험한 전압의 차이인 편차 제곱의 전체 합이 제일 작은 시간상수 값을 찾는 방법을 사용한다.

〈표 4.12.4〉 (a)와 같이 G, H 행은 실험에서 얻은 값이고 I 행에 식 =5.005*

(1-EXP(-G2/$K$2))을 I2 셀에 넣고 이 셀을 세로로 데이터가 있는 행 번호까지 I 열 아래로 복사한다. 식에서 $K$2는 셀 값을 I 열 아래로 복사하더라도 고정된 K2 셀 값으로 계산하기 위한 고정 셀 지정 방법이다. K2 셀에는 우리가 찾으려는 시간상수를 넣으면 I 열은 자동 계산된다. J 열은 편차 제곱으로 실험값과 계산값 차이를 제곱해서 넣는다. J2 셀에 식 =(H2-I2)^2 을 넣고 J 열 아래로 복사한다. K3 셀에 편차 제곱의 합을 구해서 넣는다. 즉 J 열을 모두 더해서 넣으면 된다.

이렇게 준비가 되면 K2 셀에 시간상수 값을 변화시키면서 K3 셀의 편차 제곱의 전체 합이 작아지는 방향으로 시간상수를 변화시켜서 시간상수를 구한다.

같은 방법으로 방전 시 시간상수에 대한 시간에 따른 전압의 변화를 계산한다. 이때 I 열에 들어가는 계산값은 식 5.01*EXP(-G2/$K$2)를 I2 셀에 넣고 아래로 복사하면 된다. 편차제곱과 편차제곱의 합은 같은 방법으로 계산한다. 그 결과를 〈표 4.12.4〉 (b)에 넣었다.

G	H	I	J	K
시간 (s)	실험값 (V)	계산값 (V)	편차제곱	RC
0	0.014	0	0.000196	2.2
0.05	0.072	0.11234871	0.001628018	0.036837
0.1	0.187	0.222172973	0.001237138	
0.15	0.299	0.329529514	0.000932051	
0.2	0.407	0.434473781	0.000754809	
0.25	0.513	0.537059977	0.000578883	
0.3	0.617	0.637341088	0.00041376	
0.35	0.721	0.735368908	0.000206466	
0.4	0.819	0.831194069	0.000148695	
0.45	0.916	0.924866062	7.86071E-05	
0.5	1.009	1.01643327	5.52535E-05	
0.55	1.1	1.105942987	3.53191E-05	
0.6	1.193	1.193441444	1.94872E-07	
0.65	1.28	1.278973832	1.05302E-06	
0.7	1.365	1.36258433	5.83546E-06	
0.75	1.448	1.444316122	1.3571E-05	
0.8	1.528	1.524211421	1.43533E-05	
0.85	1.608	1.602311494	3.23591E-05	
0.9	1.688	1.678656678	8.72977E-05	
0.95	1.764	1.753286405	0.000114781	
1	1.836	1.826239222	9.52728E-05	

〈표 4.12.4〉 (a) 충전할 때 시간에 따른 전압 계산

G	H	I	J	K
시간 (s)	실험값 (V)	계산값 (V)	편차제곱	RC
0	5.01	5.01	0	2.2
0.05	4.965	4.897420522	0.004566986	0.118045
0.1	4.856	4.787370812	0.004709965	
0.15	4.751	4.679794024	0.005070291	
0.2	4.645	4.574634589	0.004951291	
0.25	4.537	4.471838186	0.004246062	
0.3	4.432	4.371351717	0.003678214	
0.35	4.329	4.273123275	0.003122208	
0.4	4.231	4.17710212	0.002904982	
0.45	4.134	4.083238651	0.002576715	
0.5	4.035	3.991484384	0.001893609	
0.55	3.942	3.901791923	0.001616689	
0.6	3.853	3.814114937	0.001512048	
0.65	3.764	3.728408137	0.001266781	
0.7	3.679	3.64462725	0.001181486	
0.75	3.594	3.562729	0.000977875	
0.8	3.511	3.482671081	0.000802528	
0.85	3.432	3.40441214	0.00076109	
0.9	3.354	3.327911753	0.000680597	

〈표 4.12.4〉 (b) 방전할 때 시간에 따른 전압 계산

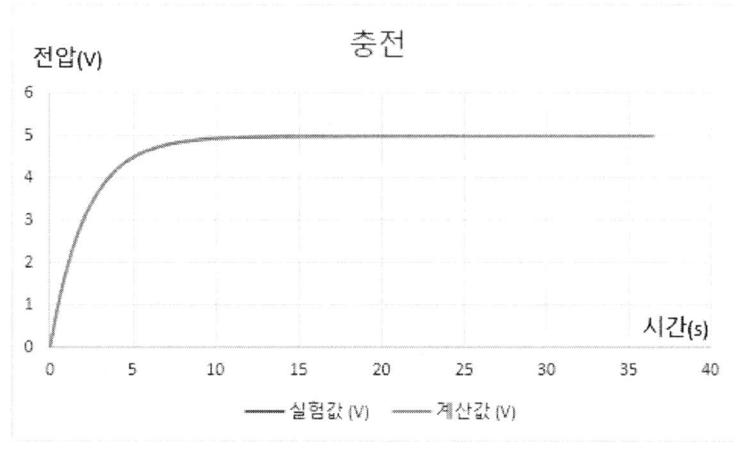

[그림 4.12.13] (a) 충전할 때 전압 변화 실험값과 계산값의 비교

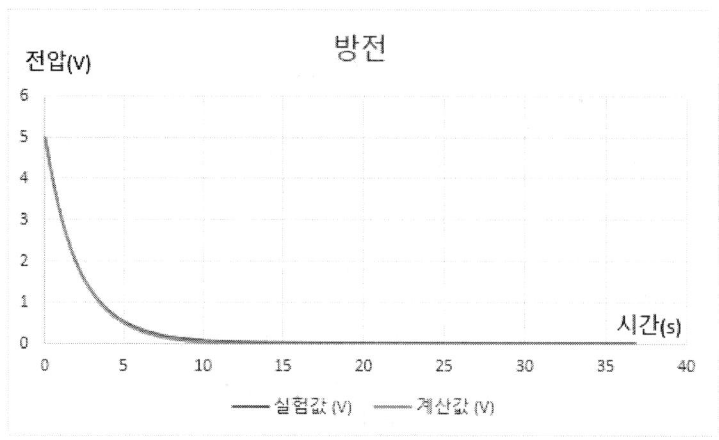

[그림 4.12.13] (b) 방전할 때 전압 변화 실험값과 계산값의 비교

[그림 4.12.13] (a)와 (b)에 <표 4.12.4> (a)와 (b)의 G, H, I 열을 그래프로 그리면 시간상수 변화에 따라 그래프가 어떻게 변하는지 두 그래프 차이가 얼마나 나는지 바로 확인할 수 있다. 두 그래프가 일치하고 편차 제곱의 전체 합이 작은 값이면 정확한 시간 상수를 찾은 것이다.

이렇게 얻은 시간상수와 앞에서 추세선의 기울기를 이용해서 얻은 시간상수를 <표 4.12.5>에 기록하고 비교 평가한다.

	220μF, 10kΩ 충전 실험				
횟수	시간상수 이론값(s)	시간상수(s) 기울기	편차제곱합	시간상수(s) 커브 핏	편차제곱합
1					
2					
3					
4					
5					
평균					

<표 4.12.5> (a) 220μF, 10kΩ 충전 실험 결과

	220μF, 10kΩ 방전 실험				
횟수	시간상수 이론값(s)	시간상수(s) 기울기	편차제곱합	시간상수(s) 커브 핏	편차제곱합
1					
2					
3					
4					
5					
평균					

〈표 4.12.5〉 (b) 220μF, 10kΩ 방전 실험 결과

콘덴서와 저항이 100μF, 10kΩ 인 경우에 같은 방법으로 실험하라.

	100μF, 10kΩ 충전 실험				
횟수	시간상수 이론값(s)	시간상수(s) 기울기	편차제곱합	시간상수(s) 커브 핏	편차제곱합
1					
2					
3					
4					
5					
평균					

〈표 4.12.6〉 (a) 100μF, 10kΩ 충전 실험 결과

	100μF, 10kΩ 방전 실험				
횟수	시간상수 이론값(s)	시간상수(s) 기울기	편차제곱합	시간상수(s) 커브 핏	편차제곱합
1					
2					
3					
4					
5					
평균					

〈표 4.12.6〉 (b) 100μF, 10kΩ 방전 실험 결과

분석 및 토의를 작성하고 결론을 도출하라.

(2) 방전 실험에서 편차제곱합이 최소가 되는 시간상수를 찾는 프로그램

```
Sub LSMDOWN()
    Cells(1, "M").Value = 2  'N  RC 찾는 값
    Cells(1, "N").Value = 1
    dv = Cells(1, "N").Value
    rc = Cells(1, "M").Value
    Key = 0
    i = 1
    cp = 0.1
    Call SqDOWN(rc, 1)
    Do Until (cp < 0.0001)
        If (i > 2) Then
            cp = Abs(Cells(i - 1, "L").Value - Cells(i, "L").Value)
        End If
        i = i + 1
        k = i - 1
        If k = 0 Then k = 1
        Cells(i, "M").Value = rc
        Cells(i, "N").Value = dv
        Cells(i, "O").Value = i
        Cells(i, "P").Value = cp
        Cells(1, "Q").Value = rc
        Call SqDOWN(rc, i)
        b = (Cells(k, "M").Value - Cells(i, "M").Value)
        If (Cells(k, "L").Value < Cells(i, "L").Value) Then
            If (b > 0) Then
                rc = rc + dv
                dv = dv / 10
            Else
                rc = rc - dv
            End If
        Else
            If (b < 0) Then
                rc = rc + dv
            Else
                rc = rc - dv
            End If
        End If
    Loop
End Sub
Sub SqDOWN(rc, i)
    For x = 2 To 738
        Cells(x, "I").Value = 5 * (Exp(-1 * Cells(x, "G").Value / rc))
        Cells(x, "J").Value = (Cells(x, "H").Value - Cells(x, "I").Value) ^ 2
    Next
    Cells(i, "L").Value = Excel.WorksheetFunction.Sum(Range("J1:J738"))
End Sub
```

(3) 충전 실험에서 편차제곱합이 최소가 되는 시간상수를 찾는 프로그램

```
Sub LSMUP()
    Cells(1, "M").Value = 2   'N   RC 찾는 값
    Cells(1, "N").Value = 1
    dv = Cells(1, "N").Value
    rc = Cells(1, "M").Value
    Key = 0
    i = 1
    cp = 0.1
    Call SqUP(rc, 1)
    Do Until (cp < 0.00001)
        If (i > 2) Then
            cp = Abs(Cells(i - 1, "L").Value - Cells(i, "L").Value)
        End If
        i = i + 1
        k = i - 1
        If k = 0 Then k = 1
        Cells(i, "M").Value = rc
        Cells(i, "N").Value = dv
        Cells(i, "O").Value = i
        Cells(1, "P").Value = rc

        Call SqUP(rc, i)
        b = (Cells(k, "M").Value - Cells(i, "M").Value)
        If (Cells(k, "L").Value < Cells(i, "L").Value) Then
            If (b > 0) Then
                rc = rc + dv
                dv = dv / 10
            Else
                rc = rc - dv
            End If
        Else
            If (b < 0) Then
                rc = rc + dv
            Else
                rc = rc - dv
            End If
        End If
    Loop
End Sub

Sub SqUP(rc, i)
    For x = 2 To 738
        Cells(x, "I").Value = 5 * (1 - Exp(-1 * Cells(x, "G").Value / rc))
        Cells(x, "J").Value = (Cells(x, "H").Value - Cells(x, "I").Value) ^ 2
    Next
    Cells(i, "L").Value = Excel.WorksheetFunction.Sum(Range("J2:J727"))
End Sub
```

결과보고서 작성 방법

(1) 제 목

(2) 목 적

(3) 결과 및 분석

축전기 두 개의 5회 실험 결과를 다음과 같이 실험 순서대로 작성한다.

축전기 1(220μF, 10kΩ)

■ 충전 실험

실험에 사용한 축전지와 저항 용량을 기록한다.

[그림 4.12.11] (a) 그래프를 구한 목적과 방법을 설명한다.

[그림 4.12.11] (a) 그래프를 만들어 넣는다

〈표 4.12.3〉 (a)와 [그림 4.12.12] (a) 그래프를 만든 목적과 방법을 설명한다.

〈표 4.12.3〉 (a)를 실험데이터에서 값을 찾아 만든다. 〈표 4.12.3〉 (a)를 이용해서 [그림 4.12.12] (a) 그래프를 만들고 추세선을 구해서 넣는다. 이때 추세선의 y 절편은 0으로 잡는다. (표와 그래프는 크기를 조절해서 한 줄에 넣는다.)

〈표 4.12.3〉 (a)와 [그림 4.12.12] (a) 그래프 아래에 작성 방법과 얻은 것을 자세히 기록한다.

표와 그래프 작성 방법은 5회 실험 결과에서 첫 번째 실험 결과만 자세히 넣는다. 그래프에서 얻은 시간상수와 편차제곱합을 그래프 아래에 적는다. 편차제곱합은 〈표 4.12.4〉 (a)를 계산한 방법으로 계산하면 된다. 이때 K2 셀에 그래프에서 얻은 시간상수를 넣으면 K3 셀에 편차제곱합이 계산된다.

매크로 프로그램을 이용하여 실험값과 계산값을 [그림 4.12.13] (a)와 같이 작성하고 계산에서 얻은 시간상수를 그래프 아래에 넣는다.

얻은 결과를 정리해서 〈표 4.12.5〉 (a)를 작성한다.

〈표 4.12.5〉 (a)를 분석하고 설명한다.

방전 실험 결과도 충전 실험 결과와 같은 방법으로 작성한다.

축전기 2도(100μF, 10kΩ) 같은 방법으로 작성한다.

기울기에서 얻은 시간상수와 커브 핏으로 얻은 시간상수 비교와 분석 그리고 결론에서 보고하는 값의 선택과 이유 설명한다.

표와 그래프 작성과 설명에서 주의 사항

- 표와 그래프는 번호와 이름을 넣어야 한다.
- 그래프에는 두 축에 대한 물리량과 단위를 표시해야 한다.

➡ 그래프

- 그래프의 목적과 그래프 의미, 그리고 무엇을 얻을 수 있는지를 설명해야 한다.
- 그래프 아래에는 그래프에서 얻은 물리량을 단위와 함께 기록해야 한다.

➡ 표

- 표의 목적과 무엇을 이야기하려는지 설명해야 한다.
- 표 아래에 표 작성 방법을 설명하고, 계산했다면 필요한 수식도 설명한다. 실제 표에 계산된 것 하나는 단위를 포함해서 계산을 어떻게 했는지 기록한다.

13 디지털 오실로스코프와 함수 발생기

1) 개요 및 목적

디지털 오실로스코프는 시간에 따른 신호의 변화를 눈으로 볼 수 있도록 하는 장치로 전기 전자 실험 등을 할 때 아주 유용한 장치이다. 이 실험에서는 디지털 오실로스코프의 기본 원리를 이해하고 사용하는 방법을 공부해서 전기 전자 실험을 위한 기초적 역량을 키우는 데 그 목적이 있다. 실험 회로로 두 개의 저항을 직렬 연결한 회로를 사용하고 회로에 1kHz 주파수에 피크-피크 전압이 6V인 교류 신호를 걸어주고 오실로스코프를 이용해서 한 저항에 걸린 전압과 파형을 관찰한다.

다이오드를 이용한 정류회로를 알아보고 전원 어댑터의 회로와 동작 원리를 이해한다.

2) 배경 이론

디지털 오실로스코프는 시간에 따른 전압(신호)의 변화를 눈으로 볼 수 있도록 표시하는 장치로 매우 다양한 하드웨어 모듈과 소프트웨어로 구성되어 있다. 디지털 오실로스코프는 입력된 신호를 잡아서 계산해서 파형을 가장 해석하기 적절한 형태로 표시해 준다. 얼마나 짧은 시간에 지나간 신호까지 잡을 수 있는지를 오실로스코프의 분해능이라고 하며 분해능이 높을수록 당연히 좋은 장비이며 가격이 올라간다.

일반적으로 오실로스코프 성능을 표시하는 방법으로 디지털 오실로스코프는 초당 샘플링 횟수를 사용하고 아날로그 오실로스코프는 대역폭(Bandwidth)을 사용한다. 예를 들어 20MHz 아날로그 오실로스코프는 대역폭과 20MHz라는 것을 말한다. 고주파 신호가 도선을 통과할 때 주파수가 올라감에 따라 신호의 세기가 감소하는데 신호가 작아지면 그만큼 측정차가 커지게 된다. 따라서 대역폭과 20MHz라는 것은 20MHz 신호가 들어올 때 오실로스코프에서 읽는 신호는 입력신호보다 -3dB로 줄어든다는 뜻이고 이 이상은 보정을 하지 않아 정확한 값을 알 수 없다는 의미다.

디지털 오실로스코프도 20MHz라고 쓰여 있는 것이 있지만 이것은 20MHz 아날로그 오실로스코프로 읽을 수 있는 수준의 신호를 보여줄 수 있는 디지털 오실로스코프임을 표시하지만, 디지털 오실로스코프에서는 올바른 표현은 아니다. 보통 20MHz라고 표기된 디지털 오실로스코프의 초당 샘플링 횟수는 20,000,000회/s이다. 즉 1초에 2천만 번 샘플링한다.

디지털 오실로스코프는 아날로그 신호를 잡아서 디지털 신호로 변환해서 저장하고 스크린에 보여주는 여러 절차가 필요하다. 초당 샘플링 수는 시간에 대한 분해능이고, 샘플링 데이터 ADC 분해능은 전압에 대한 분해능이다.

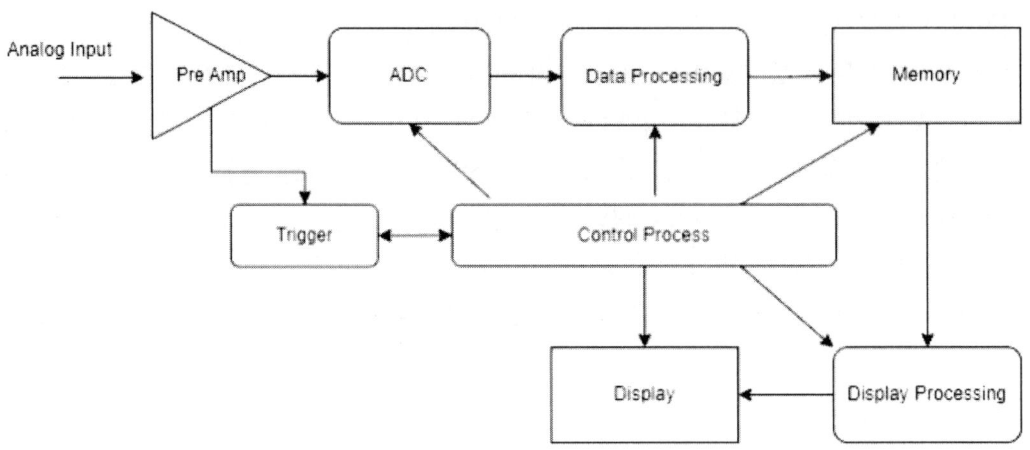

[그림 4.13.1] 디지털 오실로스코프 블록 다이어그램

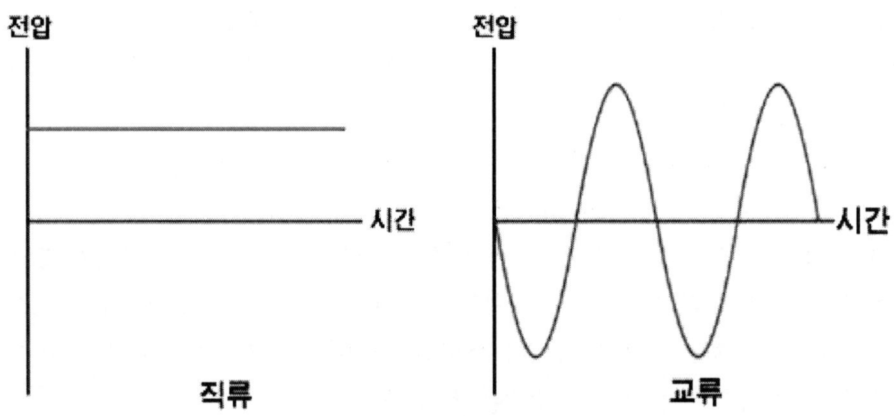

[그림 4.13.2] 직류와 교류

(1) 직류와 교류

직류는 시간에 따라 전압이 변하지 않고 일정한 신호로 DC(Direct Current)라고 한다. 교류는 시간에 따라 전압이 주기적으로 변하는 신호로 AC(Alternate Current)라고 한다.

전압을 표시하는 데 있어서 직류는 시간에 따라 전압이 변하지 않으므로 하나로 표시되지만, 교류는 시간에 따라 전압이 변함으로 $V_p, V_{p-p}, V_{rms}, V_{ave}$ 등 4가지로 표현되며 그 관계는 [그림 4.13.3]과 [그림 4.13.4]에 그려 놓았다.

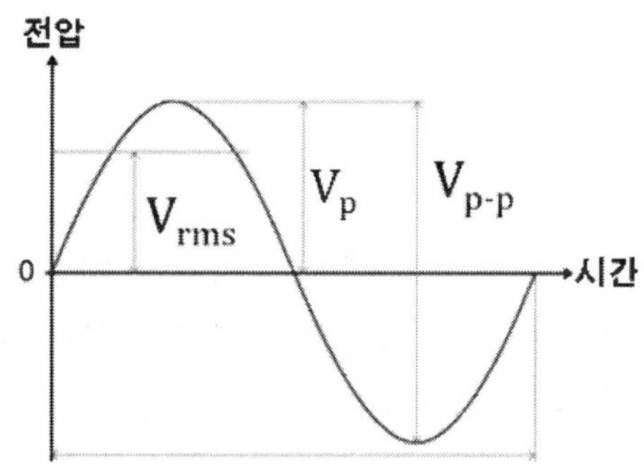

[그림 4.13.3] V_p, V_{p-p}, V_{rms} 의 관계

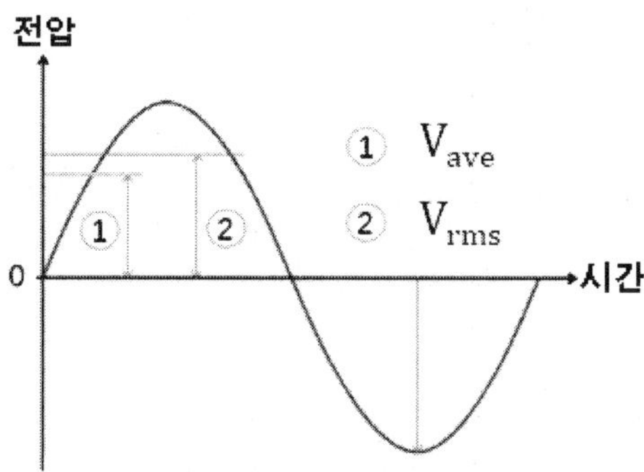

[그림 4.13.4] V_{rms} 와 V_{ave}사이의 관계

V_p는 반주기의 최대값이며, V_{p-p}는 한 주기 내에서 최소값에서 최대값까지 전압으로 반주기 최대값의 2배가 된다.

$$V_{p-p} = 2V_p$$

V_{rms}는 실효값으로 교류 전원에 부하를 걸어서 소비한 에너지양이 같은 부하에서 직류 전원으로 소비한 에너지와 같을 때 직류전압에 대응되는 전압이다.

$$V_{rms} = \frac{V_p}{\sqrt{2}} = 0.707\,V_p$$

V_{ave}는 평균값으로 반주기 전압의 평균값을 표시한다.

$$V_{ave} = \frac{2\,V_p}{\pi} = 0.637\,V_p$$

(2) 오실로스코프로 신호 읽기

디지털 오실로스코프는 일단 신호가 제대로 입력되면 읽을 수 있는 형태로 파형을 화면에 잡는 것은 AUTO 버튼을 누름으로 해결된다. 필요하다면 수직축 전압 간격은 Volt/Div 단자를 이용해서 조정하고, 수평축 시간 간격은 Time/Div 단자로 조정한다.

오실로스코프는 시간에 따른 전압의 변화를 보여주는 장치입니다. 신호를 보여주는 화면의 수평축은 시간을 수직축은 전압을 나타낸다. ([그림 4.13.5])

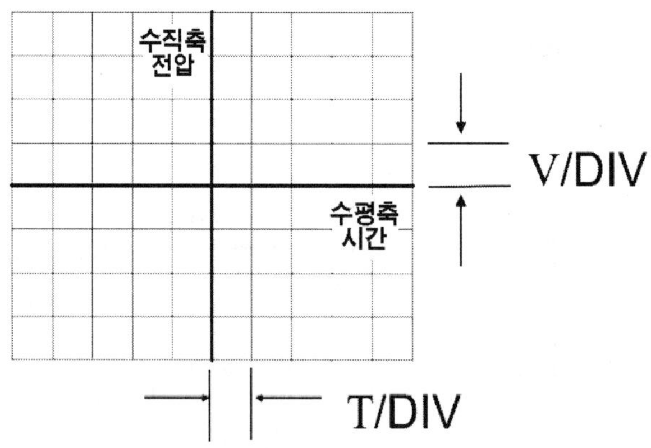

[그림 4.13.5] 수직축과 수평축

시간 축에서 수평 칸당 시간을 Time/Div 단자로 조정할 수 있다. Time/Div 단자를 1ms로 선택하면 수평축 한 칸이 1ms가 되므로 파형의 주기는 4칸 반에 해당하므로 4.5ms가 된다. 또한 주파수는 주기의 역수이므로 0.222kHz가 된다. ([그림 4.13.6])

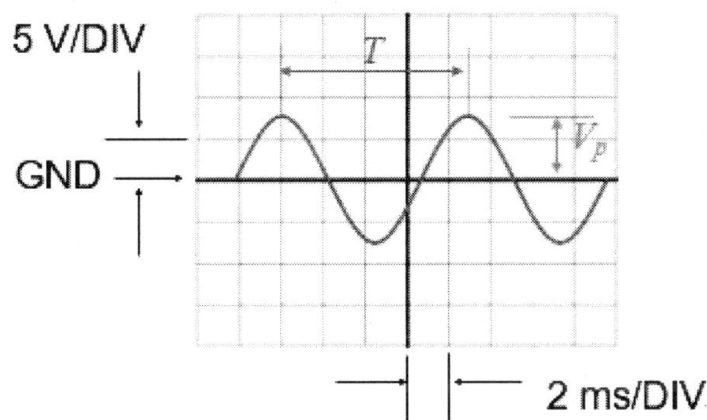

[그림 4.13.6] 전압과 주기 읽기

$$T = 4.5Div \times \frac{1\ ms}{Div} = 4.5\ ms$$

$$f = \frac{1}{T} = \frac{1}{4.5\ ms} = 0.222..\ kHz$$

전압 축도 칸당 전압을 Volt/Div 단자로 조정할 수 있다. 그림 7에서 Volt/Div 단자를 1V로 선택하면 수직축 한 칸이 1V가 되므로 V_p는 1.5칸이 되어서 1.5V가 되고, V_{p-p}는 3칸이 되어 3V가 된다.

$$V_p = 1.5Div \times \frac{1\ V}{Div} = 1.5\ V$$

$$V_{p-p} = 3Div \times \frac{1\ V}{Div} = 3\ V$$

(3) 전원 어댑터의 구성 및 동작 원리

일반적으로 가장 간단한 형태의 어댑터는 다음과 같이 구성된다.

- 전압 변환 : 전원 트랜스를 이용해서 교류 220V를 필요한 전압으로 낮춘다. 예를 들면 DC 5V를 만들기 위해서 220V를 9 ~ 12V로 낮춘다.
- 정류 : 한 방향으로만 전류를 흘려주는 다이오드의 특성을 이용해서 교류를 직류로 바꾼다. 다이오드 하나를 이용하면 반파 정류를 할 수 있고, 양 전원 트랜스를 사용하고 다이오드를 두 개를 사용하면 전파 정류를 할 수 있다. 단 전원 트랜스를 사용하더라도 다이오드 4개를 브릿지 형태로 연결하면 전파 정류를 할 수 있다.

- 평활 : 콘덴서를 이용해서 정류된 DC에서 교류 성분을 줄여서 안정적인 DC 전압을 만든다.

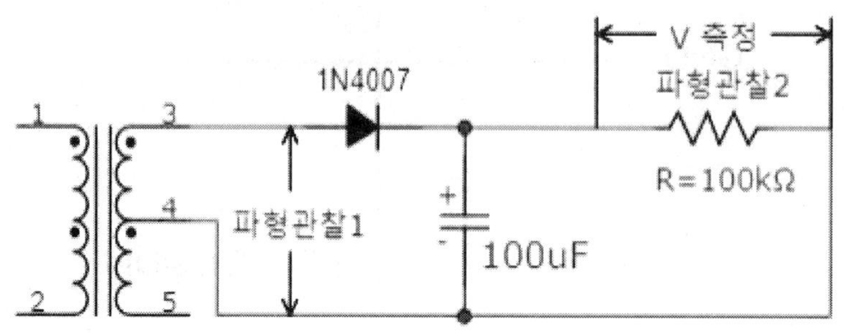

[그림 4.13.7] 반파 정류회로

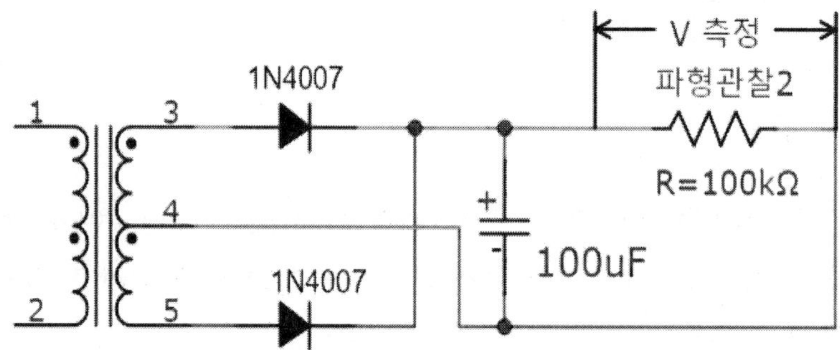

[그림 4.13.8] 양 전원 트랜스에서 전파 정류회로

여기에 정전압 회로를 추가하면 입력 전압이 변동이 있더라도 안정적인 DC 전압을 유지할 수 있다. 출력 전압에 따라 7805(5V), 7809(9V), 7812(12V) 등 사용하기 편한 정전압 IC가 있다.

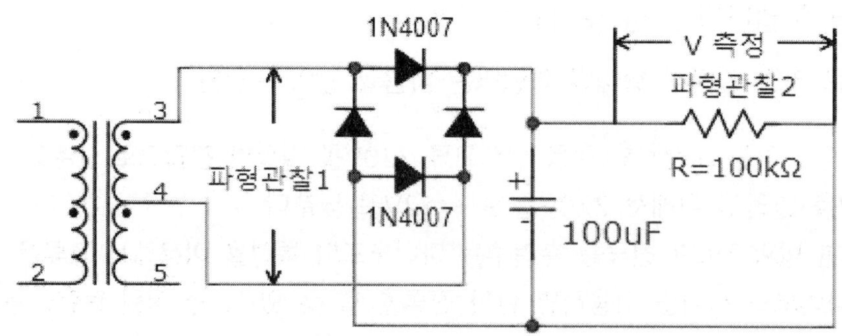

[그림 4.13.9] 단 전원 트랜스에서 브릿지 다이오드를 이용한 전파 정류회로

정전압 IC를 사용한 회로는 [그림 4.13.10]에 있다.

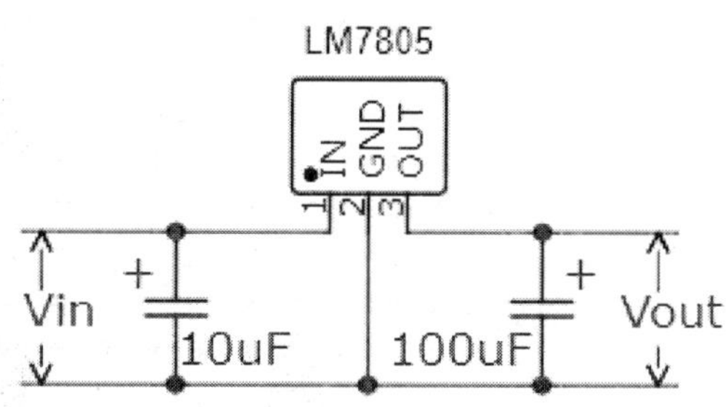

[그림 4.13.10] LM7805를 사용한 정전압 회로

3) 실험 장치

- 오실로스코프
- 함수 발생기
- 브레드보드
- 저항 : 10kΩ, 2kΩ, 20kΩ, 100kΩ
- 다이오드 : 1N4007
- 콘덴서 : 100uF 25V, 470uF 16V
- 220V : 6V 양전원 트랜스

4) 실험 방법

(1) 실험 1 교류 신호 파형 관찰과 전압 측정

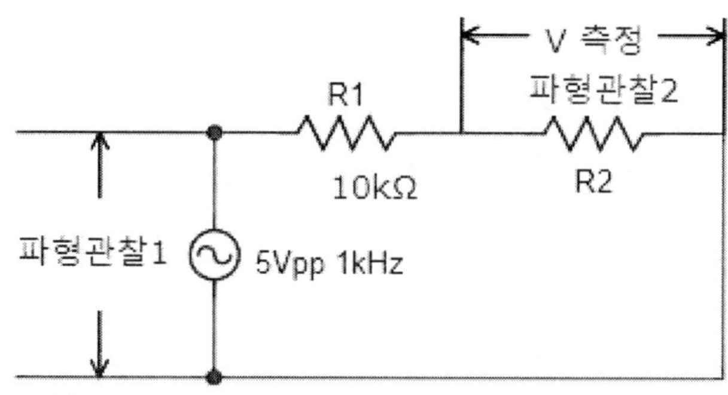

[그림 4.13.11] (a) 저항에 따른 파형 관찰 회로

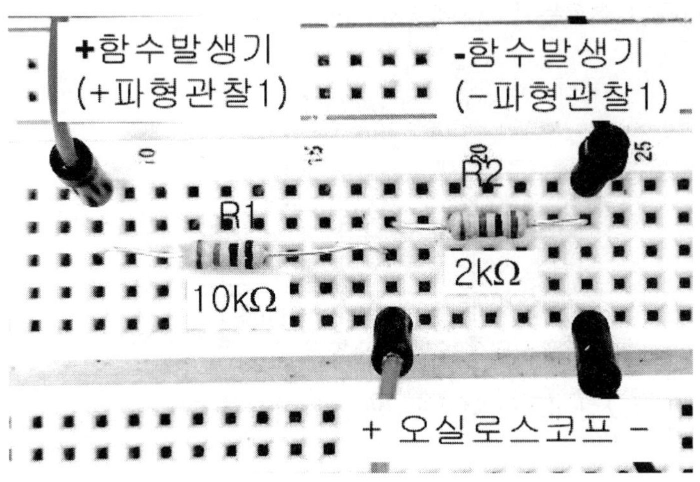

[그림 4.13.11] (b) 그림 4.13.11(a) 회로 연결

- [그림 4.13.11] (a) 회로를 [그림 4.13.11] (b)를 참고하여 브레드보드에 연결한다. R2는 2kΩ을 연결한다.
- 함수 발생기 출력을 오실로스코프에 연결하여 출력신호가 사이파, 피크-피크 전압이 5V, 그리고 주파수가 1kHz가 되도록 조정한다.
- 오실로스코프를 함수 발생기에서 분리하고 함수 발생기를 회로에 연결한다.
- 오실로스코프를 회로의 파형관찰1 위치에 연결하고 파형을 관찰한다. 디지털 오실로스코프는 AUTO 스위치를 누르면 자동으로 신호 잡아서 보여주고 신호의 정보도 스크린에 표시된다.

측정위치	V_{p-p} 계산(V)	V_{rms} 계산(V)	오실로스코프			
			V_{p-p} 측정(V)	오차(%)	V_{rms} 계산(V)	오차(%)
파형관찰1	x	x		x		x
파형관찰2 (R2=2kΩ)						
파형관찰2 (R2=20kΩ)						

〈표 4.13.1〉 파형 관찰과 전압 측정

- 파형관찰1 위치에서 신호를 잡고 사진을 찍어서 결과보고서에 넣는다.
- 저항 R2에 걸리는 전압 V_{p-p}를 측정하기 위해 오실로스코프를 저항 R2 양단(파형관찰2)에 [그림 4.13.11] (b)와 같이 연결한다. 오실로스코프로 파형의 피크-피크 전압을 측정한다. 앞의 오실로스코프 설명에서 커서를 이용한 피크-피크 전압 측정 방법대로 전압을 측정하고 파형 사진을 찍어 결과보고서에 넣고 측정 결과는 <표 4.13.1>에 기록한다.
- 2kΩ 측정이 끝나면 20kΩ 저항으로 바꾸어 측정한다.

(2) 실험 2 다이오드 특성 관찰

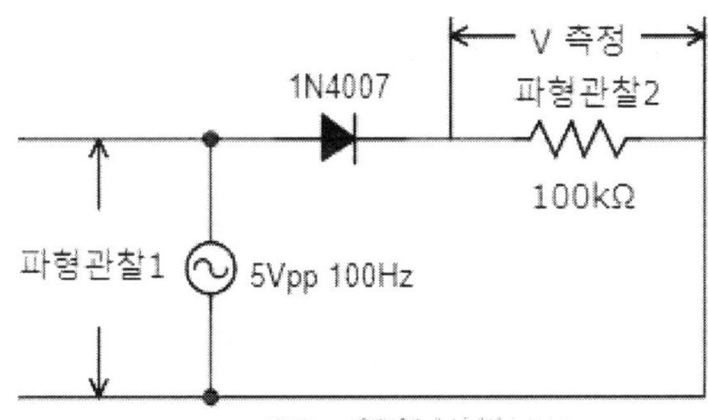

[그림 4.13.12] (a) 다이오드 전후 파형 관찰

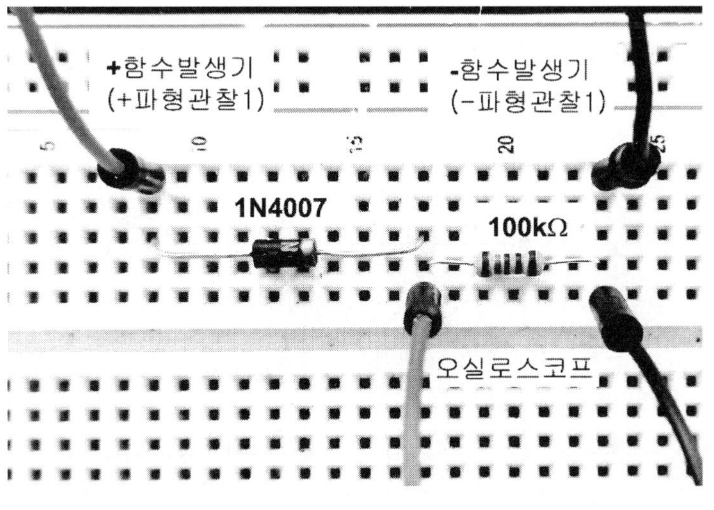

[그림 4.13.12] (b) 그림 4.13.12(a) 회로 연결

- [그림 4.13.12] (a) 회로를 [그림 4.13.12] (b)를 참고하여 브레드보드에 연결한다.
- 함수 발생기 출력을 오실로스코프에 연결하여 출력신호가 사이파, 피크-피크 전압이 5V, 그리고 주파수가 100Hz가 되도록 조정한다.
- 오실로스코프를 함수 발생기에서 분리하고 함수 발생기를 회로에 연결한다.
- 오실로스코프를 회로의 파형관찰1 위치에 연결하고 파형을 관찰한다. 디지털 오실로스코프는 AUTO 스위치를 누르면 자동으로 신호 잡아서 보여주고 신호의 정보도 스크린에 표시된다.
- 파형관찰1 위치에서 신호를 잡고 사진을 찍어서 결과보고서에 넣는다. V_{p-p}와 V_{rms}를 측정하고 계산해서 <표 4.13.2>에 기록한다.
- 파형관찰2 위치에서 신호를 잡고 사진을 찍어서 결과보고서에 넣는다. V_{p-p}와 V_{rms}를 측정하고 계산해서 <표 4.13.2>에 기록한다.

측정위치	V_{p-p} 측정(V)	V_{mean} 측정(V)	V_{rms} 계산(V)
파형관찰1		X	
파형관찰2	X		X

〈표 4.13.2〉 다이오드 회로의 파형 관찰과 전압 측정

(3) 실험 3 다이오드와 콘덴서를 이용한 정류회로 특성 관찰

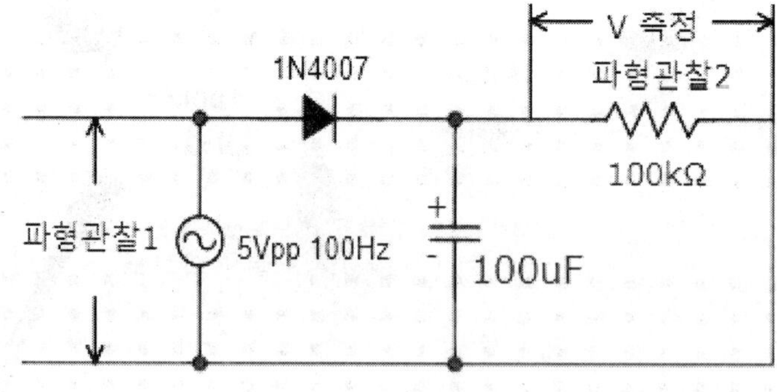

[그림 4.13.13] (a) 콘덴서 연결 후 파형 관찰

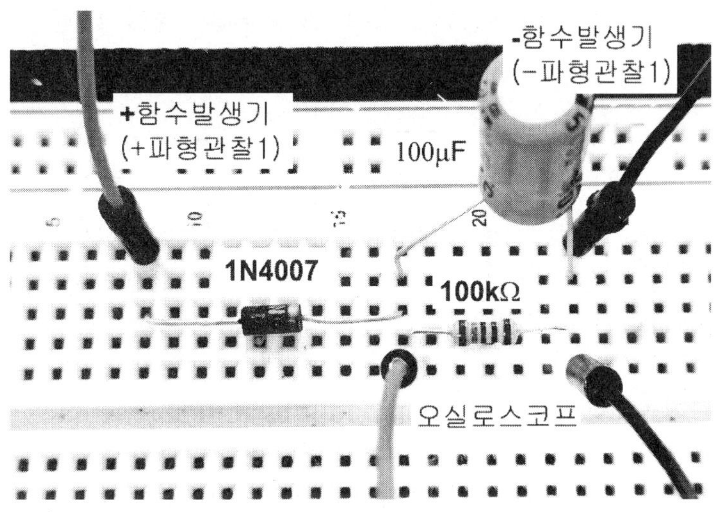

[그림 4.13.13] (b) 그림 4.13.13(a) 회로 연결

- [그림 4.13.13] (a) 회로를 [그림 4.13.13] (b)를 참고하여 브레드보드에 연결한다. 함수 발생기 출력을 오실로스코프에 연결하여 출력신호가 사이파, 피크-피크 전압이 5V, 그리고 주파수가 100Hz가 되도록 조정한다.
- 오실로스코프를 함수 발생기에서 분리하고 함수 발생기를 회로에 연결한다.
- 오실로스코프를 회로의 파형관찰1 위치에 연결하고 파형을 관찰한다. 디지털 오실로스코프는 AUTO 스위치를 누르면 자동으로 신호 잡아서 보여주고 신호의 정보도 스크린에 표시된다. 파형관찰1 위치에서 신호를 잡고 사진을 찍어서 결과보고서에 넣는다. V_{p-p}와 V_{rms}를 측정하고 계산해서 <표 4.13.3>에 기록한다.
- 파형관찰2 위치에서 신호를 잡고 사진을 찍어서 결과보고서에 넣는다. V를 측정해서 <표 4.13.3>에 기록한다.

측정위치	V_{p-p} 측정(V)	V_{mean} 측정(V)	V_{rms} 계산(V)
파형관찰1		X	
파형관찰2	X		X

<표 4.13.3> 다이오드와 콘덴서를 이용한 정류회로 파형 관찰

(4) 실험 4 전원 트랜스를 이용한 반파 정류 회로 특성 관찰

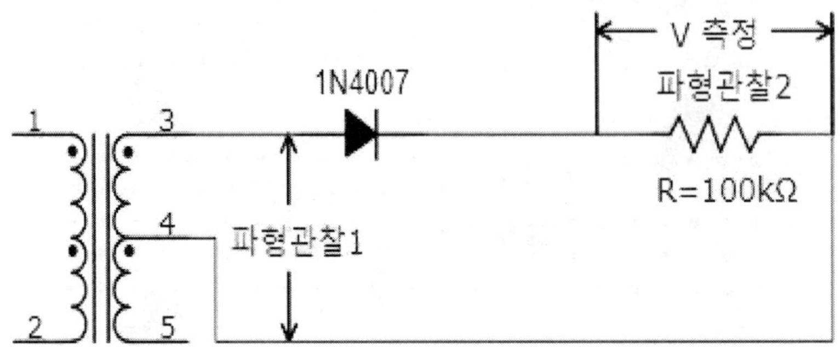

[그림 4.13.14] 전원 트랜스를 이용한 반파 정류 회로

- [그림 4.13.14] 회로를 브레드보드에 연결한다.
- 오실로스코프를 회로의 파형관찰1 위치에 연결하고 파형을 관찰한다. 디지털 오실로스코프는 AUTO 스위치를 누르면 자동으로 신호 잡아서 보여주고 신호의 정보도 스크린에 표시된다.
- 파형관찰1 위치에서 신호를 잡고 사진을 찍어서 결과보고서에 넣는다. V_{p-p}와 V_{rms}를 측정하고 계산해서 〈표 4.13.4〉에 기록한다.
- 파형관찰2 위치에서 신호를 잡고 사진을 찍어서 결과보고서에 넣는다. V를 측정해서 〈표 4.13.4〉에 기록한다.

측정위치	V_{p-p}측정(V)	V_{mean}측정(V)	V_{rms} 계산(V)
파형관찰1		X	
파형관찰2	X		X

〈표 4.13.4〉 전원 트랜스를 이용한 반파 정류회로 파형 관찰

(5) 실험 5 양 전원 트랜스를 이용한 전파 정류 회로 특성 관찰

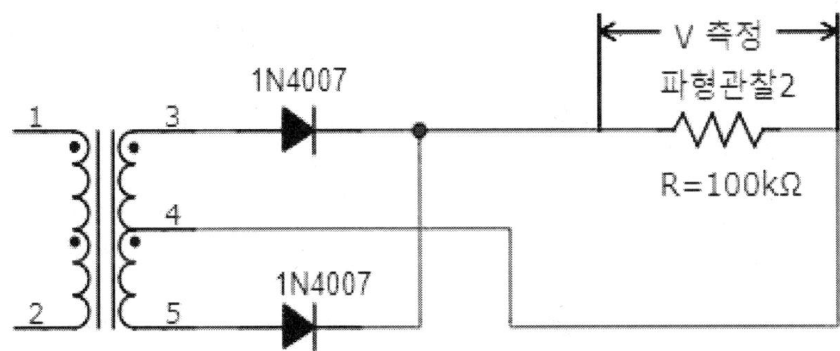

[그림 4.13.15] 양 전원 트랜스를 이용한 전파 정류회로

- [그림 4.13.15] 회로를 브레드보드에 연결한다.
- 오실로스코프를 회로의 4번 탭에 GND를 연결하고 Ch1을 3번탭, Ch2를 5번탭에 연결하여 파형을 관찰한다. 디지털 오실로스코프는 AUTO 스위치를 누르면 자동으로 신호 잡아서 보여주고 신호의 정보도 스크린에 표시된다.
- 파형관찰1 위치에서 신호를 잡고 사진을 찍어서 결과보고서에 넣는다. V_{p-p}와 V_{rms}를 측정하고 계산해서 <표 4.13.5>에 기록한다.
- 파형관찰2 위치에서 신호를 잡고 사진을 찍어서 결과보고서에 넣는다. V를 측정해서 <표 4.13.5>에 기록한다.

측정위치	V_{p-p} 측정(V)	V_{mean} 측정(V)	V_{rms} 계산(V)
파형관찰1		X	
파형관찰2	X		X

<표 4.13.5> 전원 트랜스를 이용한 반파 정류회로 파형 관찰

(6) 실험 6 평활회로를 추가한 양 전원 트랜스를 이용한 전파 정류 회로 특성 관찰

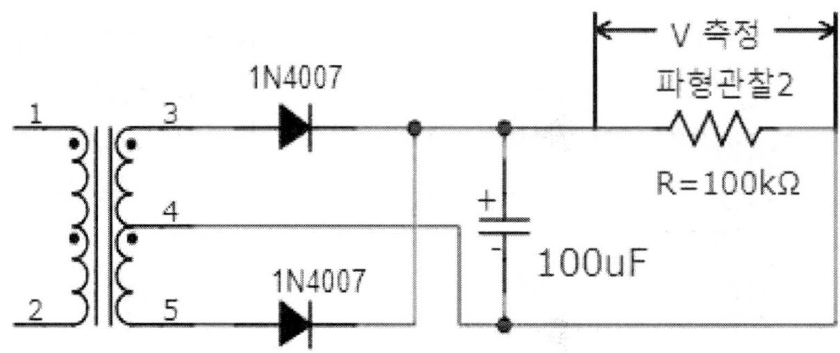

[그림 4.13.16] 평활회로를 추가한 양 전원 트랜스를 이용한 전파 정류회로

- [그림 4.13.16] 회로를 브레드보드에 연결한다.
- 오실로스코프를 회로의 파형관찰1 위치에 연결하고 파형을 관찰한다. 디지털 오실로스코프는 AUTO 스위치를 누르면 자동으로 신호 잡아서 보여주고 신호의 정보도 스크린에 표시된다.
- 파형관찰1 위치에서 신호를 잡고 사진을 찍어서 결과보고서에 넣는다. V_{p-p}와 V_{rms}를 측정하고 계산해서 〈표 4.13.6〉에 기록한다.
- 파형관찰2 위치에서 신호를 잡고 사진을 찍어서 결과보고서에 넣는다. V를 측정해서 〈표 4.13.6〉에 기록한다.

측정위치	V_{p-p} 측정(V)	V_{mean} 측정(V)	V_{rms} 계산(V)
파형관찰1		X	
파형관찰2	X		X

〈표 4.13.6〉 평활회로를 추가한 양 전원 트랜스를 이용한 전파 정류회로 파형 관찰

(7) 실험 7 브릿지 다이오드를 이용한 전파 정류 회로 특성 관찰

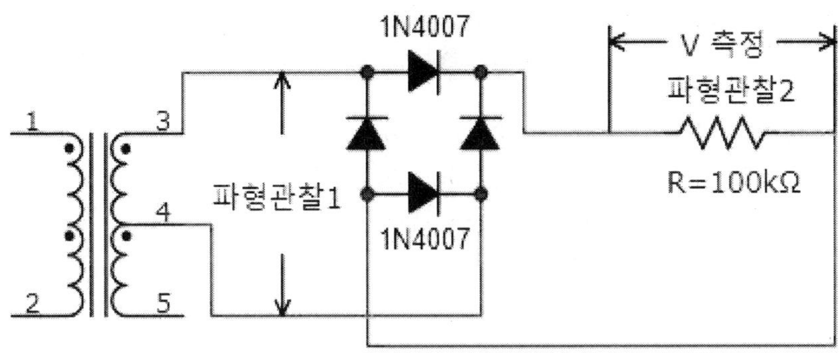

[그림 4.13.17] 브릿지 다이오드를 이용한 전파 정류회로

- [그림 4.13.17] 회로를 브레드보드에 연결한다.
- 오실로스코프를 회로의 파형관찰1 위치에 연결하고 파형을 관찰한다. 디지털 오실로스코프는 AUTO 스위치를 누르면 자동으로 신호 잡아서 보여주고 신호의 정보도 스크린에 표시된다.
- 파형관찰1 위치에서 신호를 잡고 사진을 찍어서 결과보고서에 넣는다. V_{p-p}와 V_{rms}를 측정하고 계산해서 <표 4.13.7>에 기록한다.
- 파형관찰2 위치에서 신호를 잡고 사진을 찍어서 결과보고서에 넣는다. V를 측정해서 <표 4.13.7>에 기록한다.

측정위치	V_{p-p} 측정(V)	V측정(V)	V_{rms} 계산(V)
파형관찰1		X	
파형관찰2	X		X

<표 4.13.7> 브릿지 다이오드를 이용한 반파 정류회로 파형 관찰

(8) 실험 8 평활회로를 추가한 브릿지 다이오드를 이용한 전파 정류 회로 특성 관찰

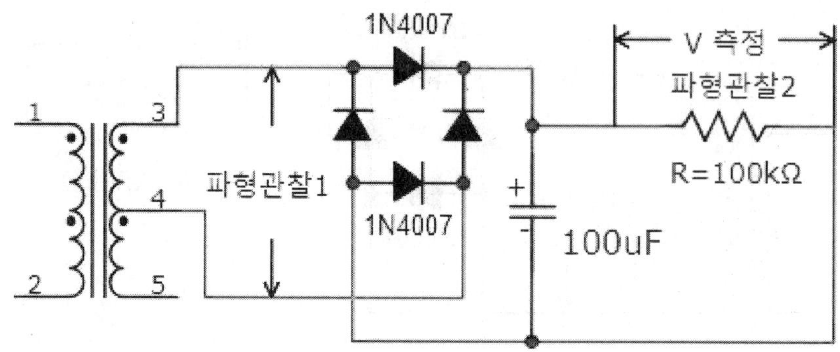

[그림 4.13.18] 평활회로를 추가한 브릿지 다이오드를 이용한 전파 정류회로

- [그림 4.13.16] 회로를 브레드보드에 연결한다.
- 오실로스코프를 회로의 파형관찰1 위치에 연결하고 파형을 관찰한다. 디지털 오실로스코프는 AUTO 스위치를 누르면 자동으로 신호 잡아서 보여주고 신호의 정보도 스크린에 표시된다.
- 파형관찰1 위치에서 신호를 잡고 사진을 찍어서 결과보고서에 넣는다. V_{p-p}와 V_{rms}를 측정하고 계산해서 <표 4.13.8>에 기록한다.
- 파형관찰2 위치에서 신호를 잡고 사진을 찍어서 결과보고서에 넣는다. V를 측정해서 <표 4.13.8>에 기록한다.

측정위치	V_{p-p} 측정(V)	V_{mean} 측정(V)	V_{rms} 계산(V)
파형관찰1		X	
파형관찰2	X		X

<표 4.13.8> 평활회로를 추가한 브릿지 다이오드를 이용한 전파 정류회로 파형 관찰

결과보고서 작성 방법

(1) 제 목

(2) 목 적

(3) 결과 및 분석

■ 실험 1 교류 신호 파형 관찰과 전압 측정

실험 1의 목적과 방법을 간단히 기록하라.

파형관찰1 위치에서 오실로스코프 측정 사진을 찍어서 넣고, V_{p-p}와 V_{rms}를 측정하고 계산해서 <표 4.13.1>에 넣는다.

파형관찰2 위치에서 2kΩ과 20kΩ 저항이 각각 연결한 된 상태에서 오실로스코프 측정 사진을 찍어서 넣고, V_{p-p}와 V_{rms}를 측정하고 계산해서 <표 4.13.1>에 넣는다.

파형관찰1과 파형관찰2 위치에서 파형 차이를 계산으로 설명한다.

■ 실험 2 다이오드 특성 관찰

실험 2의 목적과 방법을 간단히 기록하라.

파형관찰1 위치에서 오실로스코프 측정 사진을 찍어서 넣고, V_{p-p}와 V_{rms}를 측정하고 계산해서 <표 4.13.2>에 넣는다.

파형관찰2 위치에서 오실로스코프 측정 사진을 찍어서 넣고, V_{p-p}와 V_{rms}를 측정하고 계산해서 <표 4.13.2>에 넣는다.

파형관찰1과 파형관찰2 위치에서 파형 차이를 설명하고 Vrms 차이를 계산하고 설명한다.

■ 실험 3 다이오드와 콘덴서를 이용한 정류회로 특성 관찰

실험 3의 목적과 방법을 간단히 기록하라.

파형관찰1 위치에서 오실로스코프 측정 사진을 찍어서 넣고, V_{p-p}와 V_{rms}를 측정하고 계산해서 <표 4.13.3>에 넣는다.

파형관찰2 위치에서 오실로스코프 측정 사진을 찍어서 넣고, V를 측정해서 <표 4.13.3>에 넣는다.

파형관찰1과 파형관찰2 위치에서 파형 차이를 설명하고 V_{rms} 차이를 계산하고 설명한다.

파형관찰2 위치에서 실험 2의 파형과 차이를 설명하고 V_{rms} 가 차이가 있는지 비교하고 설명한다.

■ 실험 4 전원 트랜스를 이용한 반파 정류 회로 특성 관찰

실험 4의 목적과 방법을 간단히 기록하라.

실험 2와 같은 방법으로 표를 작성하고 사진을 찍어서 넣는다. (실험 2에서 전압과 주파수만 다르고 비슷한 결과가 나온다.)

■ 실험 5 양 전원 트랜스를 이용한 전파 정류 회로 특성 관찰

실험 5의 목적과 방법을 간단히 기록하라.

실험 3과 같은 방법으로 표를 작성하고 사진을 찍어서 넣는다.

파형관찰2에서 얻은 파형을 실험 4 파형관찰2에서 얻은 파형과 비교 설명한다.

■ 실험 6 평활회로를 추가한 양 전원 트랜스를 이용한 전파 정류 회로 특성 관찰

실험 6의 목적과 방법을 간단히 기록하라.

실험 3과 같은 방법으로 표를 작성하고 사진을 찍어서 넣는다.

파형관찰2에서 얻은 파형을 실험 5 파형관찰2에서 얻은 파형과 비교 설명한다.

■ 실험 7 브릿지 다이오드를 이용한 전파 정류 회로 특성 관찰

실험 7의 목적과 방법을 간단히 기록하라.

실험 5과 같은 방법으로 표를 작성하고 사진을 찍어서 넣는다.

파형관찰2에서 얻은 파형을 실험 5에서 얻은 파형과 비교 설명한다.

■ 실험 8 평활회로를 추가한 브릿지 다이오드를 이용한 전파 정류 회로 특성 관찰

실험 8의 목적과 방법을 간단히 기록하라.

실험 6과 같은 방법으로 표를 작성하고 사진을 찍어서 넣는다.

파형관찰2에서 얻은 파형을 실험 7에서 얻은 파형과 비교 설명한다.

- 실험 1 : 교류도 직류와 똑같이 측정과 계산됨을 확인
- 실험 2 : 다이오드의 정류 특성을 오실로스코프로 확인
- 실험 3 : 다이오드를 통해 들어온 맥동전압이 콘덴서를 이용해서 일정한 전압으로 바뀜을 확인
- 실험 4 : 전원 트랜스의 특성 확인
- 실험 5 : 양 전원의 특성과 다이오드 연결에 따른 정류 특성 확인
- 실험 6 : 다이오드를 통해 들어온 맥동전압이 콘덴서를 이용해서 일정한 전압으로 바뀜을 확인
- 실험 7 : 브릿지 다이오드의 특성 확인
- 실험 8 : 다이오드를 통해 들어온 맥동전압이 콘덴서를 이용해서 일정한 전압으로 바뀜을 확인

■ 결 론

실험을 통해서 정류회로의 구성에 따른 차이와 특징을 간단히 정리한다.

표와 그래프 작성과 설명에서 주의 사항

- 표와 그래프는 번호와 이름을 넣어야 한다.
- 그래프에는 두 축에 대한 물리량과 단위를 표시해야 한다.

➡ 그래프

- 그래프의 목적과 그래프 의미, 그리고 무엇을 얻을 수 있는지를 설명해야 한다.
- 그래프 아래에는 그래프에서 얻은 물리량을 단위와 함께 기록해야 한다.

➡ 표

- 표의 목적과 무엇을 이야기하려는지 설명해야 한다.
- 표 아래에 표 작성 방법을 설명하고, 계산했다면 필요한 수식도 설명한다. 실제 표에 계산된 것 하나는 단위를 포함해서 계산을 어떻게 했는지 기록한다.

실험 결과 제출

과 : 학번 : 이름 :

측정위치	V_{p-p} 계산(V)	V_{rms} 계산(V)	오실로스코프			
			V_{p-p} 측정(V)	오차(%)	V_{rms} 계산(V)	오차(%)
파형관찰1	x	x		x		x
파형관찰2 (R2=2kΩ)						
파형관찰2 (R2=20kΩ)						

〈표 4.13.1〉 파형 관찰과 전압 측정

측정위치	V_{p-p} 측정(V)	V_{mean} 측정(V)	V_{rms} 계산(V)
파형관찰1		X	
파형관찰2	X		X

〈표 4.13.2〉 다이오드 회로의 파형 관찰과 전압 측정

측정위치	V_{p-p} 측정(V)	V_{mean} 측정(V)	V_{rms} 계산(V)
파형관찰1		X	
파형관찰2	X		X

〈표 4.13.3〉 다이오드와 콘덴서를 이용한 정류회로 파형 관찰

14 디지털 회로를 위한 트랜지스터 사용법

1) 실험의 목적과 개요

트랜지스터는 아날로그 회로에서 디지털 회로로 넘어가는 결정적인 역할을 했던 소자다. 이 실험에서는 트랜지스터의 스위치 특성을 이해하고 그 사용법을 공부한다.

2) 원 리

(1) SW ON - LED ON

트랜지스터는 p형 반도체와 n형 반도체를 접합해서 만든 반도체 소자다. 접합순서에 따라 NPN형 트랜지스터와 PNP형 트랜지스터로 나뉜다. NPN형 트랜지스터는 베이스 단자에 +를 걸어주어야 동작하고 전류는 컬렉터에서 이미터로 흐른다. PNP형 트랜지스터는 베이스에 -를 걸어주어야 동작하고 전류는 이미터에서 컬렉터로 흐른다. 따라서 회로 구조에 따라 NPN형이나 PNP형을 골라서 사용하면 된다.

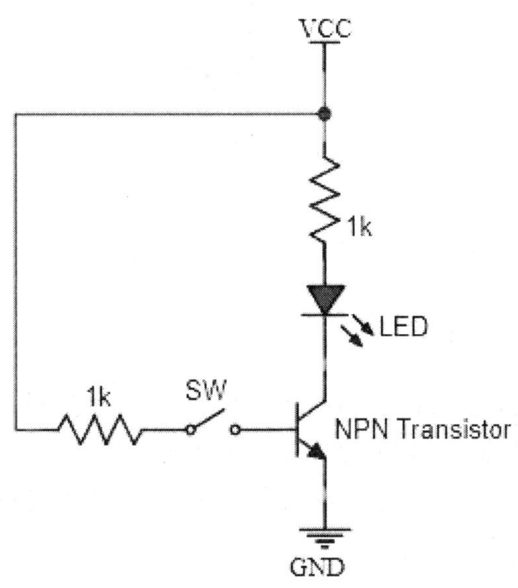

[그림 4.14.1] NPN형 트랜지스터 사용법 1

[그림 4.14.1]에 NPN형 트랜지스터를 사용한 예를 나타냈다. 그림에서 SW를 ON 하면 베이스에 + 전압이 걸리면서 컬렉터와 이미터 사이에 전류가 흐를 수 있는 상태가 되어 전류가 VCC에서 LED와 트랜지스터를 통해 GND로 흐르므로 LED가 점등된다.

[그림 4.14.2]는 PNP형 트랜지스터를 사용한 예를 보여준다. 그림에서 SW가 OFF 상태에서는 베이스가 플로팅 상태로 트랜지스터 이미터에서 베이스로 전류가 흐르지 못하고 따라서 이미터에서 컬렉터로 전류가 흐르지 못해서 LED는 꺼진 상태로 있다.

SW를 ON 하면 베이스가 -로 되어 VCC에서 이미터에서 베이스를 통해 작은 전류가 GND로 흐르게 되고 이 때문에 이미터에서 컬렉터로 전류가 흐를 수 있는 상태가 되어 LED가 점등된다.

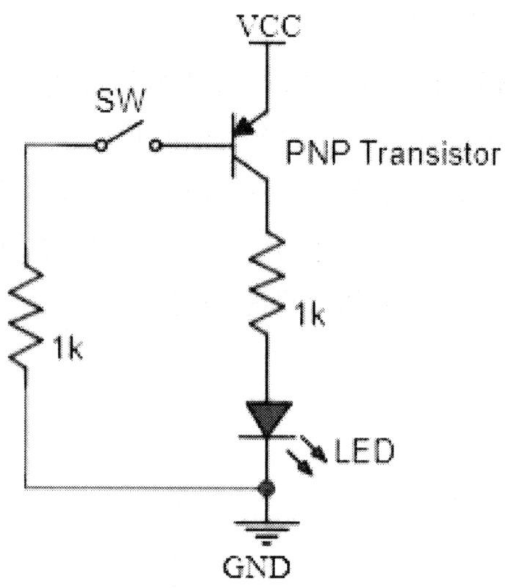

[그림 4.14.2] PNP형 트랜지스터 사용법 1

(2) SW ON - LED OFF

이번에는 SW를 ON 하면 LED가 꺼지고 SW를 OFF 하면 LED가 켜지는 (스위치와 반대로 동작하는) 회로를 만들자. 여기에서도 NPN형과 PNP형 모두를 생각하자. 동작 원리는 LED 내부저항이 트랜지스터가 ON 되었을 때보다 크므로 LED를 트랜지스터 컬렉터와 이미터 단자에 병렬로 연결하면 된다.

[그림 4.14.3]이 NPN형 트랜지스터를 이용한 SW를 OFF 상태에서 LED가 켜지고 SW를 ON 하면 LED가 꺼지는 회로다. SW를 OFF 하면 트랜지스터 베이스에 전압이 안 걸리고 컬렉터와 이미터 사이는 OFF 상태가 되어 전류가 흐를 수 없다. 따라서 전류는 VCC에서 저항을 통해 LED로 흐르게 되어 LED가 켜진다. SW를 ON 하면 (ON 상태)

트랜지스터 베이스에 전압이 가해지고 컬렉터와 이미터 사이에 전류가 흐를 수 있는 상태가 되어 전류는 VCC에서 저항을 통해 트랜지스터를 지나 GND로 흐른다. 이때 LED의 임피던스가 트랜지스터의 ON 임피던스보다 매우 크므로 거의 모든 전류가 트랜지스터를 통해서 흐르고 LED를 켤 수 있을 만큼의 전류가 흐르지 않아 LED는 점등되지 않는다.

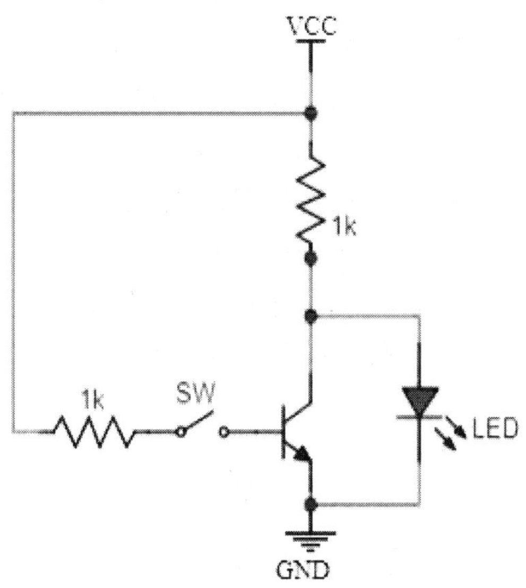

[그림 4.14.3] NPN형 트랜지스터 사용법 2

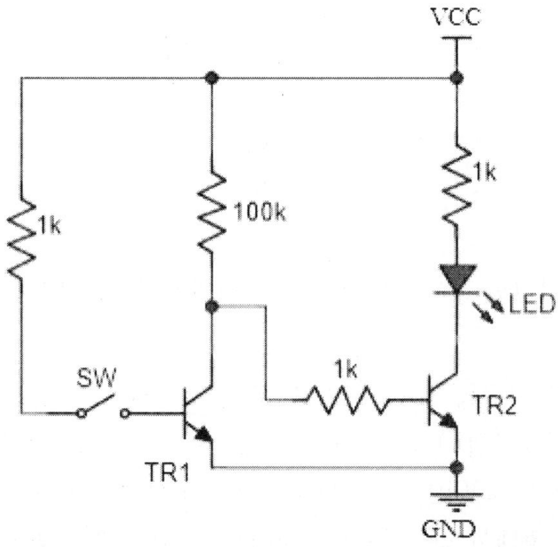

[그림 4.14.4] NPN형 트랜지스터 사용법 3

[그림 4.14.3]에 회로는 개념을 설명하기 위한 회로로 실제 사용하지 않는다. 그 이유는 LED OFF 전류가 너무 커서 에너지 손실이 크기 때문이다. 이 문제를 해결하기 위해서는 트랜지스터를 2개 사용하면 간단히 해결된다. [그림 4.14.4]에 그 해결 방법이 있다. 회로를 보면 스위치가 꺼졌을 때 TR1도 OFF가 되어 TR2 베이스에 + 전압이 걸리게 된다. 따라서 TR2가 ON 되고 LED에 전류가 흘러서 LED가 점등된다.

스위치가 ON 되면 TR1이 ON 되고 TR2 베이스는 0V가 되기 때문에 TR2가 OFF 되어 LED가 꺼지게 된다. 이때 TR1을 통해 흐르는 전류는 100kΩ 저항을 통해 흐르기 때문에 5V 전원을 사용한다면 50μA 전류가 흐른다. 스위치가 OFF이면 TR1의 컬렉터에서 이미터로 전류가 흐르지 못하므로 100kΩ과 1kΩ 저항을 통해 TR2 베이스에 49.5μA 전류가 흘러서 TR2를 ON 시키고 따라서 LED가 켜지게 된다.

PNP형 트랜지스터를 사용한 경우는 [그림 4.14.5]에 있다. 이 경우도 [그림 4.14.5]는 개념 설명을 위한 회로고 실제 사용할 수 있는 회로는 [그림 4.14.6]에 있다.

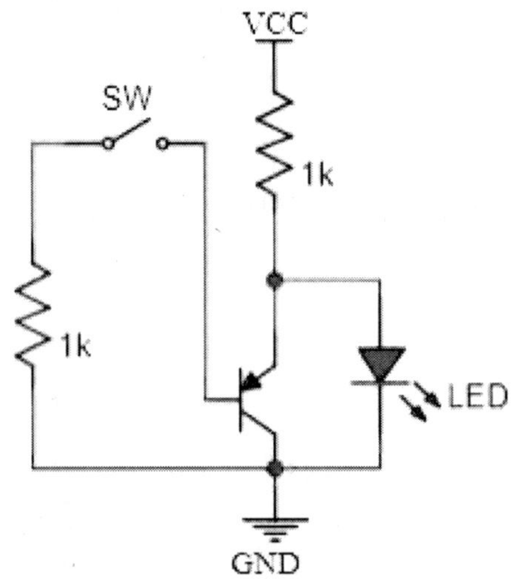

[그림 4.14.5] PNP형 트랜지스터 사용법 2

스위치에 따른 동작은 [그림 4.14.6]의 회로에서 스위치가 OFF이면 TR1도 OFF가 되어 TR2의 베이스가 100kΩ과 1kΩ 저항을 통해 -에 연결되고 따라서 TR2는 ON이 되어 LED가 켜진다. 스위치가 ON이면 TR1 베이스가 -에 연결되어 TR1 이미터에 걸린 5V에 의해 전류가 베이스를 통해서 -로 흐른다. 따라서 TR1이 ON 상태가 되고 TR1 컬렉터로 연결된 TR2 베이스는 5V 전압이 걸려서 TR2는 OFF 상태가 되어 LED는 꺼진다.

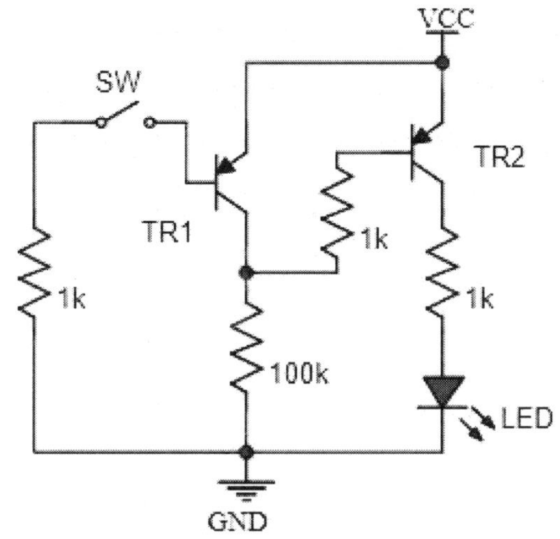

[그림 4.14.6] PNP형 트랜지스터 사용법 3

3) 실험 장치

- 5V 전원장치
- 브레드보드
- DMM(Digital Multimeter)
- 2N2222 NPN 트랜지스터, 2N2907 PNP 트랜지스터
- LED
- 1kΩ, 100kΩ 저항

4) 실험방법 및 결과

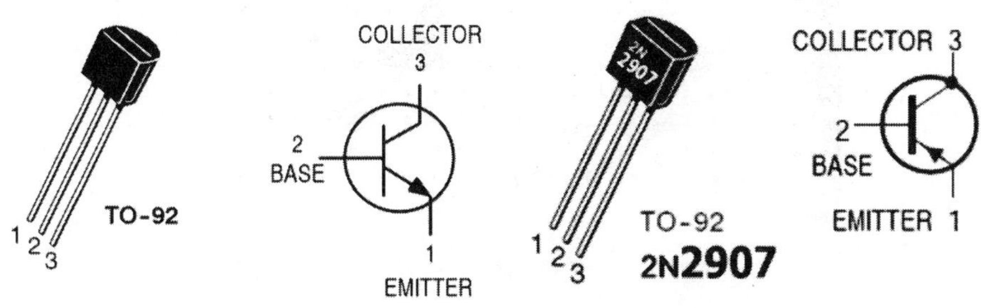

[그림 4.14.7] 트랜지스터 핀 정의

(1) 실험 1 NPN 트랜지스터 SW - ON → LED - ON

[그림 4.14.8]의 실험 회로를 브레드보드에 연결한다. 이때 트랜지스터는 핀이 3개가 있어 회로를 연결할 때 트랜지스터 핀을 정확하게 연결하도록 주의한다.

5V 전원을 연결하고 스위치를 ON, OFF 할 때 이에 따라 LED가 ON OFF 동작을 제대로 하는지 확인하고 동작을 <표 4.14.1>에 기록한다. (스위치와 LED 상태를 사진을 찍어서 결과보고서에 넣어라.)

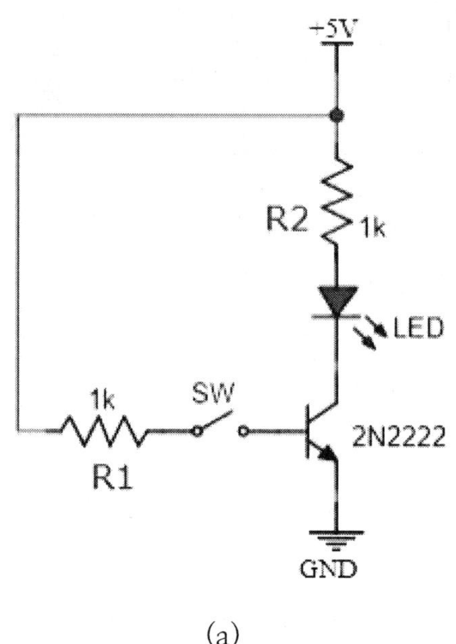

(a)

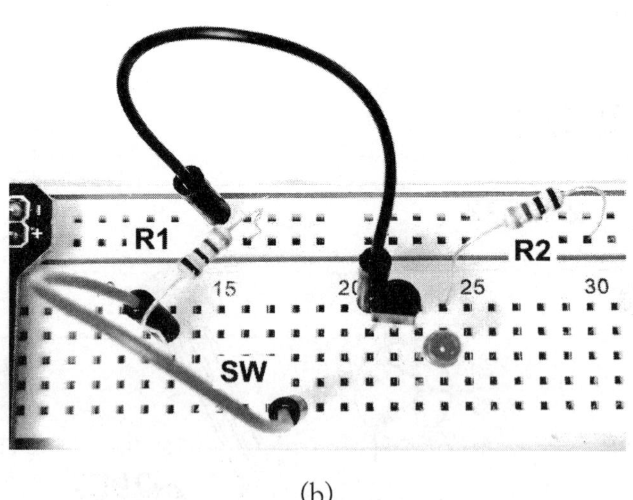

(b)

[그림 4.14.8] 실험 회로 1

SW	LED
OFF	
ON	

〈표 4.14.1〉 NPN 트랜지스터 동작

(2) 실험 2 PNP 트랜지스터 SW - ON → LED - ON

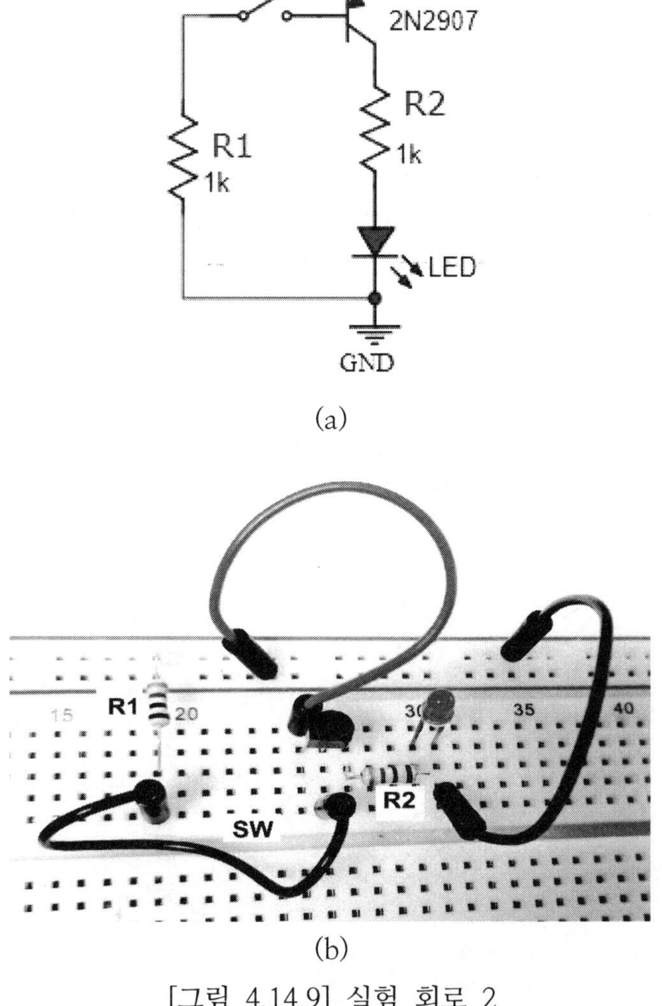

(a)

(b)

[그림 4.14.9] 실험 회로 2

[그림 4.14.9] 실험 회로 2를 브레드보드에 연결한다.

5V 전원을 연결하고 스위치를 ON, OFF 할 때 이에 따라 LED가 ON OFF 동작을 제대로 하는지 확인하고 동작을 〈표 4.14.2〉에 기록한다. (스위치와 LED 상태를 사진을 찍어서 결과보고서에 넣어라.)

SW	LED
OFF	
ON	

〈표 4.14.2〉 PNP 트랜지스터 동작

(3) 실험 3 NPN 트랜지스터 SW ON → LED - OFF

[그림 4.14.10] 실험 회로 3을 브레드보드에 연결한다.

5V 전원을 연결하고 스위치를 ON, OFF 할 때 이에 따라 LED가 OFF ON 역동작을 제대로 하는지 확인하고 동작을 〈표 4.14.3〉에 기록한다. (스위치와 LED 상태를 사진을 찍어서 결과보고서에 넣어라.)

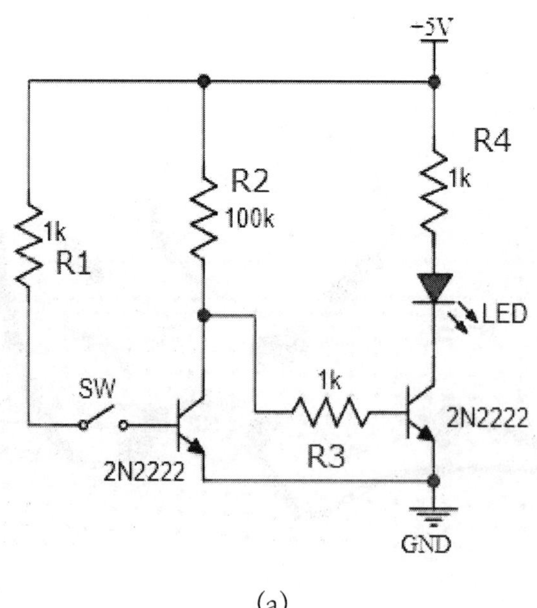

(a)

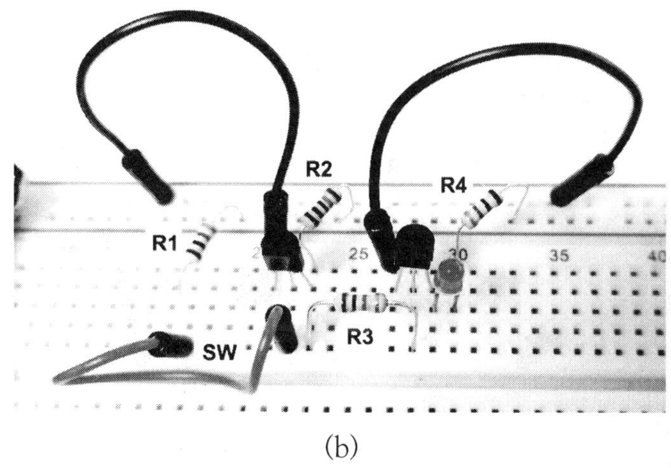

(b)

[그림 4.14.10] 실험 회로 3

SW	LED
OFF	
ON	

〈표 4.14.3〉 NPN 트랜지스터 역동작

(4) 실험 4. PNP 트랜지스터 SW ON → LED - OFF

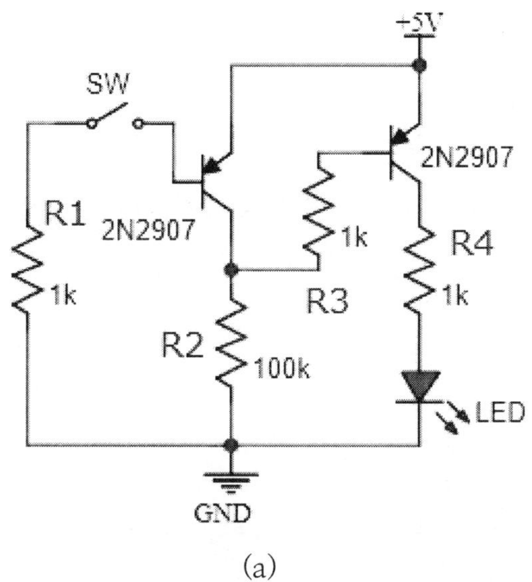

(a)

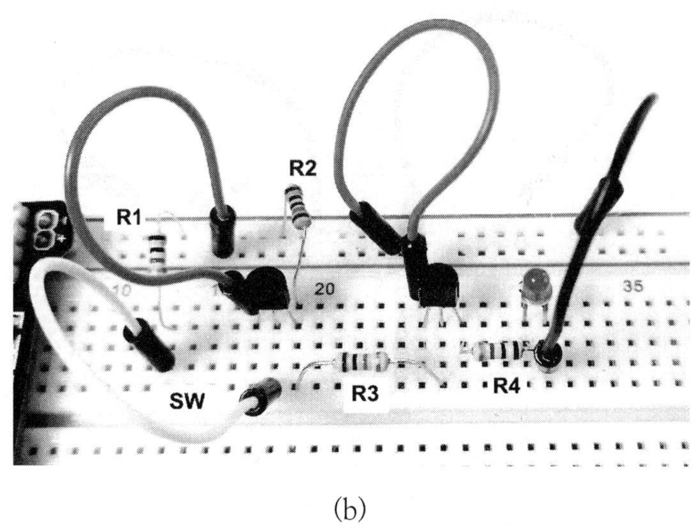

(b)

[그림 4.14.11] 실험 회로 4

[그림 4.14.11] 실험 회로 4를 브레드보드에 연결한다.

5V 전원을 연결하고 스위치를 ON, OFF 할 때 이에 따라 LED가 OFF ON 역동작을 제대로 하는지 확인하고 동작을 〈표 4.14.4〉에 기록한다. (스위치와 LED 상태를 사진을 찍어서 결과보고서에 넣어라.)

SW	LED
OFF	
ON	

〈표 4.14.4〉 PNP 트랜지스터 역동작

결과보고서 작성 방법

(1) 제 목

(2) 목 적

(3) 결과 및 분석

■ 실험 1 NPN 트랜지스터 SW - ON → LED - ON

실험 1의 목적과 방법을 간단히 기록하라.

연결된 [그림 4.14.8] 회로에 ON, OFF 동작 사진 찍어서 넣고 결과를 〈표 4.14.1〉에 기록하고 동작 이유를 설명한다.

■ 실험 2 PNP 트랜지스터 SW - ON → LED - ON

실험 2의 목적과 방법을 간단히 기록하라.

연결된 [그림 4.14.9] 회로에 ON, OFF 동작 사진 찍어서 넣고 결과를 〈표 4.14.2〉에 기록하고 동작 이유를 설명한다.

■ 실험 3 NPN 트랜지스터 SW ON → LED - OFF

실험 3의 목적과 방법을 간단히 기록하라.

연결된 [그림 4.14.10] 회로에 ON, OFF 동작 사진 찍어서 넣고 결과를 〈표 4.14.3〉에 기록하고 동작 이유를 설명한다.

■ 실험 4 PNP 트랜지스터 SW ON → LED - OFF

연결된 [그림 14.14.1] 회로에 ON, OFF 동작 사진 찍어서 넣고 결과를 〈표 4.14.4〉에 기록하고 동작 이유를 설명한다.

■ 결 론

목적과 실험 결과를 보고 결론을 작성한다.

실험이 끝나면 측정 결과를 실험 결과표에 기록해서 제출하고 결과보고서는 보고서 작성 방법대로 작성해서 보고서 제출 사이트에 제출한다.

표와 그래프 작성과 설명에서 주의 사항

- 표와 그래프는 번호와 이름을 넣어야 한다.
- 그래프에는 두 축에 대한 물리량과 단위를 표시해야 한다.

➡ 그래프

- 그래프의 목적과 그래프 의미, 그리고 무엇을 얻을 수 있는지를 설명해야 한다.
- 그래프 아래에는 그래프에서 얻은 물리량을 단위와 함께 기록해야 한다.

➡ 표

- 표의 목적과 무엇을 이야기하려는지 설명해야 한다.
- 표 아래에 표 작성 방법을 설명하고, 계산했다면 필요한 수식도 설명한다. 실제 표에 계산된 것 하나는 단위를 포함해서 계산을 어떻게 했는지 기록한다.

실험 결과 제출

과 : 학번 : 이름 :

SW	LED
OFF	
ON	

〈표 4.14.1〉 NPN 트랜지스터 동작

SW	LED
OFF	
ON	

〈표 4.14.2〉 PNP 트랜지스터 동작

SW	LED
OFF	
ON	

〈표 4.14.3〉 NPN 트랜지스터 역동작

SW	LED
OFF	
ON	

〈표 4.14.4〉 PNP 트랜지스터 역동작

15 트랜지스터를 이용한 논리 회로

1) 실험의 목적과 개요

트랜지스터의 스위치 특성을 이용하면 스위치 조합으로 논리 회로를 만든 것과 같이 반도체 논리 소자를 만들 수 있다. 이 실험에서는 논리 구조와 논리 구조를 스위치로 구현하는 방법을 이해하고 트랜지스터를 이용해서 AND와 OR 그리고 NAND와 NOR 논리 회로를 만든다.

2) 원 리

논리는 참과 거짓으로 나누며 이것을 디지털로 표현하면 참은 1, 거짓은 0이다. 또한 디지털 회로에서는 기준이 +5V로 (요즘은 저전력 소자들은 3.3V를 사용한다) 참 = 1 = +5V, 거짓 = 0 = 0V를 의미한다.

(1) AND 논리

AND 논리 회로는 입력이 모두 참일 때(1)만 참(1)을 출력하고 그 외에는 모두 거짓(0)을 출력한다. 그 논리 표는 〈표 4.15.1〉에 나타냈다.

입력		출력
A	B	Q
0	0	0
1	0	0
0	1	0
1	1	1

〈표 4.15.1〉 AND 논리 표

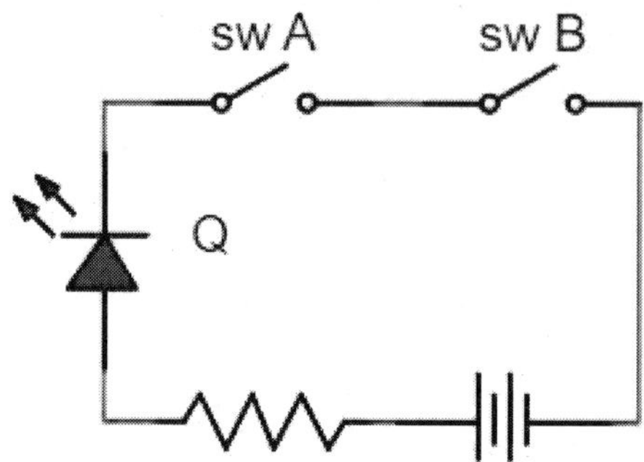

[그림 4.15.1] 스위치로 만든 AND 회로

이것을 스위치 회로로 만들면 [그림 4.15.1]과같이 스위치 두 개를 직렬로 연결하면 된다. 회로에서 스위치 A와 B를 모두 ON(1) 해야 Q가 1로 LED가 점등된다. 그 외에는 스위치 A와 B 중 하나라도 OFF(0)이면 회로가 끊어져서 Q는 0으로 LED가 점등되지 않는다.

[그림 4.15.1]에서 스위치를 트랜지스터로 바꾸면 AND 논리 회로를 만들 수 있다. 이렇게 만든 것이 그림 2에 있다.

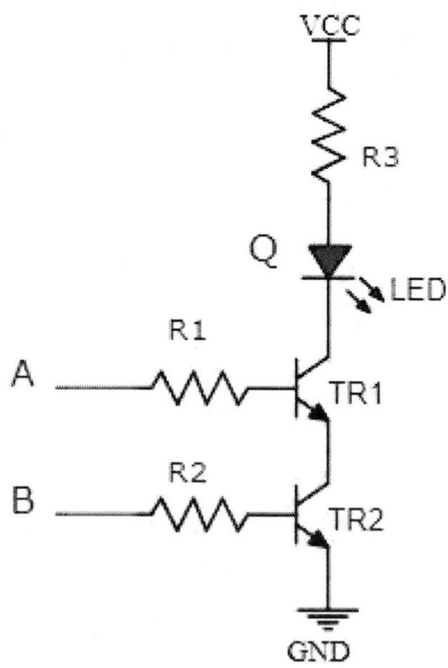

[그림 4.15.2] 트랜지스터로 만든 AND 회로

[그림 4.15.1]에서 스위치 A와 B를 [그림 4.15.2]에서는 TR1과 TR2로 바꾸었다. NPN 트랜지스터는 베이스에 +전압이 걸리면 컬렉터에서 이미터로 전류가 흐를 수 있는 상태가 되어 베이스에 +전압이 걸린 트랜지스터가 on 된다.

A, B에 0V 또는 5V를 걸면 이에 따라 TR1과 TR2가 off 또는 on이 되어 회로는 A와 B 입력에 따라 AND 논리 표대로 동작한다.

(2) OR 논리

OR 논리 회로는 두 입력 중 하나라도 참이면(1) 참(1)을 출력하고 둘 다 거짓(0)일 때만 거짓(0)을 출력한다. 그 논리 표는 〈표 4.15.2〉에 나타냈다.

입력		출력
A	B	Q
0	0	0
1	0	1
0	1	1
1	1	1

〈표 4.15.2〉 OR 논리 표

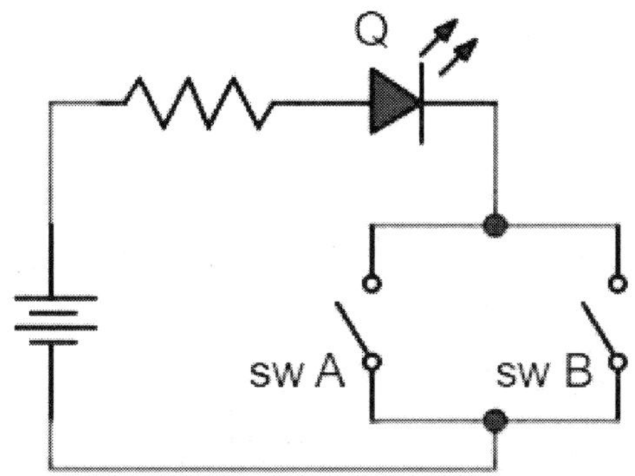

[그림 4.15.3] 스위치로 만든 OR 회로

이것을 스위치 회로로 만들면 그림 3과같이 스위치 두 개를 병렬로 연결하면 된다. 회로에서 스위치 A와 B 중 하나가 ON(1)이면 Q가 1로 LED가 점등된다. 그리고 스위치 A와 B 모두가 OFF(0)이면 회로가 끊어져서 Q는 0으로 LED가 점등되지 않는다.

앞에서와 마찬가지로 그림 3에서 스위치를 트랜지스터로 바꾸면 OR 논리 회로를 만들 수 있다. 이렇게 만든 회로가 [그림 4.15.4]이다.

[그림 4.15.3]에서 스위치 A와 B를 [그림 4.15.4]에서는 TR1과 TR2로 바꾸었다. 이렇게 하면 A, B에 0V 또는 5V를 걸면 회로는 OR 논리 표대로 동작한다.

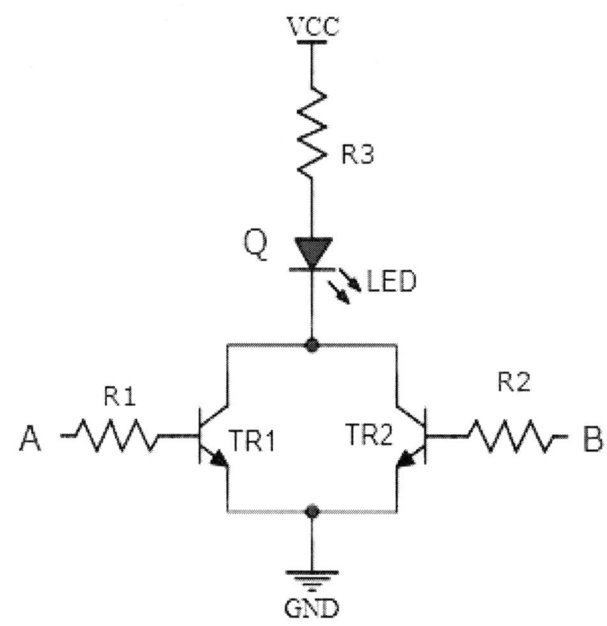

[그림 4.15.4] 트랜지스터로 만든 OR 회로

(3) NAND 논리

NAND는 NOT AND로 AND 논리의 출력을 반대로 바꾼 것이다. 이것은 AND 논리 회로에 NOT 논리 회로를 더한 것이다.

NAND 논리의 논리 표는 <표 4.15.3>에 나타냈다.

NOT 논리를 회로는 스위치가 off면 불이 들어오고, 스위치가 on이면 불이 꺼지는 일반적인 스위치 동작과 반대로 동작한다. NOT 논리는 '16. 트랜지스터 사용법에서 회로'를 만들어 실험했다.

입력		출력
A	B	$\overline{Q}$
0	0	1
1	0	1
0	1	1
1	1	0

〈표 4.15.3〉 NAND 논리 표

AND와 NOT 회로를 합치면 NAND 회로가 되고 [그림 4.15.5]와 같다.

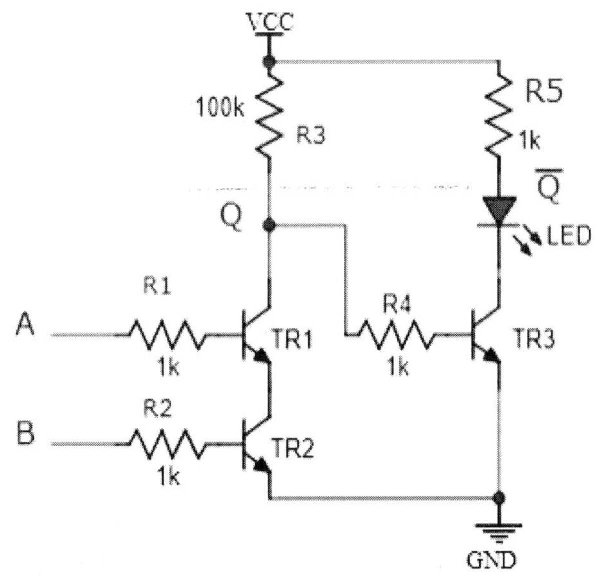

[그림 4.15.5] 트랜지스터로 만든 NAND 회로

AND 회로를 위해 TR1과 TR2 NPN 트랜지스터 2개를 사용하고, NOT 회로를 위해 TR3 하나의 NPN 트랜지스터를 사용한다. NPN 트랜지스터는 베이스에 +전압을 가했을 경우 트랜지스터 컬렉터와 이미터 사이가 on 사태가 되고 전압이 안 걸리면 off 상태가 된다.

TR1과 TR2가 모두 on 상태에만 전류가 VCC에서 R3를 통해서 GND로 흐르게 되고 저항 R3와 TR1 사이 Q점은 0V가 된다. 따라서 TR3의 베이스가 0V이므로 TR3는 off 상태가 되고 LED는 꺼진다. 반대로 TR1 또는 TR2가 하나라도 off 상태면 전류가 VCC에서 R3와 R4를 통해서 TR3의 베이스로 들어가서 TR3는 on 상태가 되고 따라서 LED는 켜진다.

따라서 이 회로는 AND와 반대 동작하는 NAND 회로가 된다.

(4) NOR 논리

NOR은 NOT과 OR을 더한 논리로 정확히 OR 논리의 반대가 된다.

NOR 논리 표는 〈표 4.15.4〉에 나타냈다.

입력		출력
A	B	$\overline{Q}$
0	0	1
1	0	0
0	1	0
1	1	0

〈표 4.15.4〉 NOR 논리 표

OR와 NOT 회로를 합치면 NOR 회로가 되고 [그림 4.15.6]과 같다.

OR 회로를 위해 TR1과 TR2 NPN 트랜지스터 2개를 사용하고, NOT 회로를 위해 TR3 하나의 NPN 트랜지스터를 사용한다. NPN 트랜지스터는 베이스에 +전압을 가했을 경우 트랜지스터 컬렉터와 이미터 사이가 on 사태가 되고 전압이 안 걸리면 off 상태가 된다.

TR1과 TR2가 병렬연결로 둘 중 하나의 TR이라도 on 상태면 전류가 VCC에서 R3를 통해서 GND로 흐르게 되고 저항 R3와 TR1 사이 Q점은 0V가 된다. 따라서 TR3의 베이스가 0V이므로 TR3는 off 상태가 되고 LED는 꺼진다. 반대로 TR1과 TR2가 모두 off 상태면 전류가 VCC에서 R3와 R4를 통해서 TR3의 베이스로 들어가서 TR3는 on 상태가 되고 따라서 LED는 켜진다.

따라서 이 회로는 OR과 반대 동작하는 NOR 회로가 된다.

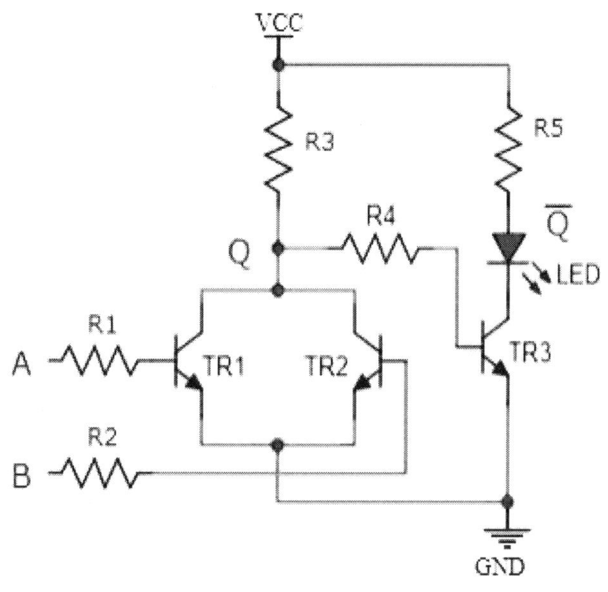

[그림 4.15.6] 트랜지스터로 만든 NOR 회로

3) 실험 장치

5V 전원장치, 브레드보드, 2N2222 NPN 트랜지스터, LED, 1kΩ 저항

4) 실험 방법

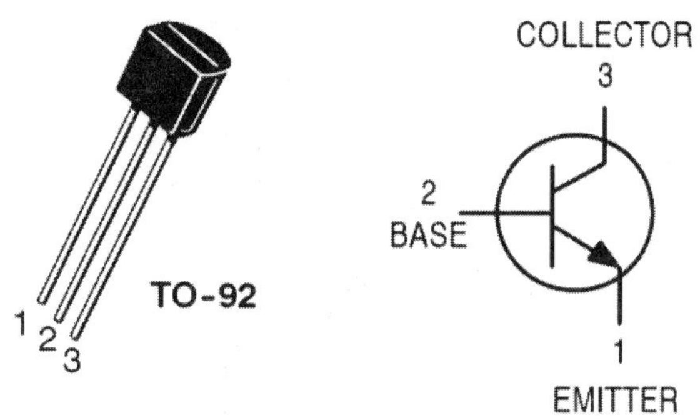

[그림 4.15.7] 트랜지스터 2N2222 핀

(1) AND 논리 회로 실험

[그림 4.15.8]의 AND 실험 회로를 브레드보드에 연결한다. 이때 트랜지스터는 핀이 3개가 있어 회로를 연결할 때 트랜지스터 핀을 정확하게 연결하도록 주의한다. 핀 정의는 [그림 4.15.7]에 있다.

A, B 입력단자에 스위치 A와 B로 +5V와 0V를 논리 표 순서대로 걸고 출력 Q, 즉 LED 점등 여부를 <표 4.15.5>에 기록한다. (스위치와 LED 상태를 사진을 찍어서 결과 보고서에 넣어라.)

입력		출력
A	B	Q
0V	0V	
5V	0V	
0V	5V	
5V	5V	

〈표 4.15.5〉 AND 논리 실험

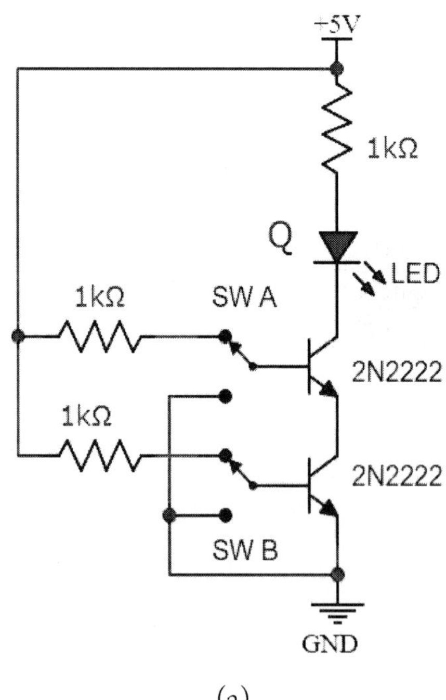

(a)

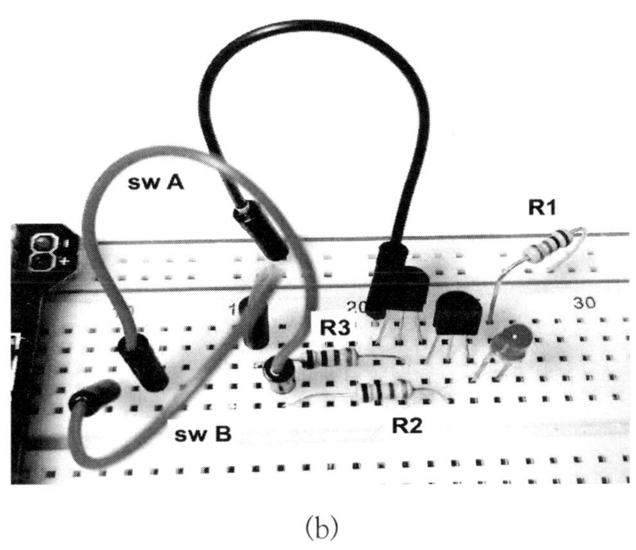

(b)

[그림 4.15.8] AND 논리 실험 회로

(2) OR 논리 회로 실험

[그림 4.15.9]의 OR 실험 회로를 브레드보드에 연결한다. 이때 트랜지스터는 핀이 3개가 있어 회로를 연결할 때 트랜지스터 핀을 정확하게 연결하도록 주의한다.

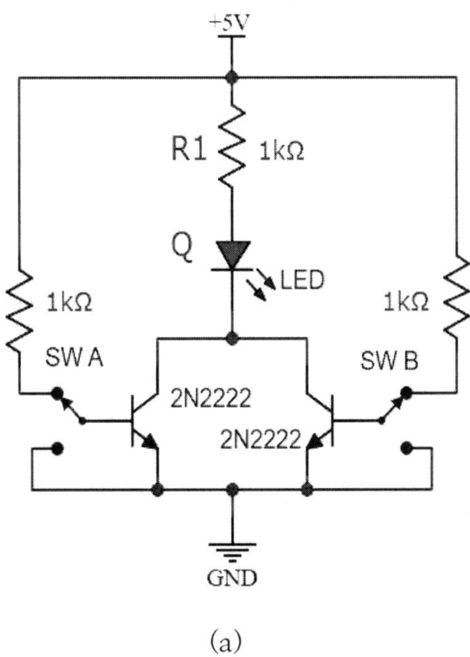

(a)

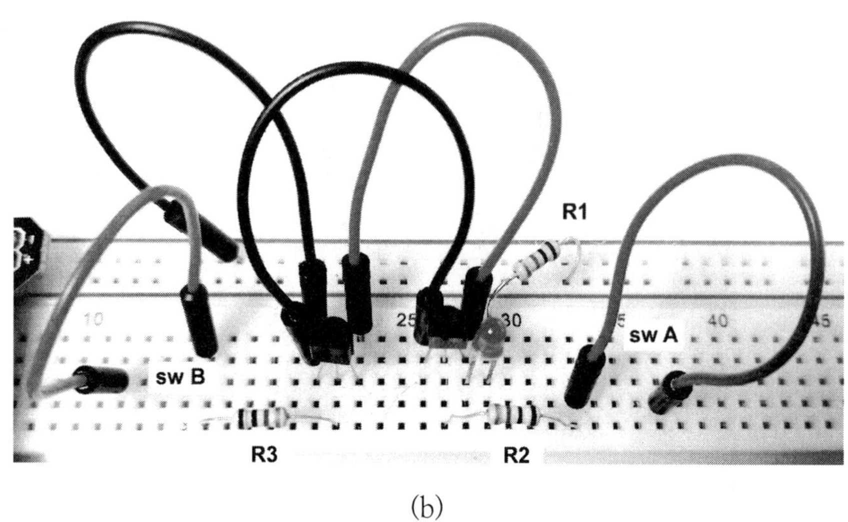

(b)

[그림 4.15.9] OR 논리 실험 회로

A, B 입력단자에 스위치 A와 B로 +5V와 0V를 논리 표 순서대로 걸고 출력 Q, 즉 LED 점등 여부를 〈표 4.15.6〉에 기록한다. (스위치와 LED 상태를 사진을 찍어서 결과 보고서에 넣어라.)

입력		출력
A	B	Q
0V	0V	
5V	0V	
0V	5V	
5V	5V	

〈표 4.15.6〉 OR 논리 실험

(3) NAND 논리 회로 실험

[그림 4.15.10]의 NAND 실험 회로를 브레드보드에 연결한다.

A, B 입력단자에 스위치 A와 B로 +5V와 0V를 논리 표 순서대로 걸고 출력 Q, 즉 LED 점등 여부를 〈표 4.15.7〉에 기록한다. (스위치와 LED 상태를 사진을 찍어서 결과 보고서에 넣어라.)

입력		출력
A	B	$\overline{Q}$
0V	0V	
5V	0V	
0V	5V	
5V	5V	

〈표 4.15.7〉 NAND 논리 실험

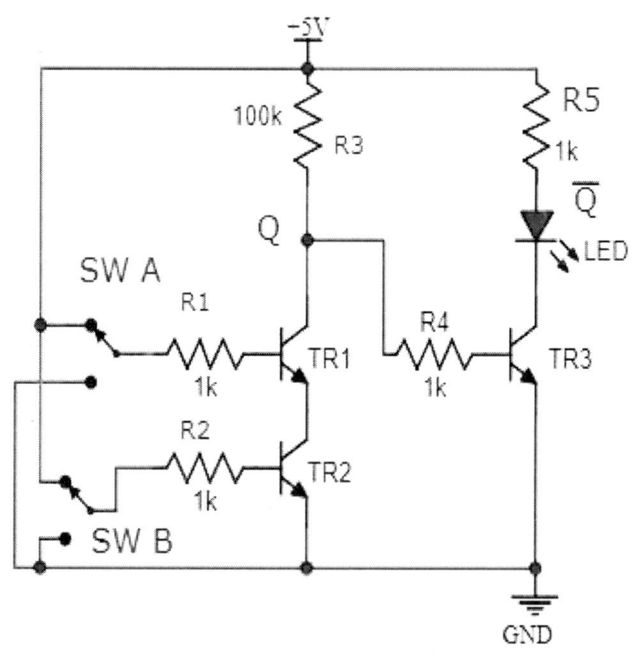

[그림 4.15.10] NAND 논리 실험 회로

(4) NOR 논리 회로 실험

[그림 4.15.11]의 NOR 실험 회로를 브레드보드에 연결한다.

A, B 입력단자에 스위치 A와 B로 +5V와 0V를 논리 표 순서대로 걸고 출력 Q, 즉 LED 점등 여부를 <표 4.15.8>에 기록한다. (스위치와 LED 상태를 사진을 찍어서 결과 보고서에 넣어라.)

입력		출력
A	B	$\overline{Q}$
0V	0V	
5V	0V	
0V	5V	
5V	5V	

〈표 4.15.8〉 NOR 논리 실험

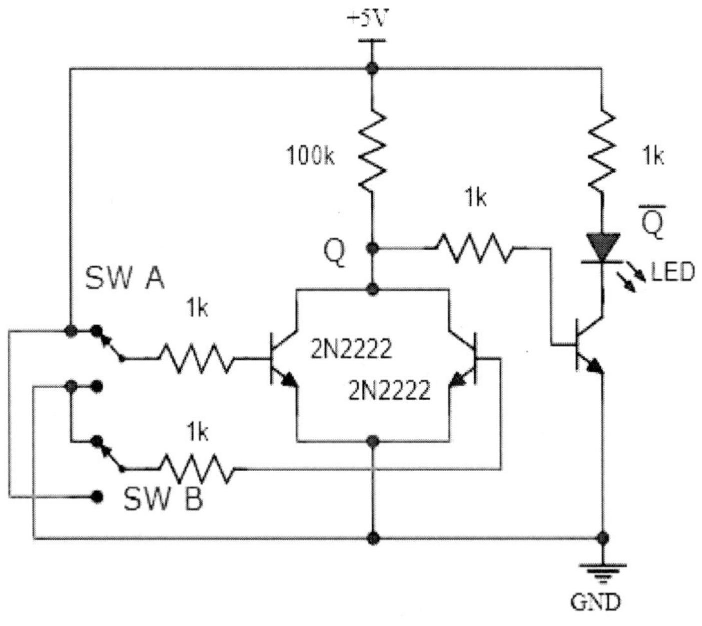

[그림 4.15.11] NOR 논리 실험 회로

결과보고서 작성 방법

(1) 제 목

(2) 목 적

(3) 결과 및 분석

■ AND 논리 회로 실험

[그림 4.15.8] 회로에서 스위치 4가지 상태에 따른 LED 점등 결과를 사진 찍어서 넣고 결과를 <표 4.15.5>에 기록하고 동작 원리를 설명한다.

■ OR 논리 회로 실험

연결된 [그림 4.15.9] 회로에서 스위치 4가지 상태에 따른 LED 점등 결과를 사진 찍어서 넣고 결과를 <표 4.15.6>에 기록하고 동작 원리를 설명한다.

■ NAND 논리 회로 실험

[그림 4.15.10] 회로에서 스위치 4가지 상태에 따른 LED 점등 결과를 사진 찍어서 넣고 결과를 <표 4.15.6>에 기록하고 동작 원리를 설명한다.

■ NOR 논리 회로 실험

연결된 [그림 4.15.11] 회로에서 스위치 4가지 상태에 따른 LED 점등 결과를 사진 찍어서 넣고 결과를 <표 4.15.7>에 기록하고 동작 원리를 설명한다.

■ 결 론

목적과 실험 결과를 보고 결론을 작성한다.

표와 그래프 작성과 설명에서 주의 사항

- 표와 그래프는 번호와 이름을 넣어야 한다.
- 그래프에는 두 축에 대한 물리량과 단위를 표시해야 한다.

➡ 그래프

- 그래프의 목적과 그래프 의미, 그리고 무엇을 얻을 수 있는지를 설명해야 한다.
- 그래프 아래에는 그래프에서 얻은 물리량을 단위와 함께 기록해야 한다.

➡ 표

- 표의 목적과 무엇을 이야기하려는지 설명해야 한다.
- 표 아래에 표 작성 방법을 설명하고, 계산했다면 필요한 수식도 설명한다. 실제 표에 계산된 것 하나는 단위를 포함해서 계산을 어떻게 했는지 기록한다.

실험 결과 제출

과 : 학번 : 이름 :

입력		출력
A	B	Q
0V	0V	
5V	0V	
0V	5V	
5V	5V	

〈표 4.15.5〉 AND 논리 실험

입력		출력
A	B	Q
0V	0V	
5V	0V	
0V	5V	
5V	5V	

〈표 4.15.6〉 OR 논리 실험

입력		출력
A	B	$\overline{Q}$
0V	0V	
5V	0V	
0V	5V	
5V	5V	

〈표 4.15.8〉 NAND 논리 실험

입력		출력
A	B	$\overline{Q}$
0V	0V	
5V	0V	
0V	5V	
5V	5V	

〈표 4.15.8〉 NOR 논리 실험

자연을 이해하는 **물리실험**

2026년 3월 2일 1판 1쇄 발행

저 자 염태호·염효영
발행인 남 승 우

발행처 도서출판 상尙 학學 당堂
서울특별시 동작구 사당로9가길 6
TEL : 02) 595-1692~4
FAX : 02) 595-1394
E-mail : shdbooks@naver.com
신고 : 2-155호 (1968. 11. 29)

정가 28,000원

ISBN 978-89-6587-277-1 93420